普通高等教育电气工程与自动化（应用型）"十二五"规划教材

单片机原理与应用

第 2 版

主　编　王迎旭
副主编　张　静　林国汉
参　编　张　莹　胡　瑛　乔汇东　田鸿发
主　审　刘国荣

机械工业出版社

《单片机原理与应用》第 1 版是根据应用型本科学生的培养目标和教学特点精选教材内容编写的规划教材。第 2 版在此基础上修订，对原教材内容进行更新和应用实例补充，仍以 MCS-51 系列单片机芯片为主，按照硬件—软件—接口—应用的脉络编写，由浅入深，内容丰富。本书系统地介绍了 MCS-51 系列单片机的工作原理、编程方法、接口电路设计、系统资源扩展、应用设计等内容，突出了 I/O 口的应用，注重接口技术和实例的示范。相对第 1 版，第 2 版增加了 C51 程序设计与应用编程的内容，补充了 I²C 总线的概念与应用，增加了定时器 T2 的使用方法与应用举例，并更新了相关应用实例。针对教学需要并考虑到便于初学者理解，本书对一些应用实例分别给出了汇编语言程序和 C51 程序，既方便了读者对硬件知识的学习和理解，又能提高应用编程能力。本书以浅显生动的小型示例贯穿整个知识结构，使读者能迅速理解单片机各模块的实际用途和用法，最后以一个实际项目设计为总结，向读者阐述了一般单片机应用系统的开发设计过程，使得阅读此书不再是抽象的理论记忆，而成为通往真实工程研发的一条便捷渠道。

本书既可用作高等工科院校自动化、电气工程及其自动化、计算机应用、电子信息工程以及机电一体化等专业的教学用书，也可供院校师生和从事单片机应用与产品开发相关工作的工程技术人员参考。

图书在版编目（CIP）数据

单片机原理与应用/王迎旭主编. —2 版. —北京：
机械工业出版社，2012.2
普通高等教育电气工程与自动化（应用型）"十二五"
规划教材
ISBN 978 – 7 – 111 – 36522 – 8

Ⅰ.①单… Ⅱ.①王… Ⅲ.①单片微型计算机 – 高等
学校 – 教材 Ⅳ.①TP368.1

中国版本图书馆 CIP 数据核字（2011）第 239231 号

机械工业出版社（北京市百万庄大街 22 号 邮政编码 100037）
策划编辑：王雅新 责任编辑：刘丽敏 王寅生
版式设计：霍永明 责任校对：刘秀丽
封面设计：张 静 责任印制：杨 曦
保定市中画美凯印刷有限公司印刷
2012 年 2 月第 2 版·第 1 次印刷
184mm×260mm·17.75 印张·437 千字
标准书号：ISBN 978 – 7 – 111 – 36522 – 8
定价：34.00 元

普通高等教育电气工程与自动化（应用型）"十二五"规划教材

编审委员会委员名单

第 2 版前言

嵌入式计算机技术是当今计算机发展的重要方向之一,单片机作为最典型的嵌入式系统,被广泛应用于工业测控、网络通信、智能仪器和家用电器等领域,已成为现代电子系统中最重要的智能化工具,单片机应用技术是电气信息类学生以及其他工科学生应掌握的一门应用技术。

本书第 1 版是根据应用型本科学生的培养目标和教学特点精选教材内容编写的规划教材。第 2 版按照普通高等教育电气工程与自动化(应用型)"十二五"规划教材要求编写。本书仍以 MCS-51 系列单片机芯片为主,按照硬件—软件—接口—应用的脉络编写,由浅入深,介绍了 MCS-51 系列单片机的工作原理、编程方法、接口电路设计、系统资源扩展等,突出了 I/O 口的应用,注重接口技术和实例的示范。

本书相对第 1 版进行了内容更新和应用实例补充,主要增加了 C51 程序设计与应用编程的内容,补充了 I^2C 总线的概念与应用,增加了定时器 T2 的使用方法与应用举例,并更新了相关应用实例。针对教学需要和考虑到便于初学者理解,本书对一些应用实例分别给出了汇编语言程序和 C51 程序,既便于读者学习和理解硬件知识,又能提高应用编程能力。此外,在编写过程中,编者将在单片机技术应用、电子产品研发以及指导学生课外科技活动等方面的经验和实例写入教材,突出了实例的示范作用;用浅显生动的小型示例贯穿整个知识结构,使读者能迅速理解单片机各模块的实际用途和用法;最后以一个实际项目设计为总结,向读者阐述了一般单片机应用系统的开发设计过程,使得阅读此书不再是抽象的理论记忆,而成为通往真实工程研发的一条便捷渠道。

全书共 11 章,主要内容包括:绪论;MCS-51 单片机的硬件结构与工作原理;MCS-51 单片机指令系统与程序设计;MCS-51 中断系统及应用示例;MCS-51 定时/计数器及其应用;MCS-51 单片机的串行接口;单片机 C 语言程序设计与应用;单片机系统总线与资源扩展;单片机系统人机接口技术;数-模与模-数转换电路;单片机应用系统设计与项目实例。

本书由湖南工程学院王迎旭教授任主编,长沙理工大学张静和湖南工程学院林国汉任副主编,由全国高等学校电气工程与自动化(应用型)规划教材编审委员会主任委员刘国荣教授主审。

其中第 1 章由王迎旭、张静编写;第 2 章、第 4 章由湖南工程学院乔汇东编写;第 3 章和附录由湖南工程学院胡瑛和常州工学院田鸿发编写;第 5 章、第 10 章由王迎旭编写;第 6 章由湘潭大学张莹编写;第 7 章、第 11 章由林国汉编写;第 8 章、第 9 章由张静编写;全书由王迎旭负责统稿、修改,由胡瑛、乔汇东协助整理。

本书是在第 1 版基础上修订的,在此感谢第 1 版编者韩志军、吴远网、姚云、夏永明等老师对本书的支持与贡献。在本书编写过程中得到许多专家和同行的大力支持和热情帮助,并提出了宝贵意见,在此一并表示衷心的感谢。

限于编者的水平有限,加之单片机应用技术的不断发展,书中难免有些不完善、不足和疏忽之处,希望读者批评指正。

在编写过程中引用了许多同行的著作,编者已在书后尽可能地列出,如有遗漏,请来函指出,以便修订时更正。

本书既可用作高等工科院校自动化、电气工程及其自动化、计算机应用、电子信息工程以及机电一体化等专业的教学用书,也可供院校师生和从事单片机应用与产品开发相关工作的工程技术人员参考。

编 者

第1版前言

本书是根据全国工程应用型本科院校自动化专业的培养目标和"单片机原理与应用"课程的教学大纲要求编写的，是普通高等教育应用型人才培养规划教材。

单片机作为嵌入式微控制器在工业测控系统、智能仪器和家用电器中得到广泛应用。虽然单片机的品种很多，但MCS-51系列单片机仍不失为单片机中的主流机型。本书以MCS-51系列以及派生系列单片机芯片为主介绍单片机的原理与应用，其特点是由浅入深，注重接口技术和应用。

在本书的编写内容中，融入了编者多年教学、科研实践的经验与应用实例，按照硬件—软件—接口—应用的脉络编写，对单片机的硬件结构、工作原理、指令系统进行了简明扼要的介绍，对程序设计方法、系统扩展、接口电路的设计、应用系统设计方法等作了详细的介绍。编写中突出了单片机的I/O口的位操作功能和串行接口的应用，这是MCS-51系列单片机的一大特点，也在实际中得到了广泛应用。

全书分为九章，主要内容包括：绪论MCS-51单片机的硬件结构与工作原理，MCS-51单片机的指令系统与程序设计方法，MCS-51单片机的定时/计数器及其应用，MCS-51单片机的串行接口，MCS-51单片机系统的扩展，单片机应用系统接口技术，数/模与模/数转换电路（包括并行和串行A-D、D-A芯片的应用），单片机应用系统的设计等。

本书既可用作高等工科院校自动化、电气工程及其自动化、计算机应用、电子信息工程以及机电一体化等电气类专业教学用书，也可供有关院校师生和有关从事单片机应用与产品开发等工作的工程技术人员参考。

本书由湖南工程学院王迎旭任主编，由南京工程学院韩志军和常州工学院田鸿发任副主编，由湖南工程学院刘国荣教授担任主审。

本书的第一章和第九章由南京工程学院韩志军编写；第二章由扬州大学吴远网编写；第三章由常州工学院田鸿发编写；第五章由吴远网和田鸿发编写；第六章由上海应用技术学院姚云编写；第七章由上海海事大学夏永明编写；第四章、第八章由王迎旭编写；全书由王迎旭负责整理、统稿。

本书在编写过程中得到许多专家和同行的大力支持和热情帮助，他们对本书提出了很多建设性建议和意见，在此一并表示衷心的感谢。

本书配有免费电子课件，欢迎选用本书作教材的老师登录www. cmpedu. com注册下载或发邮件到 wbj @ cmpbook. com 索取。

鉴于编者的水平有限，加之新的单片机芯片不断涌现，其应用技术也在不断发展，书中难免有不完善、不足之处，恳请广大读者批评指正。

编　者

目　录

第1章 绪 论

电子计算机的发展经历了从电子管、晶体管、中小规模集成电路到大规模集成电路四个阶段，尤其是随着大规模集成电路技术的飞速发展，在20世纪70代初诞生的微型计算机，使得计算机应用日益广泛。而单片微型计算机（简称单片机）的问世，更进一步推动了计算机应用技术的发展，标志着计算机系统两大分支的正式形成，即通用计算机系统和嵌入式计算机系统。前者主要以发展海量、高速数值计算为趋势，后者则主要实现面向对象的实时控制。

单片机是最典型的嵌入式计算机系统，可广泛地嵌入到工业控制单元、智能仪器仪表、家用电器、机器人、汽车电子系统、办公自动化设备、金融电子系统、个人信息终端及通信等产品中，因此成为现代电子系统中最重要的智能化工具。

本章对单片机的结构特点、单片机的发展历史、单片机家族以及单片机的应用进行简要介绍，让读者对单片机有一个初步了解。

1.1 单片机及其特点概述

1.1.1 微处理器、微机和单片机的概念

计算机由运算器、控制器、存储器、输入设备及输出设备五大部分组成，如图1-1所示。其中，运算器是计算机处理信息的主要部件；控制器产生一系列控制命令，控制计算机各部件自动地、协调一致地工作；存储器是存放数据与程序的部件；输入设备用来输入数据与程序，常用的有键盘、鼠标、光电输入机等；输出设备将计算机的处理结果用数字、图形等形式表示出来，常用的有显示终端、数码管、打印机、绘图仪等。

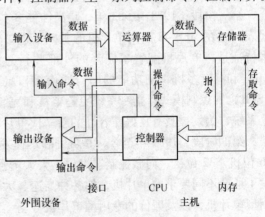

图1-1 计算机硬件结构

微处理器（Microprocessor），也称CPU（Central Processing Unit），它是小型计算机或微型计算机的控制器和运算器部分；微型计算机（Microcomputer）是具有完整运算及控制功能的计算机，它除了包括微处理器外，还包括存储器、输入/输出（I/O）接口电路以及输入/输出设备等；单片机（Single Chip Microcomputer）是指将CPU、存储器、定时器/计数器、输入/输出接口电路、中断、串行通信接口等主要计算机部件集成在一块大规模集成电路芯片上，组成单片微型计算机，简称单片机。

1.1.2　单片机的一般结构及特点

虽然单片机的形态只是一块芯片，但是它已具有了微型计算机的组成结构和功能。由于单片机的结构特点，在实际应用中常常可将它完全融入应用系统中，故而也可称其为嵌入式微控制器（Embedded Microcontroller）。

按照单片机内部数据总线的宽度，单片机可分为 4 位、8 位、16 位及 32 位等，从实际应用看，目前仍以 8 位、16 位机为主流。单片机中的 CPU 和通用微处理器功能基本相同，一般还增设了"面向控制"的处理功能。例如位处理、查表、多种跳转、乘除法运算、状态检测、中断处理功能等，增强了控制的实用性和灵活性。

1.2　单片机的发展与常用系列简介

1.2.1　单片机的发展概况

单片机技术发展迅速，不断推出新的产品，种类也很多，总体说来，单片机的发展可划分为四个阶段：

第一阶段，1976 年前，是单片机的初级发展阶段，元器件集成规模较小，功能简单，还不能成为真正意义上的单片机。

第二阶段，1976～1978 年，是性能完善提高阶段。以 Intel 公司首先推出的 MCS-48 系列单片机为代表，它以体积小、功能全、价格低等特点，赢得了广泛的应用，为单片机的发展奠定了基础，成为单片机发展进程中的一个重要阶段。其主要的技术特征是将 CPU 和计算机外围电路集成到一个芯片上，使单片机与通用 CPU 分道扬镳，构成新型工业微控制器，为单片机的进一步发展开辟了成功之路。

第三阶段，1978～1982 年，是高性能 8 位单片机发展阶段。以 MCS-51 系列的 8051 为代表，是在 MCS-48 系列单片机的基础上进一步完善推出的高性能 8 位单片机。其主要的技术特征是：单片机配置了完善的外部并行总线（地址总线 AB，数据总线 DB，控制总线 CB）和具有多机识别功能的串行通信接口（UART）；规范了功能单元的特殊功能寄存器（SFR）的控制模式；指令系统更趋丰富和完善，增加了适应控制特点的布尔处理系统和指令系统，为发展具有良好兼容性的新一代单片机奠定了基础。

第四阶段，1983 年至今，是巩固和迅速发展阶段。8 位单片机功能不断强大，并推出了16 位机、32 位机，向微控制器发展，大大增强了片内功能，强化了智能控制器的特征，开发了适合不同要求的单片机，如各种高速、大存储容量、强运算能力的 8 位/16 位/32 位通用型单片机，以及廉价的专用型单片机等。

如新一代的 51 系列单片机增加了外部接口功能单元，将 ADC、DAC、PWM、PCA（可编程计数阵列）、WDT（监视定时器）、高速 I/O 口、计数器的捕获/比较逻辑和 ISP 等集成到单片机芯片中，并出现了高速的单周期单片机。除此之外，为了完善微控制器的控制功能，便于外部接口电路扩展，还增加了单片机芯片间的串行总线，为单片机应用系统设计创造了更加方便的条件。

总之，单片机技术的发展以微处理器技术及超大规模集成电路技术的发展为先导，以广泛的应用领域做拉动，表现出较微处理器更具个性的发展趋势，从长远看主要趋势有：速度越来越快；外围电路内置化；大容量，高性能；小容量，高性价比；低电压与低功耗等。

1.2.2 常用单片机系列简介

我国目前最常用的单片机有 Intel 公司的 MCS-51 系列、MCS-96 系列（16 位）；Philips 公司的 87、80 系列（51 内核）；ATMEL 公司的 89 系列（51 内核）、AVR 系列；MicroChip 公司的 PIC 系列等。

1. Intel 单片机

最初由 Intel 公司推出的 MCS-51 系列单片机以及派生系列的单片机，是目前应用最多的单片机之一。以 MCS-51 技术核心为主导的微控制器技术已被 ATMEL、Philips 等公司所继承，并且在原有基础上又进行了新的开发，从而产生了和 MCS-51 兼容而功能更加强劲的微控制器系列。尤其是以 MCS-51 系列单片机为内核的增强型单片机不断推出，无论在工业控制、仪器仪表、信息通信，还是在交通、航运、家用电器领域，都取得了大量的应用成果。表 1-1 列出了 Intel 常用 MCS-51 系列单片机产品的主要性能。

表 1-1　Intel 常用 MCS-51 系列单片机产品的主要性能

型号	ROM/EPROM/KB	RAM/B	并行 I/O	定时/计数器	串行口	中断源	保密位
8031/8031AH	—	128	4×8	2×16	1	5	—
8051/8051AH	4	128	4×8	2×16	1	5	0
8032/8032AH	—	256	4×8	3×16	1	6	—
8052AH	8	256	4×8	3×16	1	6	0
8751/8751BH	4	128	4×8	2×16	1	5	2

2. Philips 51 单片机

飞利浦（Philips）电子公司是生产 MCS-51 兼容单片机种类最多的厂家之一，型号有上百种。从内部结构看可以划分为两大类，即 8 位机与 80C51 兼容系列和 16 位机 XA 系列。Philips 公司的 8 位单片机的主要产品型号有 P80C××、P87C×× 和 P89C×× 系列，16 位单片机的主要产品型号有 PXAC××、PXAG×× 和 PXAS×× 等。

其中 P8XC552 单片机除了提供 80C51 的全部功能外，还增加了很多硬件资源，例如增加了 I^2C、CAN 总线接口、A-D 转换单元、PWM 输出等新的功能，是专为仪器仪表、工业过程控制、汽车发动机与传动控制等实时应用场合而设计的高性能单片机，且指令系统与 80C51 系列完全兼容，用户总能在其中找到一款适合自己需要的型号，使其适合各种不同的应用场合。表 1-2 列出了 Philips80C51 系列单片机产品的主要性能。

表 1-2　Philips 80C51 系列单片机产品的主要性能

型号	OPT/Flash EPROM/KB	ROM /KB	RAM /B	时钟频率 /MHz	16 位 定时器	WDT	多功能 定时器	A-D /bit	串行口	I^2C
P87C51/P80C51/P80C31	4	4	128	$0 \sim 33$	2					
89C52/87C52/80C52/80C32	8	8	256	$0 \sim 33$	3		✓		✓	

（续）

型号	OPT/Flash EPROM/KB	ROM /KB	RAM /B	时钟频率 /MHz	16 位 定时器	WDT	多功能 定时器	A-D /bit	串行口	I²C
80C562/83C562		8	256	8. 5 ~ 16	2	✓	✓	8 × 8	✓	
89C58/87C58/80C58	32	32	256	0 ~ 33	4		✓		✓	✓
80C592/83C592	16	16	512	1. 2 ~ 16	3	✓	✓	8 × 10	✓	

3. ATMEL51 单片机

ATMEL 公司所生产的 ATMEL89 系列单片机是基于 Intel 公司的 MCS-51 系列而研制的。ATMEL 公司把自身的先进 Flash 存储器技术和 80C31 核心相结合，从而生产出了 Flash 单片机 AT89C51 系列，内含大容量的 Flash 存储器，它与 PC 通信和下载程序都十分方便。所以，在产品开发及生产便携式商品、手提式仪器等方面有着十分广泛的应用，也是目前取代传统的 MCS-51 系列单片机的主流单片机之一。ATMEL AT89 系列单片机主要性能见表 1-3。

表 1-3　ATMEL AT89 系列单片机主要性能

型号	Flash EPROM/KB	ROM/KB	RAM/B	时钟频率 /MHz	16 位定时器	WDT	多功能 定时器	A-D	串行口	I²C
AT89C51	4	4	128	0 ~ 33	2				✓	
AT89C52	8	8	256	0 ~ 33	3		1		✓	
AT89S51	4	4	128	0 ~ 24	2	✓			✓	
AT89S52	8	8	256	0 ~ 24	3	✓	1		✓	
AT89C51ED2	64	64	256	0 ~ 40	3	✓			✓	
T89C51AC2	32	32	256	0 ~ 40	3	✓		✓	✓	

4. STC 单片机

目前市场上出现的 STC 系列单片机也越来越受到用户欢迎。STC 系列单片机是以 8051 为内核设计的新一代增强型芯片，以单周期多功能为特色。在内部资源上，STC 系列芯片的不同型号有着不同的特点，但一般在程序存储器和数据存储器上，比普通 51 系列芯片空间更大，其 Flash 程序存储器最大可达 64KB，数据存储器 SRAM 最大有 1280B。

在功能模块上，STC 芯片相对普通 51 芯片也有很多补充选择，除了拥有看门狗模块 WDT 为系统提供额外的安全保证外，有的型号还拥有两个 UART 串口，有的拥有数个 PWM 产生模块，还有 SPI 接口模块、A-D 转换模块等。丰富的功能模块极大地增强了 STC 芯片的应用适应性，方便了产品的设计。同时，STC 芯片还具备低功耗模式，能在掉电情况下以低功耗方式工作。

为便于系统开发，STC 芯片都拥有 ISP/IAP 模块，能让设计者对系统直接进行在系统和在应用编程，使得系统研发能省去仿真器调试等过程，极大地便利了开发者对产品系统进行调试和开发。STC 芯片型号参数见表 1-4。

表 1-4 STC 芯片型号参数

型号	Flash/KB	SRAM/B	EEPROM/KB	UART/个	WDT	A-D/bit
STC11F60XE	60	1280	1	1~2	✓	—
STC11F08XE	8	1280	32	1~2	✓	—
STC10F04	4	256	—	1~2	✓	—
STC10F12	12	256	—	1~2	✓	—
STC10F12XE	12	512	1	1~2	✓	—
STC12C5A60S2	60	1280	1	2	✓	16
STC89C51RC	4	512	2	1	✓	—
STC89C52RC	8	512	2	1	✓	—
STC89LE516AD	64	512	—	1	—	16
STC90C51RC	4	512	5	1	✓	—
STC90C516RD +	61	1280	5	1	✓	—

5. PIC 单片机

PIC 单片机是美国 MicroChip 公司的产品，其 CPU 采用精简指令集（Reduced Instruction Set Computing，RISC）技术结构，分别有 33、35、58 条指令（视单片机的级别而定），内部采用 Harvard 双总线结构，且大多数指令为单周期，程序运行效率高。因此 PIC 单片机以运行速度快、工作电压低、功耗低、输入/输出直接驱动能力较强、价格低、体积小等优点，现已成为嵌入式单片机的主流产品之一。

PIC 系列单片机分低档、中档和高档三个层次，以下只简要说明各档次常用系列。

（1）PIC 初级单片机

PIC 初级产品典型系列有 PIC12C5××/16C5×系列等。PIC16C5×系列是最早在市场上得到发展的系列，因其价格较低，且有较完善的开发手段，因此在国内应用最为广泛；而 PIC12C5××是世界第一个 8 脚低价位单片机，可用于简单的智能控制等一些对单片机体积要求较高的地方。

（2）中档 8 位单片机

PIC16C××××/PIC16F8××系列产品是 Microchip 公司近年来重点发展的系列产品，品种最为丰富，其性能比低档产品有所提高，增加了中断功能，指令周期可达到 200ns，带 A-D，内部 EEPROM 数据存储器，双时钟工作，比较输出，捕捉输入，PWM 输出，I^2C 和 SPI 接口，异步串行通信（UART）接口，模拟电压比较器及 LCD 驱动等，其封装从 8 脚到 68 脚，常用于高、中、低档的电子产品设计中。

（3）高档 8 位单片机

PIC17C××、PIC18C××系列是适合高级复杂系统开发的高档产品，其性能在中档 8 位单片机的基础上增加了硬件乘法器，具有在一个指令周期内（160ns）完成两个单字节数乘法的能力，还有丰富的 I/O 口控制功能，并可扩展外部存储器等，常用于高、中档产品的开发。表 1-5 列出了常用 PIC 系列单片机产品的主要性能。

表 1-5 常用 PIC 系列单片机产品主要性能

型号	OTP/Flash EPROM/B	EEPROM /B	RAM /B	I/O 引脚数	ADC /bit	定时器/WDT	串行接口	最高速度 /MHz	PWM
PIC16C54	512 × 12		25	12		1 ~ 8bit/1 WDT		20	
PIC16CR54A			25	12		1 ~ 8bit/1 WDT		20	
PIC16C56	1024 × 12		25	12		1 ~ 8bit/1 WDT		20	
PIC16C621	1024 × 14		80	13		1 ~ 8bit/1 WDT		20	
PIC16C72	2048 × 14		128	22	5/8	2 ~ 8bit/1 ~ 16bit/1 WDT	I^{2}C/SPI	20	1
PIC16F72	2048 × 14		128	22	5/8	2 ~ 8bit/1 ~ 16bit/1 WDT	I^{2}C/SPI	20	1
PIC16C74A	4096 × 14		192	33	8/8	2 ~ 8bit/1 ~ 16bit/1 WDT	USART/I^{2}C/ SPI	20	2
PIC16F873	4096 × 14	128	192	22	5/10	2 ~ 8bit/1 ~ 16bit/1 WDT	AUSART/MI^{2}C /SPI	20	2
PIC16F877	8192 × 14	256	368	33	8/10	2 ~ 8bit/1 ~ 16bit/1 WDT	AUSART/MI^{2}C /SPI	20	2

6. AVR 单片机

AVR 单片机是 1997 年由 ATMEL 公司生产的增强型内置 Flash、采用精简指令集 (RISC) 的高速单片机。具有每兆赫兹实现每秒执行一百万次指令 (Million Instructions Per Second, MIPS) 的处理能力。AVR 单片机片内资源丰富，如内含 Flash 程序存储器、看门狗、EEPROM、同/异步串行口、TWI、SPI、A-D 转换器、定时器/计数器等；并具有多种功能，如增强可靠性的复位系统、降低功耗抗干扰的休眠模式、品种多门类全的中断系统、输入捕获和比较匹配输出等多样化功能的定时器/计数器、替换功能的 I/O 端口，还可像 MCS-51 单片机那样扩展外部 RAM 等。

AVR 单片机内嵌高质量的 Flash 程序存储器，可支持 ISP 和 IAP；片内具备多种独立的时钟分频器，分别供 URAT、I^{2}C、SPI 使用；内嵌长寿命的 EEPROM，可长期保存关键数据，避免断电丢失。片内大容量的 RAM 不仅能满足一般场合的使用，同时也更有效地支持使用高级语言开发系统程序。

因此，AVR 单片机这种多功能集成的理念体现了单片机技术向"片上系统 (System On Chip, SOC)"的发展方向，广泛应用于计算机外部设备、工业实时控制、仪器仪表、通信设备等，目前已成为单片机主流芯片之一。

AVR 单片机目前常用的型号有 Atmega8、Atmega16、Atmega32、Atmega48、Atmega64、Atmega88、Atmega128 等，它们在功能和存储器容量等方面有一定的区别。常用 AVR 单片机主要性能见表 1-6。

表 1-6 常用 AVR 单片机主要性能

特性	Atmega8	Atmega16	Atmega32	Atmega48	Atmega64	Atmega88	Atmega128
Flash/KB	8	16	32	4	64	8	128
EEPROM/KB	0.5	0.5	1	0.256	2	0.5	4
SRAM/B	1024	1024	2048	512	4096	1024	4096
10 位 A-D（通道）	8	8	8	8	8	8	8

（续）

特性	Atmega8	Atmega16	Atmega32	Atmega48	Atmega64	Atmega88	Atmega128
PWM（通道）	3	4	4	6	8	6	8
最大频率/MHz	16	16	16	20	16	20	16
8 位定时/计数	2	2	2	2	2	2	2
16 位定时/计数	1	1	1	1	2	1	2
ISP 编程	Y	Y	Y	Y	Y	Y	Y
UART	1	1	1	1	2	1	2
SPI	1	1	1	1 + USART	1	1 + USART	1

1.3 单片机的应用领域

单片机具有集成度高、功能强、可靠性高、体积小、功耗低、使用方便、价格低廉等特点，在各个领域得到了广泛的应用和发展。单片机最早是以嵌入式微控制器的面貌出现的，因此在嵌入式系统中，它是应用最多的核心器件。在计算机主导工业生产并且日益走进家庭生活的今天，从工业控制、仪器仪表、家用电器、医疗仪器到军事应用，到处都有单片机的存在。

1.3.1 单片机在实时控制系统中的应用

由于单片机体积小，具有温度范围宽、抗干扰能力强的特点，故在强电场、强磁场的工业环境中也有良好的工作性能，在温度变化范围大的恶劣条件下仍能可靠工作，单片机在实时控制系统中有着极为广泛的应用。将单片机技术、测量技术、自动控制技术、通信网络技术等结合起来，应用于过程控制系统、自动测控系统等。例如生产过程中的化工过程、冶金过程、轧钢过程、机械加工过程及其他各种各样的控制过程、实时检测、通信、遥控遥测等。单片机在过程控制中，通常是对一个过程的直接数字控制，也就是 DDC（Direct Digital Contron）。单片机在 DDC 中有着显著的优点，它可以做成体积很小的控制器，可使控制设备体积更小，例如，在现代化的汽车中就有不少的单片机控制器，包括点火控制、节油控制等。由于单片机的内存容量、速度、字长都有限，较少涉及管理。因此在一般控制系统中，常用单片机作为面向对象的数字控制器，上位机用 PC 设计方便操作的人机界面作为运行管理等。

1.3.2 单片机在智能仪器仪表中的应用

智能仪器仪表在人们心目中的概念是，凡是内部含有单片机的仪器仪表统称为智能仪器仪表，故也有人把智能仪器仪表称为微机化仪器仪表。智能化仪器仪表内部基本上都是用单片机进行信息控制与处理。特别是近年来出现的数字信号处理器（DSP）是一种速度极高的单片机，它在通信和高速信息处理中起了极大的作用，从而扩展了单片机在智能仪器仪表中的应用。目前，无论在高、中、低档仪器仪表中，还是在一些常规仪器仪表和特种仪器仪表中都大量应用单片机。以单片机为核心组成智能仪器仪表已是一种必然的结构形式。

1.3.3　单片机在家用电器中的应用

最适合于嵌入式控制而且面广、量大的无疑是家用电器，因此，家用电器是单片机应用最多的领域之一。由于单片机的嵌入，家用电器不但提高了品质和性能，而且出现了智能化。在家用电器中，单片机是控制核心，它是家用电器实现智能化的心脏和大脑。由于家用电器体积小，故要求控制器体积更小，以便能嵌入其结构之中。家用电器的嵌入式结构有单核嵌入和双核嵌入两种。一般电脑电饭煲，它的内部只有一个单片机，这种控制系统是单核嵌入；对于分体式空调器，则在室内机与室外机中分别有一个单片机，属于双核嵌入结构。由于单片机的体积小，所以可以根据具体要求安装在不同的位置上，例如，模糊电磁灶的单片机及控制部件在其中心部位，电饭煲的单片机控制器通常在煲的外边缘，电脑热水瓶的单片机控制器在顶部，模糊蒸炖煲的单片机安装在底部等。

家用电器的品种多，功能差异较大，因此要求单片机具有灵活的控制功能。单片机以其微小的体积和编程的灵活性，完全能够满足家用电器的需要。所以单片机在家用电器领域的广泛应用是必然的和合理的。

1.3.4　单片机在网络通信中的应用

随着网络技术的发展，Internet 成为信息社会的重要组成部分，Internet 技术已经深入到日常生活和工作中。Internet 技术的迅速发展，其主要推动力之一是标准十分成熟的 PC 工业。无论是 PC 的硬件平台，还是软件操作系统，都高度标准化，上网的操作方式也大同小异。然而，对于各类家用电器和智能装置，情况就不同了，它们的"心脏"多是单片机。由于单片机芯片品种达数百种，这些单片机的硬件结构和指令系统各不相同，因此，不能像 PC 那样通过标准的硬件接口和接口软件直接接入 Internet。如将各类智能装置或家用电器与 Internet 连接起来，既能充分利用现有的 Internet 技术和资源，又能使人们远程获得这些电子设备的信息并控制它们的运行，这已成为今天信息界关注的焦点。

目前国内外许多厂家正在研制和推广网络芯片——Webchip。它作为智能装置和家电产品连接 Internet 的理想"桥梁"，可将 Internet 技术延伸到更为广阔的应用领域。Webchip 是一种独立于各种微控制器的通用标准化产品。使用 Webchip 开发具有网络功能的智能装置时，既不需要了解复杂的网络技术，也不需要更改原来已成熟的设计，只需增加一小段和Webchip 通信的接口程序即可。因此，用户能够大大缩短产品的开发时间。可以预见，单片机与 Internet 的紧密结合将是单片机应用发展的一个主要方向。

随着信息时代的飞速发展，人们开始向更新的领域进军。在这一进程中，单片机起到了举足轻重的作用。控制智能化、仪器小型化、功耗微型化得到广泛关注，这就把单片机的地位提升到重要的位置，随之而来的单片机就成为新的技术焦点。因此，如何最大限度地开发单片机的功能，如何提高其使用效能，是设计者和使用者的努力方向。

本 章 小 结

本章简要介绍了关于微处理器、微机和单片机的基本概念、单片机的一般结构特点和单片机的发展过程；通过对常用单片机系列、型号和各生产厂家的产品特点的介绍，使读者对单片机家族有了更进一步的了解，便于今后使用时能够选择合适的单片机型号，收到事半功倍的效果。单片机的应用范围很广，本章从四个方面简要地介绍了单片机的应用，可使读者对单片机的应用有一个初步了解。

思考题与习题

1-1　什么是单片微型计算机？它与典型的微型计算机在结构上有什么区别？

1-2　单片机具有哪些突出的优点，适合应用于哪些场合？

1-3　你对单片机的应用知道多少？试举例说明。

第 2 章　MCS-51 单片机的硬件结构与工作原理

通用型单片机的种类很多，且适合不同应用场合的新产品不断出现，从目前我国的应用情况看，以 MCS-51 内核结构为基础发展的各种单片机应用非常广泛。相对基础的 MCS-51 单片机，这些类型的单片机通常在速度上、资源上或者编程应用方式上做了改进，使得芯片能力更强、适应性更出色、开发更便利，常被作为实时检测及控制等领域应用中的优选机种。本章以 MCS-51 为例介绍单片机的硬件结构及工作原理。

在 MCS-51 单片机中除了有 CPU、存储器和并行输入/输出接口外，还包含有定时/计数器、串行 I/O 接口和中断管理逻辑等部件。虽然单片机在形态上只是一块芯片，但它已具有了微型计算机的基本结构和功能。本章主要介绍 MCS-51 系列单片机的基本组成、存储器的组织结构、并行 I/O 口的工作原理和操作特点以及芯片复位等内容。

2.1　MCS-51 系列单片机的基本组成

2.1.1　硬件组成

1. MCS-51 硬件结构简介

MCS-51 系列单片机的主要特性如下：

1）8 位字长 CPU 和指令系统。

2）一个片内时钟振荡器和时钟电路。

3）4KB 片内程序 ROM（增强型单片机常有更大的程序存储空间）。

4）128B 的片内 RAM（增强型单片机常有更大的数据存储空间）。

5）64KB 外部数据存储器的地址空间。

6）64KB 外部程序存储器的地址空间。

7）32 条双向且分别可位寻址的 I/O 口线。

8）两个 16 位定时器/计数器（52 子系列为 3 个）。

9）具有两个优先级的 5 个中断源结构（52 子系列有 6 个）。

10）特殊功能寄存器（Special Functional Register，SFR）。

MCS-51 系列不同类型的单片机除上述主要特性外，还有一些不同的附加特性。

2. MCS-51 单片机的内部结构

MCS-51 单片机的功能模块框图如图 2-1 所示，在一小块芯片上，集成了一个微型计算机的各个部分。由图中可见，MCS-51 单片机是由 8 位 CPU、程序存储器 ROM、数据存储器 RAM、并行 I/O 口、串行 I/O 口、定时器/计数器、中断系统、振荡器和时钟电路等部分组成。各部分之间通过内部总线相连。

1）MCS-51 单片机的核心部分是 CPU，它由运算器和控制器两大部分组成。运算器用来完成算术运算、逻辑运算和位操作（布尔处理），由算术逻辑单元（ALU）、位处理器、累加器（ACC）、寄存器 B、暂存器 TMP1 和 TMP2 等组成，与一般运算器的作用类似。

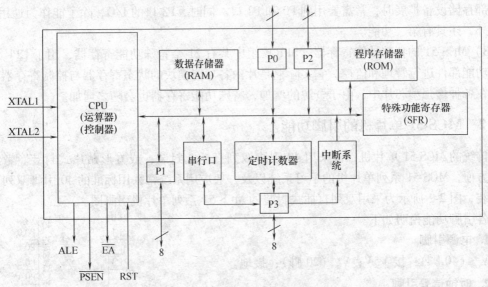

图 2-1 MCS-51 单片机的功能模块框图

控制器是用来统一指挥和控制计算机进行工作的部件，它由定时和控制逻辑、内部振荡电路（OSC）、指令寄存器及其译码器、程序计数器（PC）及其增量器、程序地址寄存器、程序状态字寄存器（PSW）、RAM 地址寄存器、数据指针（DPTR）、堆栈指针（SP）等部分组成。MCS-51 单片机中的 CPU 和通用微处理器基本相同，只是增设了"面向控制"的处理功能。例如位处理、查表、多种跳转、乘除法运算、状态检测、中断处理等，增强了实时性。

2）数据存储器用于保存操作过程中产生的中间结果和记录某些数据，普通 MCS-51 片内 RAM 大小为 128B，片外可扩展至 64KB。目前，市面上如 STC 系列的 51 单片机，其片内数据存储空间 RAM 通常在 256～1280B，有着更充裕的数据存储空间。

3）MCS-51 单片机的程序存储器用于存储程序代码，普通存储器空间大小为 4KB，在比较通用的 MCS-51 系列芯片中，AT 或 STC 系列芯片内部均使用 Flash 存储器作为其程序存储器，可实现程序的反复擦写，不同型号的芯片程序存储器空间也可以从 4KB 到 64KB 大小不等。

4）MCS-51 的中断系统拥有 5 个中断源，可按一定的优先级有次序地响应中断事件，而 52 系列由于增加了一个定时器，所以拥有 6 个中断源。而 MCS-51 系列中一些增强型芯片，如 STC 系列芯片甚至拥有 8 个或更多的中断源，为开发者提供了较多的实时控制资源。

5）MCS-51 系列芯片中都拥有定时器 0、定时器 1，两个定时器可以按 4 种（定时器 1 只 3 种）方式进行工作，满足不同的定时、计数需求，52 子系列则增加了一个定时器 2，这个新增加的定时器还可以工作在捕获方式下，详情可参考第 5 章内容。

6）串行口（UART）是一个全双工的串行数据通信接口，支持标准的串行通信，能在 4 种模式下进行工作，可以方便地让单片机实现与外部设备的通信连接，进行数据或命令的交

7）P0、P1、P2 和 P3 口是 4 个 8 位并行 I/O 口，但其每个端口都可以独立使用。在进行外部存储设备扩展时，常需要用到 P0 和 P2 口。同时，P3 口的 I/O，除了能作为通用 I/O 使用外，还具有第二功能。

8）MCS-51 的特殊功能寄存器（SFR）组中共有 21 个特殊功能寄存器，用于 CPU 对片内各功能部件进行管理和监控，它实际上是片内各功能模块的状态寄存器与控制寄存器的集合。在各种增强型芯片中，由于资源的增加，特殊功能寄存器也会随之增加。

2.1.2 MCS-51 单片机的引脚功能

传统的 MCS-51 单片机，常采用 40 引脚双列直插式封装，或方形贴片式封装。考虑到拆装方便，MCS-51 系列单片机的学习系统以及一般应用系统常采用标准的 40 引脚双列直插式封装，图 2-2 所示为采用双列直插式封装的 MCS-51 系列单片机引脚图。

各引脚功能说明如下。

1. 电源引脚

V_{cc}（40 脚）：接 +5V；V_{ss}（20 脚）：接地。

2. 时钟信号引脚

XTAL1（19 脚），XTAL2（18 脚）：外部时钟信号的两个引脚。具体电路用法如图 2-3 和图 2-4 所示。

3. 控制线

（1）RST/V_{pd}（9 脚）

当作为 RST 使用时，为复位输入端。在时钟电路工作以后，此引脚上出现两个机器周期的高电平将使单片机复位。作为 V_{pd} 使用时，当 V_{cc} 处于掉电情况下，此引脚可接上备用电源，只为片内 RAM 供电，保持信息不丢失。

（2）$\overline{EA}$/V_{pp}（31 脚）

$\overline{EA}$ 为访问内部或外部程序存储器的选择信号。如使用 CPU 片内的程序存储器单元，$\overline{EA}$ 端必须接高电平，此时，CPU 能够根据程序地址值，自动对内、外部程序存储器内的程序进行读取。若使用片内无程序存储器的 CPU 时，$\overline{EA}$

图 2-2 采用双列直插式封装的 MCS-51 系列单片机引脚图

必须接地，CPU 全部访问外部程序存储器。对早期的 51 单片机芯片，对片内程序存储器进行编程时，此引脚（作 V_{pp}）接入 21V 编程电压。

（3）ALE/$\overline{PROG}$（30 脚）

当访问外部存储器时，ALE 信号的负跳变将 P0 口上的低 8 位地址送入锁存器。即使不访问外部存储器，ALE 端仍以振荡器振荡频率的 1/6 固定速率输出脉冲信号，此时可用它作为对外输出的时钟或定时脉冲。每当访问外部数据存储器时，将跳过一个 ALE 脉冲，以 1/12 的振荡频率输出。对片内程序存储器编程时，该引脚作为$\overline{PROG}$用于输入编程脉冲。

（4）$\overline{PSEN}$（29 脚）

外部程序存储器读选通控制信号，低电平有效，以区别读取外部数据存储器。在读取外部程序存储器指令（或常数）时，每个机器周期产生两次$\overline{\text{PSEN}}$有效信号。但执行片内程序存储器取指令时，不产生$\overline{\text{PSEN}}$信号。$\overline{\text{PSEN}}$信号能驱动 8 个 LSTTL 负载。

4. 输入/输出口线

（1）P0 口（32～39 脚）

8 位漏极开路型双向并行 I/O 口。在访问外部存储器时，P0 口作为低 8 位地址/数据总线复用口，通过分时操作，先传送低 8 位地址，利用 ALE 信号的下降沿将地址锁存，然后作为 8 位双向数据总线使用，用来传送 8 位数据。外部不进行系统扩展时，则作双向 I/O 口用，P0 口能以吸收电流的方式驱动 8 个 LSTTL 负载。

（2）P1 口（1～8 脚）

P1 口是具有内部上拉电阻的 8 位准双向 I/O 口，能驱动 4 个 LSTTL 负载。对于 52 型单片机，其中引脚 P1.0 和 P1.1 还具有第二功能：P1.0（T2）为定时器/计数器 2 的外部事件脉冲输入端；P1.1（T2Ex）为定时器/计数器 2 的捕捉和重新装入触发脉冲输入端。

（3）P2 口（21～28 脚）

P2 口是具有内部上拉电阻的 8 位准双向 I/O 口，能驱动 4 个 LSTTL 负载。在外接存储器时，P2 口作为高 8 位地址总线。在对片内程序存储器编程、校验时，它接收高位地址。

（4）P3 口（10～17 脚）

8 位带有内部上拉电阻的准双向 I/O 口。每一位又具有如下的特殊功能（或称第二功能）：

P3.0（RXD）：串行输入端。

P3.1（TXD）：串行输出端。

P3.2（$\overline{\text{INT0}}$）：外部中断 0 输入端，低电平有效。

P3.3（$\overline{\text{INT1}}$）：外部中断 1 输入端，低电平有效。

P3.4（T0）：定时器/计数器 0 外部事件计数输入端。

P3.5（T1）：定时器/计数器 1 外部事件计数输入端。

P3.6（$\overline{\text{WR}}$）：外部数据存储器写选通信号，低电平有效。

P3.7（$\overline{\text{RD}}$）：外部数据存储器读选通信号，低电平有效。

2.1.3　振荡器、时钟电路及时序

1. 时钟电路

MCS-51 单片机内部有一个用于构成振荡器的高增益反相放大器，引脚 XTAL1 和 XTAL2 分别是反相放大器的输入端和输出端，通常，经由片外晶体振荡器或陶瓷谐振器与两个匹配电容一起构成了一个自激振荡电路，为单片机提供时钟源，如图 2-3 所示，这种形成时钟信号的方式称为内部时钟方式。图 2-4 所示为外部时钟方式。

2. MCS-51 的时序

在单片机运行时，按照统一的时钟源时钟信号驱动完成一系列的操作，在一定的时钟节拍下实现指令规定的操作。各种信号在时间节拍上的先后关系就是时序。理解 MCS-51 的时序驱动过程，需要了解下面几个最基本的概念。

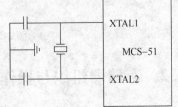

图 2-3　内部时钟方式

（1）时钟周期（节拍）

时钟周期（节拍）指为单片机提供的时钟振荡源的周期，即图 2-3 中晶体的振荡周期，它是驱动单片机工作的基本时钟。

（2）状态周期

状态周期常用 S 表示，在一个状态周期内，CPU 完成一个最基本的动作。MCS-51 单片机中一个状态周期为时钟周期经过二分频得到。

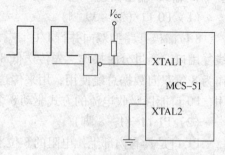

图 2-4　外部时钟方式

（3）机器周期

为便于管理，常把一个指令的执行过程划分为若干个阶段，每一阶段完成一个基本操作，例如，取指令、存储器读、存储器写等。完成一个基本操作所需要的时间称为机器周期。MCS-51 的一个机器周期含有 6 个状态周期，被称为 S1 ~ S6。

（4）指令周期

完成一条指令所需要的时间称为指令周期。MCS-51 的指令周期含 1 ~ 4 个机器周期不等，其中多数为单周期指令，还有 2 周期和 4 周期指令。4 周期指令只有乘、除两条指令。

普通 MCS-51 单片机，内部时钟发生器为单片机提供了一个二节拍时钟信号，在每个时钟的前半个周期，节拍 1 信号 P1 有效，后半周期，节拍 2 信号 P2 有效，如图 2-5 所示。如前所述，MCS-51 指令的每个机器周期包含 6 个状态周期（用 S 表示）。每个状态周期由节拍信号 P1 和节拍信号 P2 组成。每个节拍持续一个时钟周期。因此，一个机器周期包含 $S1P1 ~ S6P2$ 共 6 个状态的 12 个时钟周期，也就是说，12 次时钟振荡后完成一个机器周期。而增强型单片机为了提高速度，对这个结构有所改进，如 STC 系列的单片机甚至能做到 1 个时钟周期即 1 个机器周期，大大提高了单片机的指令执行速度。

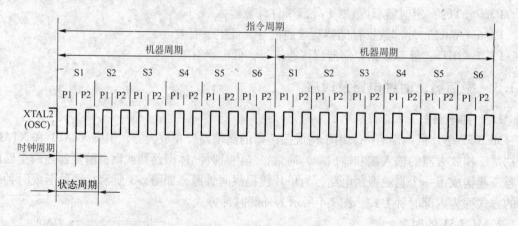

图 2-5　MCS-51 单片机各种周期的相互关系

2.2　存储器组织与操作

MCS-51 系列单片机内集成有一定容量的程序存储器和数据存储器。其存储结构特点之一是将程序存储器和数据存储器分开，并有各自的寻址机构和寻址方式，这种结构的单片机称为哈佛结构单片机。

普通 MCS-51 在物理上有 4 个存储器空间，即片内程序存储器、片外程序存储器以及片内数据存储器、片外数据存储器，而增强型单片机中通常还包含有一个片内 EEPROM，能为数据的掉电保存提供服务。普通 MCS-51 从逻辑上划分为 3 个存储器地址空间，即片内外统一编址的 64KB 程序存储器地址空间，内部 128B 数据存储器地址空间（系列中不同类型可以有 256 ～ 1280B）和外部 64KB 的数据存储器地址空间。在访问这些不同的逻辑空间的时候，应选用不同形式的指令，详情见第 3 章。图 2-6 所示为 MCS-51 系列存储器地址空间分配图。

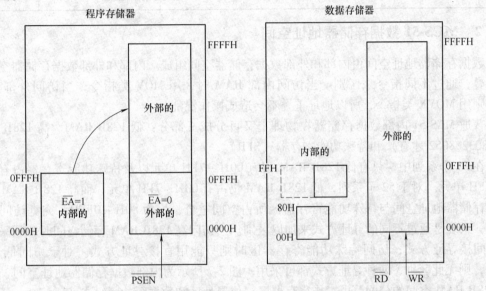

图 2-6　MCS-51 系列存储器地址空间分配图

2.2.1　MCS-51 程序存储器地址空间

程序存储器用于存放调试好的应用程序和常数。MCS-51 拥有 16 位的程序计数器（PC）和 16 位的地址总线，使 64KB 的程序存储器空间连续、统一。

对于内部有程序存储器的单片机，在正常运行时应把 EA 引脚接高电平，使程序从内部 ROM 开始执行，当 PC 值超过内部 ROM 地址空间（对于普通 MCS051 为 0FFFH）时，会自动转向外部程序存储器的地址空间上去执行程序。对内部无 ROM 的单片机（如 8031/8032），应始终接低电平，迫使 CPU 从外部程序存储器取指令。从外部读取指令时引脚信号 PSEN 用于驱动外部程序存储器发送程序数据。不论是执行内部或外部程序存储器的程序，其运行速度是相同的。

64KB 程序存储器中有 7 个地址单元具有特殊功能，用于存放对应中断程序的跳转指令，被称为中断的入口地址。0000H 单元中，系统复位后程序计数器（PC）的值为 0000H，它是程序的起始地址，一般在该单元中设置一条绝对转移指令，使之转向用户设计的主程序处执行。因此，0000H ～ 00002H 单元被保留用于初始化。其他 6 个特殊功能的入口地址分别对应 6 种中断源的中断服务程序入口地址，见表 2-1。一般在这些入口址处安放一条无条件转移指令，使之转到相应的中断服务程序处去执行。

表 2-1　中断源的中断程序入口地址表

中　断　源	入口地址	中　断　源	入口地址
外部中断 0	0003H	定时计数器 1 溢出	001BH
定时计数器 0 溢出	000BH	串行口中断	0023H
外部中断 1	0013H	定时计数器 2 溢出	002BH

2.2.2　MCS-51 数据存储器地址空间

数据存储器地址空间由内部和外部数据存储器空间组成。内部和外部数据存储器空间存在重叠，通过不同指令来区别。当访问内部 RAM 时，用 MOV 类指令；当访问外部 RAM 时，则用 MOVX 类指令，所以地址重叠不会造成操作混乱。

普通 MCS-51 内部数据存储器在物理上又可分成三部分：低 128B RAM、高 128B RAM（仅 8032/8052 才有）和特殊功能寄存器（SFR）。

在 51 子系列中，只有低 128B RAM 占有 00H ~ 7FH 单元以及特殊功能寄存器占有 80H ~ 0FFH 单元。对于 52 子系列，低 128B RAM 仍占有 00H ~ 7FH 单元，而高 128B RAM 所占数据存储器地址空间与特殊功能寄存器区所占空间重合，均为 80H ~ 0FFH。究竟访问哪一部分，系统是通过不同的寻址方式来加以区别。当访问高 128B RAM 存储空间时，须采用寄存器间接寻址方式；访问特殊功能寄存器区时则只能用直接寻址方式。对于访问低 128B RAM，则无此区别，两种寻址方式都可采用。图 2-7 所示为内部数据存储器地址空间，其中低 128B RAM 空间的分配，由工作寄存器区、位寻址区和数据缓冲区组成。

1. 工作寄存器区

00H ~ 1FH 共 32 个单元为通用工作寄存器区，共分为 4 组，每组包含 8 个通用工作寄存器，编号为 R0 ~ R7。在某一时刻，只能选择一个工作寄存器组使用，选择哪个工作寄存器组是通过软件对程序状态字 PSW 的第 3、4 位（即 RS0、RS1）设置实现的。CPU 复位后，选中第 0 组工作寄存器。

2. 位寻址区

内部 RAM 中的 20H ~ 2FH 是 16 个单元的位寻址区。对这 16 个单元既可进行字节寻址，又可进行位寻址。这 16 个单元共有 16 × 8 位 = 128 位，其位地址为 00H ~ 7FH，它们和 SFR 区中可位寻址的特殊功能寄存器一起，构成了布尔（位）处理器的数据存储器空间。图 2-7 所示为内部 RAM 中的位寻址区，而图 2-8 所示为特殊功能寄存器中的位寻址区。所谓位寻址，是指 CPU 能直接寻址这些位，对其置"1"、清"0"、求反、传送等逻辑操作。

3. 数据缓冲区（一般 RAM 区）

内部 RAM 中 30H ~ 7FH 为 80 个单元的数据缓冲区（对 52 子系列，还有高 128B 的数据缓冲区），这些单元只能按字节寻址。

4. 外部数据存储器

外部数据存储器地址空间寻址范围为 64KB，采用 R0、R1 或 DPTR 寄存器间址方式访问。当采用 R0、R1 间址访问时只能访问低 256B，采用 DPTR 间址可访问整个 64KB 空间。

字节地址								
7FH	通用 RAM 区							
2FH	7FH	7EH	7DH	7CH	7BH	7AH	79H	78H
2EH	77H	76H	75H	74H	73H	72H	71H	70H
2DH	6FH	6EH	6DH	6CH	6BH	6AH	69H	68H
2CH	67H	66H	65H	64H	63H	62H	61H	60H
2BH	5FH	5EH	5DH	5CH	5BH	5AH	59H	58H
2AH	57H	56H	55H	54H	53H	52H	51H	50H
29H	4FH	4EH	4DH	4CH	4BH	4AH	49H	48H
28H	47H	46H	45H	44H	43H	42H	41H	40H
27H	3FH	3EH	3DH	3CH	3BH	3AH	39H	38H
26H	37H	36H	35H	34H	33H	32H	31H	30H
25H	2FH	2EH	2DH	2CH	2BH	2AH	29H	28H
24H	27H	26H	25H	24H	23H	22H	21H	20H
23H	1FH	1EH	1DH	1CH	1BH	1AH	19H	18H
22H	17H	16H	15H	14H	13H	12H	11H	10H
21H	0FH	0EH	0DH	0CH	0BH	0AH	09H	08H
20H	07H	06H	05H	04H	03H	02H	01H	00H
1FH ⋮ 18H	工作寄存器组 3							
17H ⋮ 10H	工作寄存器组 2							
0FH ⋮ 08H	工作寄存器组 1							
07H ⋮ 00H	工作寄存器组 0							

图 2-7　内部数据存储器地址空间

2.2.3　特殊功能寄存器地址空间

在 MCS-51 系列单片机中，共有 21 个特殊功能寄存器，它们离散地分布在片内 RAM 的高 128 字节地址 80H ~ 0FFH 中。特殊功能寄存器并未占满高 128B RAM 地址空间，但对没有被特殊功能寄存器使用的空闲地址的操作是无意义的。

其中，程序计数器（PC）比较特殊，它不占据 RAM 单元，它在物理上是独立的，因此是唯一一个不可寻址的专用寄存器。在除 PC 外的特殊功能寄存器中，有 12 个特殊功能寄存器既可字节寻址，又可位寻址，如图 2-8 所示，其余的特殊功能寄存器则只能字节寻址。

特殊功能寄存器及其地址分配表见表 2-2。下面将对其中一些特殊功能寄存器的功能进行介绍，另外一些将留待后面有关章节介绍。

地址	（高位）			位地址				（低位）	寄存器名
F0H	F7H	F6H	F5H	F4H	F3H	F2H	F1H	F0H	B
E0H	E7H	E6H	E5H	E4H	E3H	E2H	E1H	E0H	A
	CY	AC	F0	RS1	RS0	OV	F1	P	
D0H	D7H	D6H	D5H	D4H	D3H	D2H	D1H	D0H	PSW
	TF2	EXF2	RCLK	TCLK	EXEN2	TR2	C/T	CP/RL2	
C8H	CFH	CEH	CDH	CCH	CBH	CAH	C9H	C8H	T2CON
		T2	PS	PT1	PX1	PT0	PX0		
B8H	—	—	BDH	BCH	BBH	BAH	B9H	B8H	IP
B0H	B7H	B6H	B5H	B4H	B3H	B2H	B1H	B0H	P3
	EA		ET2	ES	ET1	EX1	ET0	EX0	
A8H	AFH	—	ADH	ACH	ABH	AAH	A9H	A8H	IE
A0H	A7H	A6H	A5H	A4H	A3H	A2H	A1H	A0H	P2
	SM0	SM1	SM2	REN	TB8	RB8	TI	RI	
98H	9FH	9EH	9DH	9CH	9BH	9AH	99H	98H	SCON
90H	97H	96H	95H	94H	93H	92H	91H	90	P1
	TF1	TR1	TF0	TR0	IE1	IT1	IE0	IT0	
88H	8FH	8EH	8DH	8CH	8BH	8AH	89H	88H	TCON
80H	87H	86H	85H	84H	83H	82H	81H	80H	P0

图 2-8　特殊功能寄存器位地址空间

表 2-2　特殊功能寄存器及其地址分配表

寄存器符号	名称	字节地址	寄存器符号	名称	字节地址
ACC	累加器	0E0H	TH0	定时器/计数器 0（高字节）	8CH
B	B 寄存器	0F0H	TL0	定时器/计数器 0（低字节）	8AH
PSW	程序状态字	0D0H	TH1	定时器/计数器 1（高字节）	8DH
SP	堆栈指针	81H	TL1	定时器/计数器 1（低字节）	8BH
DPTR	数据指针（分 DPH 和 DPL）	83H，82H	TH2	定时器/计数器 2（高字节）	0CDH
P0	P0 口锁存器	80H	TL2	定时器/计数器 2（低字节）	0CCH
P1	P1 口锁存器	90H	RCAP2H	定时器/计数器 2 捕获寄存器（高字节）	0CBH
P2	P2 口锁存器	0A0H	RCAP2L	定时器/计数器 2 捕获寄存器（低字节）	0CAH
P3	P3 口锁存器	0B0H			
IP	中断优先级控制寄存器	0B8H			
IE	中断允许控制寄存器	0A8H	SCON	串行控制寄存器	98H
TMOD	定时器/计数器方式控制寄存器	89H	SBUF	串行数据缓冲器	99H
T2CON	定时器/计数器 T2 控制寄存器	0C8H	PCON	电源控制寄存器	87H
TCON	定时器/计数器控制寄存器	88H			

1. 累加器（ACC）

在累加器操作指令中，累加器的助记符简记为 A。MCS-51 中的 8 位算术逻辑部件（ALU）从总体上说仍是以累加器 A 为核心的结构。累加器 A 在大部分的算术运算中存放某个操作数和运算结果。在很多的逻辑运算、数据传送等操作中作为源或目的操作数，这和典型的以累加器 A 为中心的微处理器相同。但是，MCS-51 在内部硬件结构上作了改进，一部分指令在执行时也可不经过累加器 A，进一步提高了操作速度。

2. 寄存器 B

寄存器 B 主要用于与累加器 A 配合执行乘法和除法指令的操作。对其他指令也可作为暂存寄存器。

3. 程序状态字（PSW）

程序状态字（PSW）是一个 8 位寄存器，用来存放程序状态信息。某些指令的执行结果会自动影响 PSW 的有关状态标志位，有些状态位可用指令来设置。PSW 寄存器各位的定义如下：

D7	D6	D5	D4	D3	D2	D1	D0	
CY	AC	F0	RS1	RS0	OV	—	P	字节地址 0D0H

1）CY（PSW.7）为进位标志，可由硬件或软件置位或复位。在进行加法（或减法）运算时如果操作结果最高位（位 7）向上有进位（或借位），CY 置 1，否则清零。此外在进行位操作时 CY 又作为位累加器使用。

2）AC（PSW.6）为半进位标志。在进行加法（或减法）运算时，如果运算结果低半字节（位 3）向高半字节有进位（或借位），AC 置 1，否则清零。AC 也可用于 BCD 码调整时的判别位。

3）F0（PSW.5）为用户标志位。用户可以根据自己的需要对 F0 位赋予一定的含义。F0 可用软件置位或复位，也可以通过软件测试 F0 来控制程序的流向。

4）RS1、RS0（PSW.4、PSW.3）为工作寄存器组选择控制位。用软件可对 RS1、RS0 作不同的组合，以确定工作寄存器（R0 ~ R7）的组号。这两位与寄存器组的对应关系见表 2-3。

表 2-3　工作寄存器组列表

RS1	RS0	寄存器组	内部 RAM 地址	RS1	RS0	寄存器组	内部 RAM 地址
0	0	工作寄存器组 0	00H ~ 07H	1	0	工作寄存器组 2	10H ~ 17H
0	1	工作寄存器组 1	08H ~ 0FH	1	1	工作寄存器组 3	18H ~ 1FH

5）OV（PSW.2）为溢出标志。当进行带符号数补码运算时，如果有溢出，即当运算结果超出 −128 ~ +127 的范围时，OV 置 1；无溢出时，OV 清零。

6）—（PSW.1）为保留位，MCS-51 未用，52 系列作为 F1 用户标志位，同 F0。

7）P（PSW.0）为奇偶标志。每个指令周期均由硬件来置位或清零，以指出累加器 A 中 1 的个数的奇偶性。若 1 的个数为奇数，则 P 置位，否则清零。在串行通信中常用此标志位来校验数据传输的可靠性。

4. 堆栈指针（SP）

堆栈是一个特殊的存储区，用来暂时存放数据和地址，它是按照"先进后出"的原则存放数据。这种数据结构方式对于处理中断、调用子程序都非常方便。在 MCS-51 单片机中通常指定 RAM 的一部分作为堆栈。第一个进栈的数据所在的存储单元称为栈底，最后进栈的叫栈顶。堆栈指针（SP）为一个 8 位特殊功能寄存器，它指出栈顶在内部 RAM 中的位置。每存入（或取出）一个字节数据，SP 就自动加 1（或减 1），SP 始终指向新的栈顶。由于系统复位后堆栈指针初始化为 07H，这使得堆栈实际从 08H 单元开始工作。堆栈指针（SP）的内容可由软件修改。因 08H ~ 1FH 单元分属于工作寄存器组 1 ~ 3，当在程序中用到这些组时，则应将 SP 值改为 1FH 或更大的值，以免发生冲突。

5. 数据指针（DPTR）

数据指针（DPTR）是一个 16 位的特殊功能寄存器，由高位字节 DPH 和低位字节 DPL 组成。它主要用于存放 16 位地址，常用作间址寄存器和基址寄存器，以便对外部数据存储器和程序存储器进行访问。DPTR 既可以作为一个 16 位寄存器来使用，也可以作为两个独立的 8 位寄存器 DPH 和 DPL 使用。

6. I/O 端口 P0 ~ P3

特殊功能寄存器 P0 ~ P3 分别是 I/O 端口 P0 ~ P3 的锁存器。在 MCS-51 中可以把 I/O 口当做一般的特殊功能寄存器来使用，没有专门设置的端口操作指令，全部采用统一的 MOV 指令，使用方便。

2.3　并行 I/O 接口

如前所述，MCS-51 单片机内有 4 个 8 位并行 I/O 端口，分别记作 P0、P1、P2 和 P3。每个端口都是 8 位准双向 I/O 口，共占 32 根引脚。每个端口都包含一个锁存器、一个输出驱动器和一个输入缓冲器。

在无片外扩展存储器的系统中，这 4 个端口的每一位都可以作为准双向通用 I/O 端口使用。在具有片外扩展存储器的系统中，P2 口作为高 8 位地址线，P0 口作为双向总线，分时送出低 8 位地址和数据的输入/输出。

2.3.1　并行 I/O 接口的内部结构

1. P0 口的位结构与功能

图 2-9 所示为 P0 口某一位的结构图，它由一个输出锁存器、两个三态输入缓冲器和输出驱动电路及控制电路组成。

两个三态缓冲器（T3、T4），一个用来"读引脚"信息，即将 I/O 端引脚上的信息读入内部总线，送 CPU 处理；另一个用来"读锁存器"，即把锁存器内容读入内部总线上，送 CPU 处理。因此，对某些 I/O 指令可读取锁存器的内容，而另外一些指令则是读取引脚上的信息，应注意两者之间的区别。

输出控制电路由一个与门、一个反相器和一个多路转换开关（MUX）组成。多路转换开关用于在对外部存储器进行读/写时要进行地址/数据的切换。当输入数据时，由于外部输入信号既加在缓冲输入端上，又加在驱动电路的漏极上。如果这时 VF2 是导通的，则引脚上的电位始终被钳位在 0 电平上，输入数据不可能正确地读入。因此，在输入数据时，应先把 P0 口置 1，使两个输出 FET 管均关断，使引脚"浮置"，成为高阻状态，这样才能正确地插入数据。这就是所谓的准双向口。

P0 口在外接存储器时充当地址/数据传送接口，当不需外接存储器时，也可作为普通 I/O 口使用，此时一般要外接上拉电阻。

1）P0 口作一般 I/O 口时，CPU送来的总线控制信号为低电平，因控制信号为低，与门输出为 0，VF1截止。I/O 口的每位锁存器均由 D 触发器组成，用来锁存输出的信息。在 CPU 的写入信号驱动下，将内部总线上的数据写入锁存器中。此时

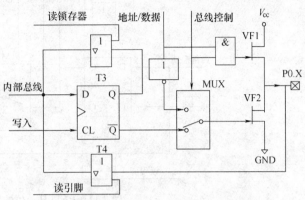

图 2-9　P0 口某一位的结构图

多路开关处于如图 2-9 所示的位置，$\overline{Q}$ 端与 VF2 的栅极接通。这时，当 CPU 向 P0 口输出数据时，即 CPU 对 P0 口进行写操作时，写脉冲加到锁存器的时钟端 CL 上，锁存器的状态取决于 D 端的状态。当 Q 端为高电平，$\overline{Q}$ 为低电平，而 $\overline{Q}$ 与 VF2 的栅极连通，故 P0 端口的状态刚好与内部总线的状态一致。

2）做地址/数据总线时，在有外部扩展存储器时，P0 口作地址/数据总线复用，这时就不能在把它作为通用的 I/O 口使用了。当从 P0 口输出地址/数据时，总线控制信号为高电平，使 MUX 向上与反相器输出端接通，与此同时与门打开，地址/数据便通过与门及 VF1、VF2 传送到 P0 口。从 P0 口输入数据时，则通过下面的缓冲器进入内部总线。

2. P1 口的位结构与功能

P1 口也是一个准双向 I/O 口，其结构如图 2-10 所示。与 P0 口不同，它没有多路转换开关 MUX 和控制电路部分。输出驱动电路只有一个场效应晶体管（FET），同时内部带上拉电阻，此电阻与电源相连。P1 口可作通用双向 I/O 口用，而不必再外接上拉电阻。当端口用作输入时，和 P0 口一样，为了避免误读，必须先向对应的输出锁存器写入"1"，使 FET截止。然后再读端口引脚。由于片内负载电阻较大，约 $20 \sim 40\mathrm{k}\Omega$，所以不会对输入的数据产生影响。

在 52 系列单片机中，P1.0 和 P1.1 是多功能位。除作一般双向 I/O 口外，P1.0 还可以作为定时器/计数器 2 的外部输入端，这时此引

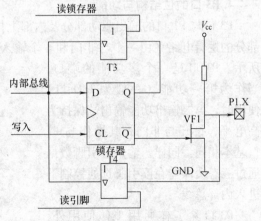

图 2-10　P1 口某一位的结构图

脚以 T2 来表示；P1.1 还可作为定时器/计数器 2 的外部控制输入，以 T2EX 来表示。

3. P2 口的位结构与功能

P2 口某一位的结构图如图 2-11 所示，在结构上比 P0 口少了一个输出转换控制部分，

多路转换开关 MUX 的倒向由 CPU 命令控制，且 P2 口内部接有固定的上拉电阻。

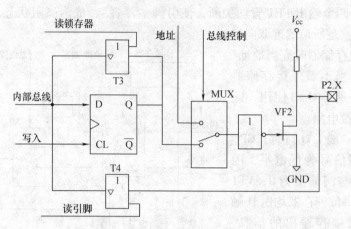

图 2-11　P2 口某一位的结构图

　　P2 口既可作为通用 I/O 口使用，又可作为地址总线口。当 P2 口用来作通用 I/O 口时，是一个准双向的 I/O 口，此时，CPU 送来的控制信号为低电平，使转换开关与锁存器的 Q 端接通。当输出信息时，引脚上的状态即为 Q 端的状态。当输入信息时，也要先用软件使输出锁存器置"1"，然后再进行输入操作。

　　当单片机外部扩展有存储器时，P2 口可用于输出高 8 位地址，这时 CPU 送来的控制信号应为高电平，使 MUX 与地址接通，此时引脚上得到的信息为地址。在外接存储器的系统中，P2 口将不断输出高 8 位地址，故这时 P2 口不再作通用 I/O 口使用。在无外部程序存储器而扩展有外部数据存储器的系统中，P2 口的使用情况有所不同。若外接 RAM 容量为 256B，则可用"MOVX A，@Ri"类指令由 P0 口送出 8 位地址，而不需要高 8 位地址，这时 P2 口仍可作通用 I/O 口使用。

4. P3 口的位结构与功能

　　P3 口与 P1 口的输出驱动部分及内部上拉电阻相同，但比 P1 口多了一个第二功能控制部分的逻辑电路（由一个与非门和一个输入缓冲器组成），P3 口某一位的结构图如图 2-12 所示。P3 口是一个多功能的端口，当作为第一功能（一般为 I/O 口）使用时，第二输出功能输出端保持为高电平，打开与非门，其操作与 P1 口基本相同。同样，输入时引脚数据通过三态缓冲器在读引脚选通控制下进入内部总线。

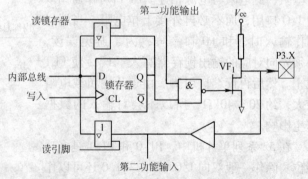

图 2-12　P3 口某一位的结构图

　　P3 口除了作通用 I/O 使用外，它的各位还具有第二功能。当 P3 口某一位用于第二功能作输出时，该位的锁存器应置"1"，打开与非门，第二功能端内容通过"与非门"和 FET 送至端口引脚。当做第二功能输入时，端口引脚的第二功能信号通过第一个缓冲器送到第二功能输入端。

无论 P3 口作通用输入口还是作第二功能输入口用，相应位的输出锁存器和第二功能输出端都应置 "1"，使 VF1 截止。实际上，由于 MCS-51 单片机所有口的锁存器在上电复位时均被置 "1"，自然能满足上述要求。所以，用户不必做任何操作，就可直接使用 P3 口的第二功能。

2.3.2　并行 I/O 接口的 "读—改—写" 操作

从图 2-9 ~ 图 2-12 可见，每个 I/O 口均有两种读入方法：读锁存器和读引脚，并有相应的指令。

读锁存器指令是从锁存器中获取数据，送 CPU 处理，再把处理后的数据重新写入锁存器中，这类指令称为读—改—写指令。在 "读—改—写" 指令中，目的操作数必须是一个 I/O 口或 I/O 口的某一位。例如 INC P2，CLR P1.0 及 ANL P1，A 等。

读引脚指令一般都是以 I/O 端口为源操作数的指令，即读取引脚上的外部输入数据，执行读引脚指令时，三态门打开，为输入口状态。例如，读 P1 口引脚指令为 MOV A，P1。

对 "读—改—写" 指令，直接读锁存器 Q 端而不是读引脚的原因是为了避免错读引脚上电平的可能性。例如，若用某一位口去驱动一个晶体管的基极，当向此位写 "1" 时，晶体管导通，并把引脚上的电平拉低，这时若从引脚上读取数据，则读的是晶体管的基极电平 "0"，与端口锁存器状态 "1" 不一样。而从锁存器 Q 端读取，就能避免这样的错误，得到正确的数据。

2.3.3　并行 I/O 接口的负载能力

P0 口的每位输出可驱动 8 个 LSTTL 输入，但把它作为通用 I/O 口使用时，输出级是开漏电路，故用它驱动 NMOS 输入时需外接上拉电阻；而把它作地址/数据总线用时，则无需外接上拉电阻。

P1 ~ P3 口的输出极均接有内部上拉电阻，它们的每一位输出可驱动 4 个 LSTTL 输入。对 HMOS 型单片机，当 P1 口和 P3 口作输入方式时，任何 TTL 或 NMOS 电路都能以正常的方式去驱动这些接口。不论是 HMOS 型还是 CHMOS 型的单片机，它们的 P1 ~ P3 口的输出端都可以被集电极开路电路所驱动，而不必再外加上拉电阻。

2.4　MCS-51 单片机的复位

复位是单片机的初始化操作，其作用是使 CPU 和系统中其他部件都处于一个确定的初始状态，并从这个状态开始工作，以防止电源系统不稳定造成 CPU 工作不正常，并给外部提供一个复位 CPU 的接口。MCS-51 的 RST/V_{pd} 引脚是复位输入引脚，通过一个施密特触发器与内部复位电路相连。在 HMOS 型复位结构中，如果供电电源 V_{cc} 掉电，此引脚可接上备用电源，以保证内部 RAM 的数据不丢失。当 V_{cc} 主电源降低到低于规定的电平，而 V_{pd} 在其规定的电压范围（5±0.5V）内，V_{pd} 就向内部 RAM 提供备用电源，MCS-51 内部复位电路结构如图 2-13 所示：

在 RST 端变为高电平的第二个机器周期执行内部复位，此后每个周期重复一次，直至 RST 端出现低电平。复位后片内各特殊功能寄存器的状态见表 2-4。

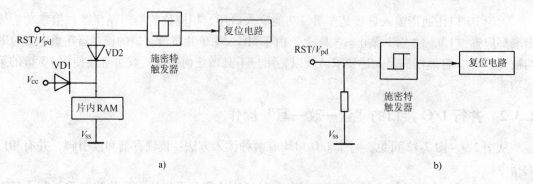

图 2-13　MCS-51 内部复位电路结构

a）HMOS 型复位结构　b）CHMOS 型复位结构

表 2-4　复位后片内各特殊功能寄存器的状态

寄存器	内　容	寄存器	内　容
PC	0000H	TMOD	00H
A	00H	TCON	00H
B	00H	TH0	00H
PSW	00H	TL0	00H
SP	07H	TH1	00H
DPTR	0000H	TL1	00H
P0 ~ P3	0FFH	SCON	00H
IP	（XXX00000）B	SBUF	不定
IE	（0XX00000）B	PCON	（0XXXXXXX）B

　　复位期间，ALE 和$\overline{\text{PSEN}}$输出高电平，片内 RAM 的状态不受复位的影响。复位后，PC 的值为 0000H，所以单片机总是从起始地址 0000H 开始执行程序。当单片机运行出错或进入死循环时，可通过复位信号重新启动 CPU。

　　MCS-51 单片机的复位电路有上电复位和按键复位两种形式，最简单的复位电路如图 2-14 所示。RC 上电复位如图 2-14a 所示，在 V_{cc} 与 V_{ss} 引脚之间接入 RC 电路。上电瞬间 RST 端的电位与 V_{cc} 相同，随着电容充电电流的减小，RST 端的电位逐渐下降。只要 V_{cc} 的上升时间不超过 1ms，振荡器建立时间不超过 10ms，按图中的时间常数（$C = 22\mu F$，$R_1 = 1k\Omega$），上电复位电路就能保证在上电开机时完成复位操作。上电复位所需的最短时间是振荡器建立时间加上两个机器周期。在这段时间内 RST 端的电平应维持高于施密特触发器的下阈值。在有些其他情况下也可参考 RC 积分电路的特点，根据需要计算选择阻容值。

　　图 2-14b 为一种按键上电复位电路。在实际应用系统中有些外围芯片也需要复位，如果这些复位端的复位电平要求与单片机的要求一致，则可以与之相连。

　　在应用系统中，为了保证复位电路可靠地工作，还可以将 RC 电路在接施密特电路后再接入单片机复位端和外围电路复位端。

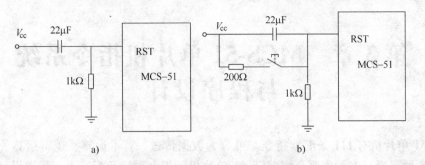

图 2-14　几种实用的复位电路

a）RC 上电复位电路　b）按键上电复位电路

本 章 小 结

本章主要介绍了 MCS-51 芯片的内部结构、存储资源的分配情况、I/O 接口的工作原理以及芯片复位的有关知识和电路设计方法。MCS-51 作为经典的哈佛结构处理器，其程序与数据存储器分开访问的方式在单片机中有着重要的代表性，目前市面上流行的单片机基本上秉承了 51 系列的这种设计结构。作为普通的 MCS-51 内核，它的内部功能模块资源不算丰富，只有两个定时器和一个 UART 模块作为其内部的主要功能模块，其内存空间也比较有限，有 4KB 的内部程序存储器和 128B 的数据存储器，但是它的 I/O 口设计灵活，功能多样，既可作为普通 I/O 口使用，又可以在需要时为外部扩展资源服务，弥补了 51 系列资源缺陷。同时，随着芯片技术的不断发展，以 MCS-51 结构为核心设计的新型芯片正在不断涌现，它们除了完全具备 51 系列的既有优势，同时还在内部存储资源上、功能模块资源上以及速度和开发便利性上做了各种补充和改善，充实发展了 51 单片机的产品系列，为工业控制应用开发带来了更多样的选择。

思考题与习题

2-1　MCS-51 系列单片机内部包含哪些主要逻辑功能器件？各有什么特点？

2-2　MCS-51 单片机的时钟周期、机器周期、指令周期是如何分配的？当主频为 12MHz 时，一个机器周期为几微秒？执行一条最长的指令需几微秒？

2-3　MCS-51 设有 4 组工作寄存器，有什么特点？应如何正确使用？

2-4　MCS-51 的并行 I/O 端口信息有哪两种读取方法？读—改—写操作是针对并行 I/O 口的哪一部分进行的？有什么优点？

2-5　MCS-51 的 ALE 线的作用是什么？MCS-51 不和片外 RAM/ROM 相连时 ALE 线上输出的脉冲频率是多少？可以作什么用？

2-6　简述 MCS-51 内部数据存储器的空间分配。访问外部数据存储器和程序存储器有什么本质区别？

2-7　简述布尔处理存储器的空间分配，内部 RAM 中包含哪些可位寻址单元。

2-8　MCS-51 复位信号是什么电平有效，为什么每次上电复位后，程序总能从最初的地方开始重新执行？

第3章　MCS-51单片机指令系统与程序设计

MCS-51 单片机有 111 条汇编指令，可分为数据传送、算术运算、逻辑运算、控制转移和位操作 5 种类型。本章主要介绍 MCS-51 单片机的指令系统及汇编语言程序设计方法。首先简述 MCS-51 指令的指令格式和寻址方式，然后详细介绍 111 条指令的功能和使用方法，最后，从程序结构及应用出发，通过介绍一些典型的程序设计实例，使读者进一步理解和掌握单片机的指令系统，并熟练掌握汇编语言程序的设计方法和技巧。

3.1　MCS-51单片机指令概述

汇编语言是编写单片机程序的常用语言，用汇编语言编写单片机程序的特点是占用资源少、运行速度快。同时，初学者学习和掌握汇编语言编写单片机程序，还有利于加深对单片机硬件的了解，为将来设计应用系统打好基础。单片机也可以使用 C 语言编写程序，C 语言具有通用性好、便于移植的特点。所以，在掌握了汇编语言编程后，可进一步学习使用 C 语言编写程序，本书将在第 7 章介绍单片机 C 语言程序设计与应用。

MCS-51 汇编语言指令格式如下：

标号：操作码　目的操作数，源操作数；注释

其中，标号实际上为符号地址，表示这条指令在程序存储器中的存放首地址，以字母开始，后可跟 1~8 个字母或数字，但标号不能用操作码或专用符号。操作码规定指令执行什么操作，采用助记符表示。指令中的操作数为指令的具体操作对象，操作数可以是一个具体的数据，也可以是存储数据的地址或寄存器。有些指令中有 3 个操作数，有些只有一个，有些无操作数，仅有操作码。注释用作解释和备忘。注意，对于任一汇编程序语句来说，只有操作码是必不可少的。

用汇编语言编写的源程序必须翻译成 CPU 可执行的机器码。根据机器码的长短，可分为单字节、双字节和三字节等不同长度的指令。

1. 单字节指令

单字节指令的机器码只有一个字节，有两种情况：一种是操作码和操作数同在这一个字节内；另一种是只有操作码而无操作数。例如：

数据指针加 1 指令：INC　DPTR，机器码为：10100011

2. 双字节指令

双字节指令的机器码包含两个字节：第一个字节为操作码，第二个字节为参与操作的数据或数据所在的地址。例如：

数据传送指令：MOV　A,#50H，机器码为：01110100，01010000

3. 三字节指令

三字节指令的机器码包含 3 个字节：第一个字节为操作码，后两个字节为操作的数据或

数据所在的地址。例如：

逻辑与运算指令：ANL　30H, #35H，机器码为：01010011, 00110000, 00110101

第一个字节表示该指令的操作码，第二个字节表示内部 RAM 单元地址码 30H，第三个字节为立即数 35H。

图 3-1 所示为机器码指令的 3 种形式在内存中的数据安排。

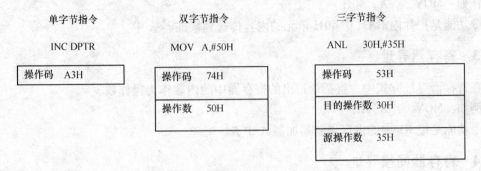

图 3-1　机器码指令的 3 种形式

在 MCS-51 系列单片机的指令中，常用的符号有：

#data8、#data16：分别表示 8 位、16 位立即数。

direct：片内 RAM 单元地址（8 位），也可以指特殊功能寄存器的地址或符号名称。

addr11、addr16：分别表示 11 位、16 位地址码。

rel：相对转移指令中的偏移量，为 8 位带符号数（补码形式）。

bit：片内 RAM 中（可位寻址）的位地址。

A：累加器 A；ACC 则表示累加器 A 的地址。

Rn：当前寄存器组的 8 个工作寄存器 R0 ~ R7。

Ri：可用作间接寻址的工作寄存器，只能是 R0、R1。

@：间接寻址的前缀标志。

AB：累加器 A 和寄存器 B 对。

3.2　MCS-51 单片机的寻址方式

获得操作数地址的方式，称为寻址方式。一个处理器寻址方式的多少，说明了其寻址操作数的灵活程度。MCS-51 系列单片机的指令系统有 7 种寻址方式：立即寻址、直接寻址、寄存器寻址、寄存器间接寻址、变址寻址、相对寻址、位寻址。

3.2.1　立即寻址

立即寻址是指在指令中直接给出其操作数，该操作数称为立即数。为了与直接寻址指令中的直接地址相区别，在立即数前面必需加上前缀 "#"。

例如：MOV　　A, #40H

其中 40H 就是立即数，该条指令功能是把 8 位立即数 40H 送到累加器 A 中。

3. 2. 2　直接寻址

直接寻址是指在指令中直接给出存放操作数的地址（注意：不是立即数，并且只限于片内 RAM 范围）。直接寻址只能访问特殊功能寄存器、内部数据存储器的低 128B 和位地址空间（对于 52 系列，直接寻址可以访问高 128B）。

例如：MOV　　　A，40H

该指令功能是把片内 RAM 中 40H 单元的内容传送到累加器 A 中。

3. 2. 3　寄存器寻址

在寄存器寻址方式中，将指令指出的寄存器中的内容作为操作数。

例如：MOV　　　A，R1

该指令功能是把 R1 中的内容送到累加器 A 中去。

3. 2. 4　寄存器间接寻址

在寄存器间接寻址方式中，寄存器内存放的是操作数的地址，即操作数是通过寄存器间接得到的。为了区别寄存器寻址，在寄存器间接寻址方式中，应在寄存器的名称前面加前缀"@"。

例如：MOV　　　R1，#30H　　　　　；把立即数 30H 送 R1 寄存器

　　　　MOV　　　A，@R1　　　　　　；把 30H 单元中的数据送到累加器 A 中

3. 2. 5　变址寻址

变址寻址用于访问程序存储器中的一个字节，该字节的地址是基址寄存器（DPTR 或 PC）的内容与变址寄存器 A 中的内容之和。

例如：MOV　　　DPTR，#3000H　　　；把立即数 3000H 送 DPTR

　　　　MOV　　　A，#02H　　　　　　；把立即数 02H 送累加器 A

　　　　MOVC　　A，@A + DPTR　　　；取 ROM 中 3002H 单元中的数送累加器 A

3. 2. 6　相对寻址

相对寻址方式是为实现程序的相对转移而设计的，由相对转移指令所采用，转移的目的地址为

$$目的地址 = 转移指令所在地址 + 转移指令字节数 + rel$$

指令中给出的操作数 rel 为程序转移的偏移量（1 字节补码）。一般实际使用时，rel 常写为符号地址形式，编程者一般不去标偏移值，但要务必注意它的范围为 − 128 ～ + 127。例如，指令"SJMP　50H"，这是一条转移指令，该指令为 2B，存放在 1000H 和 1001H 单元，则执行该指令后 CPU 将转去执行 1052H（1000H + 50H + 2）单元的指令。

3. 2. 7　位寻址

位寻址是指对片内 RAM 的位寻址区（20H ~ 2FH）、可以位寻址的特殊功能寄存器的各位，进行位操作的寻址方式。

例如：MOV　　　P1.0, C　　　　　;把 C 位中的值送 P1 口的 D0 位

　　　　SETB　　20H. 0　　　　　;把 00H 位置 1

操作数的 7 种寻址方式和寻址的空间见表 3-1。

表 3-1　操作数的 7 种寻址方式和寻址的空间

寻址方式	相关寄存器	寻址的空间
立即寻址		程序存储器 ROM
直接寻址		片内 RAM 和 SFR
寄存器寻址	R0 ~ R7, A, B, DPTR	R0 ~ R7, A, B, DPTR
寄存器间接寻址	@R0, @R1	片内 RAM
	@R0, @R1, @DPTR	片外 RAM
变址寻址	@A + PC, @A + DPTR	ROM 区
相对寻址	PC	ROM 区
位寻址	可位寻址的 SFR	片内 RAM 20H ~ 2FH, SFR 可寻址位

3.3　MCS-51 单片机指令系统

　　MCS-51 单片机的指令系统内容丰富、完整、功能强，具有指令短、执行时间快等特点；并有丰富的位操作指令，可对内部 RAM 和特殊功能寄存器的直接寻址位进行多种形式的位操作，还可直接用传送指令实现 I/O 端口的输入/输出操作。

3.3.1　数据传送与交换类指令

　　单片机应用系统中常需要把某一单元中的内容传送（复制）到另一单元中去，数据传送指令就是完成这一功能，配合相应的寻址方式，即构成了传送类指令。它并不影响标志位（除第一操作数为 A 的指令影响 P 位外）。MCS-51 的数据传送操作可以在累加器 A、工作寄存器 R0 ~ R7、内部 RAM、特殊功能寄存器、外部数据存储器以及程序存储器之间进行。数据传送类指令汇总见表 3-2。

表 3-2　数据传送类指令汇总

类型	助　记　符	执行的操作	机　器　码	对 PSW 的影响	字节数	机器周期数
片内 RAM 传送指令	MOV　A, Rn	(A)←(Rn)	E8H ~ EFH	P	1	1
	MOV　A, @Ri	(A)←((Ri))	E6H ~ E7H	P	1	1
	MOV　A, direct	(A)←(direct)	E5H　direct	P	2	1
	MOV　A, #data	(A)←#data	74H　data	P	2	1
	MOV　Rn, A	(Rn)←(A)	F8H ~ FFH	不影响	1	1
	MOV　Rn, direct	(Rn)←(direct)	A8H ~ FFH direct	不影响	2	2
	MOV　Rn, #data	(Rn)←#data	78H ~ 7FH data	不影响	2	1
	MOV　@Ri, A	((Ri))←(A)	F6H-F7H	不影响	1	1
	MOV　@Ri, direct	((Ri))←(direct)	A6H ~ A7H direct	不影响	2	2

（续）

类型	助 记 符	执行的操作	机 器 码	对 PSW 的影响	字节数	机器周期数
片内 RAM 传送指令	MOV @Ri, #data	((Ri))←#data	76H ~ 77H data	不影响	2	1
	MOV direct, A	(direct)←(A)	F5H direct	不影响	2	1
	MOV direct, Rn	(direct)←(Rn)	88H ~ 8FH direct	不影响	2	2
	MOV direct1, direct2	(direct1)←(direct2)	85 direct2 direct1	不影响	3	2
	MOV direc, @Ri	(direct)←((Ri))	86H,87H direct	不影响	2	2
	MOV direct, #data	(direct)← #data	75H direct data	不影响	3	2
	MOV DPTR, #data16	(DPTR)←#data16	90H dataH dataL	不影响	3	2
片外 RAM 传送指令	MOVX A, @Ri	(A)←((Ri))外	E2H,E3H	P	1	2
	MOVX A, @DPTR	(A)←((DPTR))外	E0H	P	1	2
	MOVX @Ri, A	((Ri))外←(A)	F2H,F3H	不影响	1	2
	MOVX @DPTR, A	((DPTR))外←(A)	F0H	不影响	1	2
ROM 传送指令	MOVC A, @A + DPTR	(A)←((A) + (DPTR))	93H	P	1	2
	MOVC A, @A + PC	(A)←((A) + (PC))	83H	P	1	2
交换指令	XCH A, Rn	(A)⟷(Rn)	C8H ~ CFH	P	1	1
	XCH A, @Ri	(A)⟷((Ri))	C6H,C7H	P	1	1
	XCH A, direct	(A)⟷(direct)	C5H direct	P	2	1
	XCHD A, @Ri	(A0 - 3)⟷((Ri)0 ~ 3)	D6H,D7H	P	1	1
	SWAP A	(A7-4)⟷(A3 ~ 0)	C4H	P	1	1
堆栈 操作	PUSH direct	(SP)←(SP) + 1 ((SP))←(direct)	C0H direct	不影响	2	2
	POP direct	(direct)←((SP)) (SP)←(SP) - 1	D0H direct	不影响	2	2

1. 内部 RAM 数据传送指令（16 条）

单片机内部的数据传送指令运用频率最高，寄存器、累加器、RAM 单元及特殊功能寄存器之间的数据可相互传送，这类指令使用助记符 MOV。

例如：MOV　A, #30H　　　　　；立即数 30H 送累加器 A 中

　　　MOV　A, 30H　　　　　；将片内 RAM 30H 单元的数送累加器 A 中

　　　MOV　A, R0　　　　　；将 R0 中的数据送累加器 A 中

　　　MOV　R0, #30H　　　　；将立即数 30H 送 R0 寄存器

　　　MOV　30H, #7AH　　　 ；将立即数 7AH 送片内 RAM 30H 单元中

　　　MOV　A, @R0　　　　　；将 R0 指定的 30H 中的数据 7AH 送累加器 A 中

MCS-51 单片机指令系统中仅有一条 16 位数据传送指令，功能是将 16 位数据传送到数据指针（DPTR）中，其中高 8 位送给 DPH，低 8 位送给 DPL。

例如：MOV　DPTR, #1000H　；将 1000H 送 DPTR 寄存器，结果为（DPH）= 10H，（DPL）= 00H。

2. 外部 RAM 数据传送指令（共 4 条）

对外部 RAM 单元只能使用间接寻址方法，片外 RAM 单元的地址为 16 位，一般用 DPTR 间接寻址；但有时 16 位地址的高 8 位不需要变（由 P2 口输出），仅需要改变地址的低 8 位时，也可方便地使用 Ri 来间接寻址。所以外部 RAM 的地址指针常用 DPTR，有时也可用 R0、R1 作为地址指针，使编程方便。例如，用 DPTR 间接寻址：

MOV	DPTR，#2000H	；设置片外 RAM 地址指针
MOVX	A，@ DPTR	；把 2000H 单元中的数据送累加器 A

用 Ri 间接寻址：

MOV	R1，#01H	；R1 指向外部 RAM 01H 单元
MOV	A，#0	；将 A 清零
MOVX	@R1，A	；将片外 RAM 01H 单元清零

对外部 RAM 数据传送指令注意以下两点：

1）与外部存储器 RAM 传递数据的只可以是累加器 A，所以要送入或读出外部 RAM 的数据必须先送到 A 中去，在此可以看出内外部 RAM 的区别，即内部 RAM 间可以直接进行数据的传递，而外部 RAM 则不行。比如，要将外部 RAM 中某一单元（设为 200H 单元的数据）送入另一个单元（设为 300H 单元），就必须先将 200 单元中的内容读入 A，然后再送到 300 单元去。

2）外部 RAM 数据传送指令与内部 RAM 数据传送指令相比，在指令助记符中增加了 "X"，"X" 代表外部之意。

3. 程序存储器数据传送指令（共两条）

程序存储器的数据传送都是单向的，因为 ROM 为只读存储器，并且从程序存储器读出的数据只能向累加器 A 传送。这类指令共两条，主要用于对程序存储器中的数据表格访问，因此称为查找表指令，这类指令使用助记符 MOVC。

MOVC	A，@ A + DPTR	；DPTR 为基址，A 为变址
MOVC	A，@ A + PC	；以 PC 的当前值为基址，A 为变址

这两条指令都是一字节指令，并且都为变址寻址方式。

例 3-1　在 ROM 1000H 开始存有 5 个字节数，编程将第二个字节数取出送片内 RAM 30H 单元中。程序段如下：

MOV	DPTR，#1000H	；置 ROM 地址指针（基址）DPTR
MOV	A，#01H	；表内序号送 A（变址）
MOVC	A，@ A + DPTR	；从 ROM 1001H 单元中取数据送到 A，本指令在
		第一时间 A 作变址参数用，在另一时间存数
MOV	30H，A	；再存入片内 RAM 30H 中
ORG	1000H	；伪指令，定义数表起始地址（参见后续章节）
TAB：DB	55H，67H，9AH，…	；在 ROM 1000H 开始的空间中定义 5 个单字节数

例 3-2　设某数 N 已存于 20H 单元（$N \leq 10$），查表求 N 平方值，存入 21H 单元。程序段如下：

MOV	A，20H	；取数 N
ADD	A，#03	；加查表偏移量

```
MOVC    A，@A+PC              ；查表
NOP
MOV 21H，A
TAB：DB    00H，01H，04H，09，…    ；定义数表
```

在执行第三条指令"MOVC A，@A+PC"时，由于 PC 为程序计数器，总是指向下一条指令的地址，在查表前应在累加器 A 中加上查表偏移量。该例中，MOVC 指令与 TAB 表之间有 3 个字节，所以在查找表前 A 加 3。用 DPTR 查表时，表格可以放在 ROM 的 64KB 任何地方，只要把表首址送 DPTR；如果用"MOVC A，@A+PC"指令则必须把表格就放在该条指令下面开始的空间中。

4. 交换指令（共 5 条）

数据交换主要在内部 RAM 单元与累加器 A 之间进行。其中 XCH 指令为内部 RAM 单元与累加器 A 整个字节相互交换（区别于单向传送）；XCHD 指令为内部 RAM 单元与累加器 A 低 4 位相互交换；SWAP 指令为累加器 A 的高、低 4 位互换。

例如：A 中的内容为 45H，执行"SWAP A"指令后 A 中变为 54H。

通过以上指令的学习，可以总结"地址指针"如下：

片内 RAM 的地址指针可用 R0、R1；片外 RAM 的地址指针可用 DPTR，也可用 R0、R1，但其地址的高 8 位必须不变；ROM 的地址指针可用 PC 和 DPTR 查表用；凡是用到地址指针概念，就用寄存器间接寻址，其前缀符号为@；一般凡是要对一串单元的空间操作，要学会用地址指针，从而使所编程序效率高、方便、可读性强。

5. 堆栈操作指令（共 2 条）

在片内 RAM 中可开辟一个空间，用于数据的暂存，并遵守"先进后出"的原则，这个空间区域叫堆栈，栈底是固定的，栈顶是浮动的，其地址指针为 SP，它指出栈顶的位置。堆栈技术在子程序嵌套时常用于保存断点，在中断时用来保护断点和现场等。

入栈：PUSH direct   ；SP 先增 1，再将数据压栈。

出栈：POP direct   ；数据先出栈，SP 再减 1。

例如：已知（A）=44H，（30H）=55H，执行下列程序段后，堆栈指令操作过程示意如图 3-2 所示。

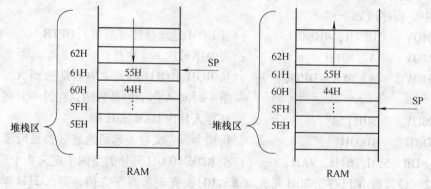

图 3-2　堆栈指令操作过程示意图

```
MOV     SP，#5FH      ；栈起点设置为 5FH
PUSH    ACC          ；把 A 中的 44H 压到 60H 中保存
```

```
PUSH    30H        ；把 30H 中的 55H 压到 61H 中保存
POP     30H        ；把 61H 中的 55H 弹出到 30H 中
POP     ACC        ；把 60H 中的 44H 弹出到 A 中
```

使用堆栈说明：

1）栈区可以在内部 RAM 中任意设定。上电复位时由硬件设在 07H 开始的空间，也可通过用户程序设定。

2）使用时注意堆栈的使用深度，以免与其他空间重叠，造成死机、出错。

3.3.2　算术运算类指令

算术运算类指令有加、减、乘、除法指令，增 1 和减 1 指令，十进制调整指令，共 24 条，见表 3-3。在此特别请读者注意判断各种结果对哪些标志位（CY、OV、AC、P）产生影响，并在以后的程序设计中熟练应用这些标志位。

表 3-3　算术运算类指令

类型	助记符	执行的操作	机器码	对 PSW 的影响	字节数	机器周期
不带进位加法	ADD　A,#data	$(A)\leftarrow(A)+\#data$	24H data	CY,OV,AC,P	2	1
	ADD　A,direct	$(A)\leftarrow(A)+(direct)$	25H direct	CY,OV,AC,P	2	1
	ADD　A,@ Ri	$(A)\leftarrow(A)+((Ri))$	26H、27H	CY,OV,AC,P	1	1
	ADD　A,Rn	$(A)\leftarrow(A)+(Rn)$	28H ~2FH	CY,OV,AC,P	1	1
带进位加法	ADDC　A,#data	$(A)\leftarrow(A)+\#data+(CY)$	34H data	CY,OV,AC,P	2	1
	ADDC　A,direct	$(A)\leftarrow(A)+(direct)+(CY)$	35H direct	CY,OV,AC,P	2	1
	ADDC　A,@ Ri	$(A)\leftarrow(A)+((Ri))+(CY)$	36H、37H	CY,OV,AC,P	1	1
	ADDC　A,Rn	$(A)\leftarrow(A)+(Rn)+(CY)$	38H ~3FH	CY,OV,AC,P	1	1
带进位减法	SUBB　A,#data	$(A)\leftarrow(A)-\#data-(CY)$	94H data	CY,OV,AC,P	2	1
	SUBB　A,direct	$(A)\leftarrow(A)-(direct)-(CY)$	95H direct	CY,OV,AC,P	2	1
	SUBB　A,@ Ri	$(A)\leftarrow(A)-((Ri))-(CY)$	96H、97H	CY,OV,AC,P	1	1
	SUBB　A,Rn	$(A)\leftarrow(A)-(Rn)-(CY)$	98H ~9FH	CY,OV,AC,P	1	1
加一指令	INC　A	$(A)\leftarrow(A)+1$	04H	P	1	1
	INC　direct	$(direct)\leftarrow(direct)+1$	05H　direct	无影响	2	1
	INC　@ Ri	$((Ri))\leftarrow((Ri))+1$	06H、07H	无影响	1	1
	INC　Rn	$(Rn)\leftarrow(Rn)+1$	08H ~0FH	无影响	1	1
	INC　DPTR	$(DPTR)\leftarrow(DPTR)+1$	A3H	无影响	1	2
减一指令	DEC　A	$(A)\leftarrow(A)-1$	14H	P	1	1
	DEC　direct	$(direct)\leftarrow(direct)-1$	15H direct	无影响	2	1
	DEC　@ Ri	$((Ri))\leftarrow((Ri))-1$	16H、17H	无影响	1	1
	DEC　Rn	$(Rn)\leftarrow(Rn)-1$	18H ~1FH	无影响	1	1
乘法	MUL　AB	$B\ A\leftarrow(A)\times(B)$	A4H	CY =0,OV,P	1	4
除法	DIV　AB	$A\leftarrow A/B$（商） $B\leftarrow A/B$（余数）	84H	CY =0,OV,P	1	4
调整	DA　A		D4H	CY	1	1

1. 不带进位的加法指令（4条）

加法指令"ADD"这4条指令的第一操作数都是A，第二操作数有4种寻址方式，同时影响AC、CY、OV、P位。注意：A中的值前后是不一样的。

例3-3　执行以下程序段后，分析各标志位及A中的内容。

```
MOV    A, #53H              01010011
MOV    R0, #0FCH        +   11111100
ADD    A, R0            (1) 01001111
```

标志位分析：和中"1"的个数为奇数，将P标志位置"1"；和的D3位没有进位，将AC标志位置"0"；和的D7位有进位将CY标志位置"1"；当和的D6位或D7位之中只有一位有进位时，表明有溢出则将OV置"1"，否则为"0"，本例中二者都有进位，则OV = 0。

结果为（A）= 4FH，（CY）= 1，（AC）= 0，（OV）= 0，（P）= 1

应用：对于无符号数相加，判断结果的CY = 1，说明和有进位（即大于255）；对于带符号数相加，若结果的OV = 1，说明和已溢出（即大于127或小于 – 128）。

2. 带进位加法指令（4条）

ADDC这4条指令比ADD多了加CY位的值（之前指令留下的CY值），主要用于多字节的加法运算，结果也送A，同时影响AC、CY、OV、P位。

例3-4　在片内RAM 31H、30H中存有双字节数（高在31H、低在30H中），编程把该双字节数与R2中单字节数相加，和存在片内RAM 40H单元开始的空间中（低在先）。

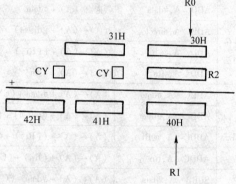

图3-3　双字节数与单字节数相加算法

解：用R0作被加数的地址指针，R1作和的地址指针，在逐字节相加过程中注意考虑上次的进位CY并会产生新的进位CY，算法如图3-3所示。

程序如下：

```
MOV    R0, #30H      ; 置被加数地址指针首址
MOV    R1, #40H      ; 置和地址指针首址
MOV    A, @R0        ; 取被加数低字节
ADD    A, R2         ; 低字节相加，并产生进位CY
MOV    @R1, A        ; 存和的低字节
INC    R0            ; 地址指针增1，指向31H
INC    R1            ; 地址指针增1，指向41H
MOV    A, @R0        ; 取被加数的高字节
ADDC   A, #0         ; 高字节与进位CY相加，并产生新的进位
MOV    @R1, A        ; 存和中字节
INC    R1            ; 地址指针增1，指向42H
MOV    A, #0         ;
```

```
ADDC    A, #0              ; 把高位的进位 CY 转到 A 中
MOV     @R1, A            ; 存和的高字节，和可能为 3 字节数
```

3. 带借位减法指令（4 条）

SUBB 这 4 条指令的功能都是第一操作数 A 的内容减去第二操作的内容，再减去上次的 CY 值，然后把差存入 A 中，同时产生新的 AC、CY、OV、P 位的值。

例 3-5　已知（A）= 98H（负数补码），（30H）= 85H（负数补码），编程计算（A）－（30H）。

程序如下：

```
CLR     C                 ; 将前次 CY 清零
SUBB    A, 30H  ;              10011000
                          - )  10000101
                               00010011
```

结果：（A）= 13H，（CY）= 0，（AC）= 0，（OV）= 0。

4. 乘法指令（1 条）

MUL　AB 指令的功能是把累加器 A 和寄存器 B 中的两个 8 位无符号数相乘，所得到的是 16 位乘积，积的高字节存 B，积的低字节存 A。当积大于 255（0FFH）时，即积的高字节 B 不为 0 时，置 OV = 1，否则 OV = 0；CY 位总是 0。

5. 除法指令（1 条）

DIV　AB 指令的功能是把累加器 A 中的 8 位无符号整数除以寄存器 B 中的 8 位无符号整数，所得商存在 A 中，余数存在 B 中。当除数（B）= 0 时，结果为无意义，并置 OV = 0；CY 位总是 0。

6. 加 1 指令（5 条）

INC 指令的功能是将操作数中的内容加 1。如原来为 0FFH，加 1 后（溢出）为 00H。除对 A 操作影响 P 外不影响任何标志。

如果是对 I/O 端口操作，则进行读、修改、写操作，具体为先读入该端口的内容（此时读的是端口寄存器而不是端口的引脚），然后将其内容加 1，再写到端口锁存器内。

INC　DPTR 指令是唯一的一条 16 位加 1 指令，在加 1 过程中，DPL 有进位时则直接向 DPH 进位。

7. 减 1 指令（4 条）

DEC 指令的功能是将操作数中的内容减 1，如原来为 00H，减 1 后将为 0FFH。除对 A 操作影响 P 外不影响任何标志。对 I/O 端口操作类似于 INC，也是进行读、修改、写操作。

注意：没有对 DPTR 的减 1 操作指令。

8. 十进制调整指令（1 条）

因为 ADD、ADDC 指令都是对 8 位二进制数进行加法运算，如果用户用它们对两个 BCD 码数进行加法时，必须增加一条 DA A 指令（对其结果进行调整），否则结果就会出错。

本指令的调整原理是：若（A0 ~ A3）> 9 或（AC）= 1，则低 4 位（A0 ~ A3）+ 6 调整；若（A4 ~ A7）> 9 或（CY）= 1，则高 4 位（A4 ~ A7）+ 6 调整。

例 3-6　在累加器 A 和 R2 中分别存有 BCD 码，若（A）= 01010110（= 56BCD），（R2）= 01100111（= 67BCD），编程求其和（仍为 BCD 码）。

```
      ADD     A, R2          ; CPU 把它们当做二进制数相加, 和中出现非法码
      DA      A              ; 调整后 (A) =23H, 结果正确
```

注意: DA   A 指令只能用于加法指令后的调整。

3.3.3　逻辑运算类与循环移位指令

此类指令共 24 条, 包括: 或、与、异或、求反、清零、循环移位。其共同特点是当 A 作目的操作数 (第一操作数) 时, 影响 P 位; 带进位的移位指令影响 CY 位, 其余都不影响 PSW。逻辑运算类与循环移位指令见表 3-4。

表 3-4　逻辑运算类与循环移位指令

类型	助　记　符	执行的操作	机　器　码	对 PSW 的影响	字节数	机器周期
逻辑或	ORL　direct, A	(direct)←(direct)∨(A)	42H direct	不影响	2	1
	ORL　direct, #data	(direct)←(direct)∨#data	43H direct data	不影响	3	2
	ORL　A, #data	(A)←(A)∨#data	44H data	P	2	1
	ORL　A, direct	(A)←(A)∨(direct)	45H direct	P	2	1
	ORL　A, @Ri	(A)←(A)∨((Ri))	46H,47H	P	1	1
	ORL　A, Rn	(A)←(A)∨(Rn)	48H –4FH	P	1	1
逻辑与	ANL　direct, A	(direct)←(direct)∧(A)	52H direct	不影响	2	1
	ANL　direct, #data	(direct)←(direct)∧#data	53H direct data	不影响	3	2
	ANL　A, #data	(A)←(A)∧#data	54H data	P	2	1
	ANL　A, direct	(A)←(A)∧(direct)	55H direct	P	2	1
	ANL　A, @Ri	(A)←(A)∧((Ri))	56H,57H	P	1	1
	ANL　A, Rn	(A)←(A)∧(Rn)	58H ~5FH	P	1	1
逻辑异或	XRL　direct, A	(direct)←(direct)⊕(A)	62H direct	不影响	2	1
	XRL　direct, #data	(direct)←(direct)⊕#data	63H direct data	不影响	3	2
	XRL　A, #data	(A)←(A)⊕#data	64H data	P	2	1
	XRL　A, direct	(A)←(A)⊕(direct)	65H direct	P	2	1
	XRL　A, @Ri	(A)←(A)⊕((Ri))	66H,67H	P	1	1
	XRL　A, Rn	(A)←(A)⊕(Rn)	68H ~6FH	P	1	1
清0	CLR　A	(A)←0	E4H	P	1	1
求反	CPL　A	(A)←/(A)	F4H	P	1	1
循环移位	RR　A	A 逐位右循环一位	03H	不影响	1	1
	RRC　A	A 带 CY 位右循环一位	13H	P, CY	1	1
	RL　A	A 逐位左循环一位	23H	不影响	1	1
	RLC　A	A 带 CY 位左循环一位	33H	P, CY	1	1

1. 逻辑 "或" 运算指令 (6 条)

此类指令都是按位相 "或", 其中有 4 条指令的第一操作数都为 A, 另外两条指令的第

一操作数为 direct，不影响 PSW。

"或"指令常用于对某位置"1"（其余位不受影响）。例如：使 P1 口的低 2 位置"1"，其余位不变，用以下指令实现：

ORL　P1，#00000011B；（P1）= ×××××11B

2. 逻辑"与"运算指令（6 条）

同上类似，它们都是按位相"与"，其中 4 条指令的第一操作数为 A，两条指令的第一操作数为 direct。"与"指令常用于对某位清零（其余位不受影响）。例如，将 A 中的最高位屏蔽，用指令"ANL　A，#7FH"即可完成。

3. 逻辑"异或"运算指令（6 条）

同上述类似，它们都是按位相"异或"，其中 4 条指令的第一操作数为 A，另外两条指令的第一操作数为 direct。"异或"指令常用于对某位取反（其余位不受影响）。

例如：使 P1 口的低 2 位为 0，高 2 位取反，其余位不变。

ANL　P1，#11111100B　　；先对低 2 位清零
XRL　P1，#11000000B　　；再对高 2 位取反

可见要取反的那些位用"1"相"异或"，维持不变的那些位用"0"相"异或"。

4. 累加器求反指令（1 条）

CPL　A 是对累加器 A 的内容各位求反，结果送回 A 中，影响 P 位。

5. 累加器清零指令（1 条）

CLR　A 指令是将累加器 A 的内容清零。

注意：MCS-51 的指令系统中对字节操作求反、清零，只有这两条指令，其他单元要求反、清零操作，则要用其他的指令或通过累加器 A 进行。

6. 循环移位指令（4 条）

其中有两条不带 CY 位的逐位循环移位一次指令，不影响 PSW。两条带 CY 位的逐位循环移位一次指令，影响 CY 和 P 位。其移位指令操作功能示意图如图 3-4 所示。

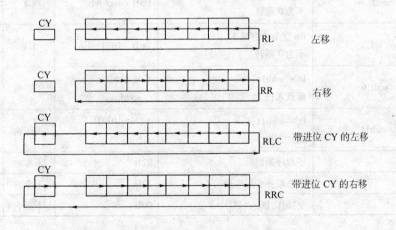

图 3-4　移位指令操作功能示意图

例如，设 A 中的内容为 48H，执行指令"RL　A"后，A = 90H；若原来 CY = 1，A = 04H，执行指令"RRC　A"后，A = 82H，CY = 0。

3.3.4 控制程序转移类指令

控制程序转移类指令共 17 条（不包含布尔变量控制程序转移类指令），它的主要功能是控制程序转移到新的 PC 地址去执行。控制程序转移类指令见表 3-5。

表 3-5　控制程序转移类指令

类型	助记符	执行的操作	机器码	对 PSW 的影响	字节数	机器周期
无条件转移	AJMP　addr11	$(PC) \leftarrow$ addr11	$a_{10} a_9 a_8 00001$ $a_7 \cdots a_0$	不影响	2	2
	LJMP　addr16	$(PC) \leftarrow$ addr16	02H addrH addrL	不影响	3	2
	JMP　@A+DPTR	$(PC) \leftarrow (A) + (DPTR)$	73H	不影响	1	2
	SJMP　rel	$(PC) \leftarrow (PC) + rel$	80H rel	P	2	2
条件转移	JZ　rel	若 $(A) = 0$，则 $(PC) \leftarrow (PC) + rel$	60H rel	P	2	2
	JNZ　rel	若 $A \neq 0$，则 $(PC) \leftarrow (PC) + rel$	70H rel	P	2	2
	CJNE　A,#data,rel	若 $(A) \neq data$，则转 $(PC) \leftarrow (PC) + rel$	B4H data rel	CY, P	3	2
	CJNE　A,direct,rel	若 $(A) \neq (direct)$，则转 $(PC) \leftarrow (PC) + rel$	B5H direct rel	CY, P	3	2
	CJNE　@Ri,#data,rel	若 $((Ri)) \neq data$，则转 $(PC) \leftarrow (PC) + rel$	B6H, B7H data rel	CY	3	2
	CJNE Rn,#data,rel	若 $(Rn) \neq data$，则转 $(PC) \leftarrow (PC) + rel$	B8H ~ BFH data rel	CY	3	2
	DJNZ　direct,rel	direct 字节内容减 1 不为 0 则转	D5H direct rel	CY	3	2
	DJNZ Rn,rel	Rn 字节内容减 1 不为 0 则转	D8H ~ DFH rel	CY	2	2
子程序调用返回	LCALL　addr16	PC←addr16， 断点入栈	12H addrH addrL	不影响	3	2
	ACALL　addr11	PC←addr11， 断点入栈	$a_{10} a_9 a_8 10001$ $a_7 \cdots a_0$	不影响	2	2
	RET	子程序返回	22H	不影响	1	2
	RETI	中断服务子程序返回	32H	不影响	1	2
空操作	NOP	空操作，PC←(PC)+1	00H	不影响	1	1

1. 无条件转移指令（4 条）

1）LJMP　addr16 指令又称长转移指令，能无条件在 64KB 空间内跳转，该指令在运行时实际上就是把 addr16 装入 PC 程序计数器。

2）AJMP　addr11 指令又称绝对转移指令，指令中包含有 11 位的目的地址（如图 3-5 所示的 $a_{10} a_9 a_8 a_7 a_6 a_5 a_4 a_3 a_2 a_1$），但它被分在两个字节中，机器码的第一字节的低 5 位 00001 是这条指令特有的操作码。

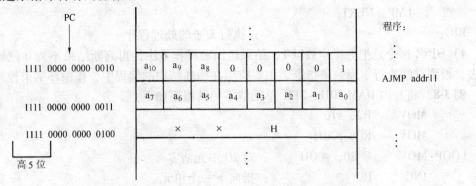

图 3-5　AJMP ADDR11 指令的目的地址形成示意图

一般 64KB 可划分为 32 页，每页 2KB，PC 的高 5 位确定对应的 32 个页号之一，低 11 位确定 2KB 范围内某单元。这条指令目的地址必须是在下一条指令首址的同一 2KB 内，也就是说，目的地址和本指令的下面一条指令必须在同一页内。实际上本指令就是把下一条指令的 PC 值的高 5 位不变，低 11 位变为 $a_{10} a_9 a_8 a_8 a_7 \cdots a_0$，以形成 16 位的目标地址。

3）SJMP　rel 指令又称短转移指令，其目的地址是由 PC 中的当前值和指令的第二字节中带符号的相对地址相加而成的。因此本指令转移的范围为下一条指令的前 128 字节或本指令后 127B 的范围内。实际应用时，addr16、addr11、rel 一般用符号地址形式，具体值由汇编时自动生成，而用户只要严格遵守相应的允许范围即可。后面介绍的条件转移指令用法也是一样。

4）JMP　@A + DPTR 指令是无条件间接转移指令，又称散转指令。目的地址由指针 DPTR 和变址 A 的内容之和形成。

2. 条件转移指令（8 条）

条件转移指令都是依据某种条件成立才转移（不成立则继续顺序下去）的指令。此类指令均为相对寻址指令，目的地址的范围限制在以下一条指令的首地址为中心的 – 128 ～ +127 字节内。

1）JZ、JNZ 指令都是依据 A 的内容为零或非零来判断转移的，仅影响 P 位。

2）JC、JNC 指令都是根据 CY 的状态为 1 或 0 判断转移的。

3）CJNE 指令是比较转移指令，这组指令的功能是比较两个无符号操作数的大小，若不相等，则转移，否则顺序执行。同时，还会根据两个数的大小来影响 CY 标志位，如果第一操作数小于第二操作数，则置位 CY，否则清零 CY，这组指令不影响操作数本身的内容。

这组指令再加上后面的位控制转移类指令能实现判断两数大于、等于、小于，从而使程序实现分支等功能。

例 3-7　根据 A 中的数是大于、等于、小于 64H 这三种情况去执行三种不同的处理程序如下：

```
CJNE    A, #64H, NEQ     ;不等则转到 NEQ
```

```
EQ:        ⋮                    ; 执行相等的处理程序
NEQ:    JNC  BIG               ; 大于（CY = 0）则转到 BIG 去执行程序
LOW:       ⋮                    ; 否则执行小于的处理程序
        LMP  NEXT
BIG:       ⋮                    ; 执行大于的处理程序
```

4）DJNZ 指令是把源操作数减 1，结果送回源操作数中，再判断结果不为 0 就转到目的地去，否则继续执行下面一条指令。主要应用在循环结构的编程中，作循环结束控制用。

例 3-8　将片内 RAM 20H～2FH 单元清零，其程序如下：

```
        MOV    R2, #16
        MOV    R0, #20H
LOOP: MOV    @R0, #00H       ; 对 20 单元清零
        INC    R0               ; 指向下一个单元
        DJNZ   R2, LOOP        ; 判断循环是否结束
        SJMP   $                ; 结束
```

3. 子程序调用及返回指令（4 条）

在编写应用程序时，常把重复出现的程序段单独写成子程序段的形式，如主程序需要则去调用它，用子程序调用指令（如 LCALL addr16）就能将子程序的入口地址自动装入 PC，然后去执行子程序，子程序的最后一条指令用返回指令（RET），就顺利地又返回到原主程序处继续下面的执行。

1）LCALL　addr16 称为长调用指令，指令执行过程具体为：先把 PC 值加 3 获得本指令的下条指令的地址（也叫断点地址），并把它压入堆栈（先低后高，栈指针加 2）；再把目的地址 addr16 装入 PC（本指令的第二和第三字节），转去执行子程序。

2）ACALL　addr11 称为绝对调用指令，类似于 LCALL 指令，又与 AJMP addr11 有相类似的知识点。它的目的地址为 11 位，也就是说，本指令的下一条指令的首址与子程序的首址必须在同一个页中。这一点用户在编程应用中要注意，如果没有把握确定它们在同一页中，不妨就用 LCALL 指令。

3）RET 是子程序返回指令，功能是从堆栈中弹出（断点）地址值给 PC（先高后低，栈指针减 2），使程序从该 PC 值处开始执行程序。不影响 PSW。主要用作子程序的最后一条指令，有时也做他用。

4）RETI 是中断返回指令，除具有 RET 指令的所有功能外，还将自动清除优先级状态触发器。RETI 指令用在中断服务子程序中，作最后一条返回指令。

通过上面的一些指令介绍可知，无论是无条件转移、有条件转移、还是调子程序、返回指令，其操作都是把目的地址装入 PC 实现程序的转移。

4. 空操作指令（1 条）

NOP 指令的执行时间为一个机器周期，占 1 字节空间，在实际应用中很有用。例如延时子程序中微调延时时间；调试程序时用一些 NOP 来过渡；有些单片机应用系统中还应用它来实现软件抗干扰等。

3.3.5　位操作类指令

MCS-51 单片机内部有一个布尔处理器，对位地址空间有丰富的位操作指令，共有 17 条

指令，包括位传送、位逻辑运算、位条件转移等。其中，CY 被看做为布尔累加器。位操作类指令见表 3-6。

表 3-6　位操作类指令

类型	助记符	执行的操作	机器码	对 PSW 的影响	字节数	机器周期
位传送	MOV C, BIT	(CY)←(bit)	A2H-BIT	CY	2	1
	MOV BIT, C	(bit)←(CY)	92H-BIT		2	2
位修改指令	CPL BIT	bit←($\overline{\text{bit}}$)	B2H-BIT	无影响	2	1
	CLR BIT	(bit)←0	C2H-BIT		2	1
	SETB BIT	(bit)←1	D2H-BIT		2	1
	CPL C	CY←($\overline{\text{CY}}$)	B3H	CY	1	1
	CLR C	(CY)←0	C3H	CY	1	1
	SETB C	(CY)←1	D3H	CY	1	1
位逻辑运算指令	ORL C, BIT	(CY)←(CY)∨(bit)	72H-BIT	CY	2	2
	ANL C, BIT	(CY)←(CY)∧(bit)	82H-BIT	CY	2	2
	ORL C, /BIT	(CY)←(CY)∨($\overline{\text{bit}}$)	A0H-BIT	CY	2	2
	ANL C, /BIT	(CY)←(CY)∧($\overline{\text{bit}}$)	B0H-BIT	CY	2	2
位条件转移指令	JB BIT, rel	(bit)=1 则转 (PC)←(PC)+rel	20H-BIT rel	无影响	3	2
	JNB BIT, rel	(bit)=0 则转 (PC)←(PC)+rel	30H-BIT rel		3	2
	JC rel	(CY)=1 则转 (PC)←(PC)+rel	40H-rel		2	2
	JNC rel	(CY)=0 则转 (PC)←(PC)+rel	50H-rel		2	2
	JBC BIT, rel	(bit)=1 则 (PC)←(PC)+rel 同时 bit←0	10H-BIT rel		3	2

1. 位传送指令（2 条）

这组指令中必须有一个位操作数是布尔累加器 C，另一个才可以是直接可寻址的位。

例如：MOV P1.5, C　　；把 C 中的值送到 P1.5 口线输出

2. 位修改指令（6 条）

这组指令用来实现对位清零，取反，置"1"，不影响其他标志位。

例如：CLR C　　　；将 CY 位清零

　　　CPL P1.1　　；将 I/O 口 P1.1 的状态取反

3. 位逻辑运算指令（4 条）

这组指令的第一操作数必须是 C，两位逻辑运算的结果送 C 中，式中的斜杠是位取反，

但并不影响操作数本身的值。

4. 位条件转移指令（5 条）

在前面介绍的控制程序转移类指令中，主要依据字节的内容作条件判断，本组指令是依据位状态作条件判断，满足条件则转移，不满足条件则继续执行下面的程序。常用于比较两数大小、用户设定的标志位判断控制、I/O 端口位状态测试、判断控制等。

此类指令的转移的范围也是 -128B ~ +127 字节，操作不影响 PSW。另外，JBC 指令除判转外，同时还清该位。

例 3-9　从 P1 口输入一个数，若为正数则存入 30H 单元中，若为负数则将其取反后存入 30H 单元中。程序段如下：

```
        ORL    P1, #0FFH      ; 输入数据时，先将 P1 口置 "1"
        MOV    A, P1          ; 取数到 A
        JNB    ACC. 7, STOR   ; 判断正、负数
        CPL    A              ; 为负数，则取反
STOR:   MOV    30H, A         ; 存入内存
```

以上介绍了 MCS-51 单片机指令系统的全部指令。下面通过一个例子，体会如下几点：

1）指令按用户规定排列形成程序，该程序顺序被存放在 ROM 中。

2）每条指令机器码都占若干个字节，有长有短，一旦存好就有确切的地址号。

3）PC 程序计数器实时指向该地址号，使 CPU 按用户所编程序顺序执行指令。

4）跳转就是把新的目的地址送给 PC。

例 3-10　在内部 RAM 中以 ADR1、ADR2 开始的空间里已存放了被加数、加数（多字节的），它们的字节数长度为 L，要求和放回到存放原被加数的空间中。

源程序及程序在 ROM 中存放示意图如图 3-6 所示。

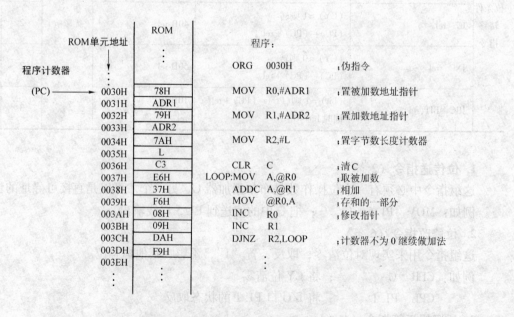

图 3-6　程序在 ROM 中存放示意图

3.4　程序设计方法

　　汇编语言程序设计就是采用汇编指令来编写计算机程序。对应用中需要使用的寄存器、存储单元和 I/O 端口等要事先做出具体安排，按照尽可能节省数据存放单元、缩短程序长度和运算时间三个原则来编写程序。

3.4.1　MCS-51 伪指令简介

　　单片机的汇编语言是由单片机的指令和汇编伪指令组成的。为了对汇编过程进行某种控制，比如，告诉汇编程序应从哪个单元开始存放程序，应留出多少个内存单元供程序存放数据以及何时结束汇编等，就需要借助汇编伪指令来完成。伪指令不属于指令系统中的指令，汇编时也不产生机器代码，因此称为"伪指令"。合理使用伪指令能给用户编写程序时带来方便，并且可读性大大提高，下面介绍一些常用的伪指令。

　　1. ORG（汇编起始地址伪指令）

　　指令格式：ORG　m

　　m 为十进制或十六进制数，它规定了其下面的程序或数表应从 ROM 的 m 地址处开始存放。一个汇编语言源程序中，可以多次使用 ORG 命令，以规定不同程序段放在哪个存储空间，地址一般应从小到大，且不能使各程序段出现重叠现象。

　　例如：

```
        ORG     0000H
        LJMP    MAIN                ；本指令从 0000H 开始存放
          ⋮
        ORG     0030H
MAIN：MOV      R0, #40H            ；本指令从 0030H 开始存放
          ⋮
```

　　2. END（汇编结束伪指令）

　　指令格式：END

　　用 END 表示汇编语言源程序全部结束，整个源程序只能有一个 END。

　　3. EQU（赋值伪指令）

　　指令格式：标号名称　EQU　汇编符号或数

　　EQU 是将一个数或汇编符号赋予规定的标号名称，它一方面方便用户编写程序且可读性强，另一方面在机器汇编时，汇编程序会自动将 EQU 右边的数或汇编符号（地址或常数）赋给左边的标号名称，所以应先定义后使用。

　　例如：

```
        LONG    EQU     50H
        ZZ      EQU     R0
        MOV     A, @ZZ              ；R0 间接寻址单元的内容送 A
        MOV     R1, #LONG           ；立即数 50H 送 R1
```

4. DB（字节定义伪指令）

指令格式：标号：DB 字节常数或数表

DB 的功能是从该标号地址单元开始，存放一个或若干个字节的数。

例如：

```
        ORG     1000H
TAB：DB          12H，34H，56H          ；从 TAB 所在内存单元（1000H）开始，存入
                                            12H，34H，56H
        DB          78H，9AH，00H          ；换行，仍要先写 DB
```

5. DW（字定义伪指令）

指令格式：标号：DW 字常数或字数表

类似 DB，但 DW 指从该标号地址单元开始，存放一个或若干个字的数。

例如：ORG 1500H

TAB1：DW 1234H，9AH，10

其中，伪指令 ORG 1500H 指明了标号 TAB1 的地址值为 1500H，伪指令 DW 则定义 1500H～1505H 单元的内容依次为 12H、34H、00H、9AH、00H、0AH。

6. DS（预留空间伪指令）

指令格式：标号：DS 表达式

DS 指定从标号地址单元开始，保留若干字节单元备用。

例如：TAB2：DS 100；通知汇编程序从 TAB2 开始保留 100 字节单元，以备源程序另用。

7. BIT（位地址符号伪指令）

指令格式：标号名称 BIT 位地址

一般用来将位地址赋给标号名称，以便用户编程和程序阅读。

例如：

```
        M0      BIT     20H.0
        M1      BIT     P1.1
                        ⋮
        MOV     C，M0
        CPL     M1
```

3.4.2 汇编语言程序的基本结构

在单片机的程序中，既有复杂的程序，也有简单的程序，但不论哪种程序，它们都是由一个个基本的程序结构组成，这些基本结构有顺序结构、分支结构和循环结构。

1. 顺序结构程序设计

顺序结构程序一般用来处理比较简单的算术或逻辑问题，主要用数据运算类指令和数据传送类指令来实现。

例 3-11 无符号双字节数加法程序。设被加数存放于片内 RAM 的 31H（高位字节）、30H（低位字节）单元，加数存放于 R3（高位字节）和 R2（低位字节）中，两数相加的和存放在片内 RAM 以 50H 开始的单元中（由低到高）。

思路：二双字节数相加生成三字节数，所以第一步初始化，然后先两低字节相加，再高字节相加，同时考虑进位位，把新生成的进位位送到第三字节中。

程序如下：

```
        ORG     0030H
        MOV     R0, #50H        ; 建立地址指针 R0
        MOV     A, 30H
        ADD     A, R2           ; 两个低位字节数相加
        MOV     @ R0, A         ; 存和的低字节
        INC     R0              ; 地址指针修改
        MOV     A, 31H
        ADDC    A, R3           ; 两个高位字节数相加同时考虑进位位
        MOV     @ R0, A
        INC     R0
        CLR     A               ; 将 A 清零
        ADDC    A, #0           ; 把刚才的进位位值转移到 A 中
        MOV     @ R0, A         ; 存和的最高字节数
        SJMP    $
```

2. 分支结构程序设计

分支结构程序主要是根据条件的成立与否执行不同的程序段，根据判断作出不同的处理，以产生一个或多个分支，从而决定程序的新流向。

例 3-12　在片外 RAM 0100H、0101H 中存放着单字节无符号数，比较该两数的大小，并按顺序存放（将较小的数存放到低地址中）。

方法：先把片外 RAM 中的数都取到片内 RAM 中，再比较大小判断，然后送到片外 RAM 去。编程如下：

```
        ORG     1000H
        MOV     DPTR, #0100H
        MOVX    A, @ DPTR       ; 取第一数
        MOV     R2, A           ; 暂存于 R2
        INC     DPTR            ; 修改地址指针
        MOVX    A, @ DPTR       ; 再取第二数
        CLR     C
        SUBB    A, R2           ; 比较
        JNC     NEXT            ; 第二数大，不必交换
        MOVX    A, @ DPTR       ;
        XCH     A, R2           ; 两数交换
        MOVX    @ DPTR, A       ; 存较大数
        MOV     DPTR, #0100H
        MOV     A, R2
        MOVX    @ DPTR, A       ; 存较小数
```

```
NEXT:   SJMP    $
        END
```

例 3-13 设 X，Y 均为带符号数，存放在地址为 M 和 N 单元中，编程计算 $Y=f(x)$

$$Y = \begin{cases} 1 & 当\ x > 0 \\ 0 & 当\ x = 0 \\ -1 & 当\ x < 0 \end{cases}$$

分析：程序应有 3 个分支，需进行两次判断，第一次利用指令 JZ 判零，第二次利用指令 JNB 判断数据符号位。计算 $Y=f(x)$ 程序流程图如图 3-7 所示。

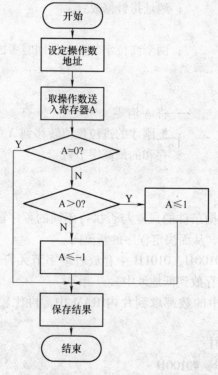

图 3-7　计算 $Y=f(x)$ 程序流程图

```
M       EQU     40H             ；定义数据单元
N       EQU     41H
        ORG 0100H
        MOV A, M                ；取出 x
        JZ  NEXT2               ；当 x=0，则跳转到 NEXT2
        JNB ACC.7，NEXT1        ；当 x>0，则跳转到 NEXT1
        MOV A, #0FFH            ；当 x<0，把 -1 的补码准备送到 N
        SJMP NEXT2
NEXT1： MOV A, #01H
NEXT2： MOV N, A                ；存结果
        SJMP $
```

例 3-14　设计有 256 路分支出口的转移程序。设（R7）＝0，则转处理程序 NEXT0；（R7）＝1，则转处理程序 NEXT1；…；（R7）＝255，则转处理程序 NEXT255。有 256 路分支出口的转移程序流程图如图 3-8 所示。

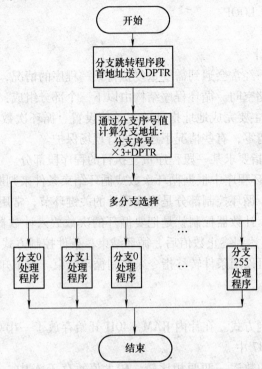

图 3-8　有 256 路分支出口的转移程序流程图

```
        ORG     0000H
        SJMP    BEGAIN
        ORG     0030H
BEGAIN: MOV     DPTR, #NEXT     ；分支跳转程序段首地址送入 DPTR
        MOV     A, R7
        MOV     B, #3           ；因为 LJMP 为 3 字节指令
        MUL     AB
        XCH     A, B
        ADD     A, DPH          ；分支出口地址为 DPTR + R7 ×3
        MOV     DPH, A
        XCH     A, B
        JMP     @ A + DPTR      ；多分支选择
NEXT:   LJMP    NEXT0
        LJMP    NEXT1
        ⋮
        LJMP    NEXT255
```

```
NEXT0:   ⋮                                    ; 分支 0
         LJMP    LOOP
NEXT1:   ⋮                                    ; 分支 1
         LJMP    LOOP
         ⋮
```

3. 循环结构程序设计

在程序设计过程中，经常会遇到需要重复执行某一程序的情况，这时可使用循环结构程序，以便缩小程序的存储空间。循环程序结构由以下三个部分组成：

1）循环前初始化。主要完成地址指针的起始值设置、循环次数初值设定、给变量预置初值、辅助计数单元的清零，有些情况下还要进行现场保护。

2）循环主体。这是指要求某一段程序重复执行的程序段部分。

3）循环控制。在循环程序中根据循环次数或循环结束条件来判断是否结束循环。

在循环程序设计中，循环控制部分是程序设计的关键环节，常用的循环控制方式有计数器控制和条件控制两种。计数器控制就是把要循环的次数放入计数器中，程序每循环一次，计数器的值加 1 或减 1，达到终止数值后，循环结束；条件控制方式根据某种条件来判断是否应该结束终止循环，可以用条件转移指令来控制循环结束。当不知道循环次数时，只能采用条件控制方式。

（1）单循环程序

例 3-15 计数器控制方式。在片内 RAM 40H 开始存放了一串单字节数，串长度为 8，编程求其中最大值并送 R7 中。

思路：对数据块中的数逐一两两相比较，较大值暂存于 A 中，直到整串比完，A 中的值就为最大值。程序如下

```
         MOV    R0, #40H          ; 数据块首址送地址指针 R0
         MOV    R2, #7            ; 循环次数送 R2
         MOV    A, @R0            ; 取第一个数, 当做极大值
LOOP:    INC    R0               ; 为取下一个数
         MOV    B, @R0            ; 暂存 B 中
         CJNE   A, B, $+3        ; 比较后产生标志(CY), $+3 为下条指令的地址
         JNC    NEXT             ; 利用 PSW
         MOV    A, @R0            ; 更大数送 A
NEXT:    NOP
         DJNZ   R2, LOOP         ; 循环次数结束?
         MOV    R7, A            ; 存最大值
         SJMP   $
```

例 3-16 条件判断控制方式。设在片外 RAM 的 TAB 处开始有一个 ASCII 字符串，该字符串以 0 结尾，编程把它们从 MCS-51 的 P1 口输出。程序如下：

```
         ORG    0000H
         MOV    DPTR, #TAB        ; 设字符串首地址指针
SOUT:    MOVX   A, @DPTR          ; 取字符
```

```
        JZ      NEXT              ；整串结束则转跳
        MOV     P1，A
        INC     DPTR              ；修改地址指针
        SJMP    SOUT              ；没结束继续取数发送
NEXT：  ⋮                         ；结束处理
        ORG     2000H
TAB：   DB      XXH，XXH，…        ；一个 ASCII 字符串
        DB      XXH，XXH，…，00H   ；以 0 结尾
        END
```

本例的循环终止控制是根据某种条件来判断的，没有用循环次数来控制，因为循环次数是未知数。

（2）多重循环

多重循环是循环内套循环的结构形式，循环的执行过程是从内向外逐层展开的，一般内层循环完成后，外层才执行一次，然后再逐次类推，层次分明。

例 3-17　2ms 延时程序，已知晶振频率为 12MHz，则机器周期为 $1\mu s$。

解　程序如下：

```
DELAY2ms：MOV   R7，#2     ；1T
DL1：MOV   R6，#250        ；1T ⎤
DL2：NOP                   ；1T ⎤        ⎤
     NOP                   ；1T ⎬内循环  ⎬外循环
     DJNZ  R6，DL2         ；2T ⎦        ⎦
     DJNZ  R7，DL1         ；2T
     RET                   ；2T
```

内循环选择为 1ms，该段程序总共耗时为 $\{1+[1+(1+1+2)\times250+2]\times2+2\}\times1\mu s$ $=2009\mu s$

对于需延时更长的时间，可采用更多重的循环，但长时间的延时完全采用软件法的话，很浪费 CPU 的资源，在这段时间里 CPU 不能做其他的事了。

3.4.3　子程序及其调用程序设计

在实际的程序设计中，经常会出现某段程序或某种结构的程序多次出现，如果编程中每遇到这样的操作都编写一段该程序，会使编程十分烦琐，可读性也不强。因此，常常把这些基本操作功能编制成独立的程序段，并尽量使其标准化，需要时通过指令进行调用。这样的程序段称为子程序，调用子程序的程序称为主程序或调用程序，使用子程序的过程称为子程序调用。

1. 子程序的调用与返回

（1）子程序调用过程

在主程序调用子程序时，执行一条调用指令（LCALL 或 ACALL），单片机接收到该调用指令后，首先将当前的 PC 值压入到堆栈保存（低 8 位先进栈，高 8 位后进栈），然后将子程序的入口地址（子程序的第一条指令地址，常用标号表示）送入 PC，转去执行子程序。

（2）子程序返回过程

子程序的末尾用 RET 返回指令结束，当子程序执行到 RET 指令后，将压入堆栈的断点地址（返回主程序的地址）弹回给 PC，使程序回到原先被中断的主程序地址去继续执行。

2. 保护与恢复寄存器内容

单片机只能自动保护和恢复主程序的断点地址，对于各工作寄存器、特殊功能寄存器和内存单元的内容，需要用压栈保护现场，以免子程序执行过程中改变了这些关键值，但要记住，在子程序返回前要将它们恢复，同时注意出栈先进后出的恢复顺序。

3. 子程序的参数传递

在调用子程序前，主程序应先把有关参数（即入口参数）放到某些约定的位置，子程序在运行时可以从约定的位置/单元得到有关的参数。同样，子程序在运行结束返回前，也应该把运算结果（出口参数）送到约定的位置/单元。在返回主程序后，主程序可以很方便从这些地方得到需要的结果。这就是参数传递。可以用工作寄存器、累加器、指针寄存器、堆栈等传送子程序的参数。

（1）用累加器 A 或工作寄存器 Rn 传递参数

在调用子程序前，将入口参数送到 A 或 Rn。子程序结束前仍将结果（出口参数）存入 A 或 Rn。这种方法主要用在参数较少的情况或 Rn 比较空余的情况。

例 3-18　把累加器 A 中一个十六进制数的 ASCII 字符转换为一位十六进制数。根据十六进制数和它的 ASCII 字符编码之间的关系，编程如下：

主程序部分：
```
START：　　 ⋮
        MOV      A，#34H      ;设置入口参数于 A 中
        LCALL    ASCH         ;子程序入口地址为 ASCH
                 ⋮
```
子程序：
```
ASCH：  CLR      C
        SUBB     A，#30H
        CJNE     A，#10，$+3   ;$+3 为下条指令的首址
        JC       NEXT          ;<10，转 NEXT
        SUBB     A，#07H       ;≥0AH，则再减 07H（共减 37H）
NEXT：  NOP
        RET
```

（2）用寄存器作指针来传递参数

一般片内 RAM 由 R0、R1 作地址指针，片外 RAM 用 DPTR 作地址指针。

例 3-19　在片内 RAM40H、50H 开始的空间中，分别存有单字节的无符号数据块，长度分别为 12 和 8。编程求这两个数据块中的最大数，存入 MAX 单元。

思路：用子程序求某数据块的最大值。入口参数：数据块的首地址存入 R0，长度存入 R2，出口参数在 A 中，即最大数。

编程如下：
```
        ORG      1000H
```

```
            MAX     EQU   30H
            MOV     R0, #40H                ; 设置入口参数 R0, R2
            MOV     R2, #12
            ACALL   FMAX
            MOV     MAX, A                  ; 出口参数暂存 MAX 中
            MOV     R0, #50H                ; 设置入口参数 R0, R2
            MOV     R2, #8
            ACALL   FMAX
            CJNE    A, MAX, $+3             ; 比较两个数中较大值
            JC      NEXT
            MOV     MAX, A
NEXT：      SJMP    $
FMAX：      MOV     A, @R0                  ; 取第一个数
LOOP0：     INC     R0
            MOV     B, @R0                  ; 取下一个数
            CJNE    A, B, $+3               ; 比较
            JNC     LOOP1
            MOV     A, B                    ; 把大的数送 A
LOOP1：     DJNZ    R2, LOOP0
            RET                             ; 出口参数在 A 中
            END
```

3.5　应用程序设计举例

3.5.1　非数值运算程序设计举例

例 3-20　将 8 位二进制数据转换为压缩式 BCD 码。设该数已在 A 中，转换后存在片内 RAM 的 30H、31H 单元中。程序如下：

```
            ORG     0000H
            MOV     R0, #31H        ; 地址指针
            MOV     B, #100
            DIV     AB              ; 把该数据除 100，得到 A 中的商即为 BCD 码的百位数
            MOV     @R0, A          ; 存结果的百位数
            DEC     R0              ; 修改指针
            MOV     A, #10          ; 把刚才除 100 所得余数再去除 10
            XCH     A, B
            DIV     AB              ; 所得商为 BCD 码的十位数，余数即为 BCD 码的个位数
            SWAP    A               ; 为了压缩，先把低 4 位送到高 4 位
            ADD     A, B            ; A 中高字节的十位数与 B 中低半字节的个位数合成存 A
```

```
        MOV     @R0，A          ；存放结果的十位数个位数
        SJMP    $
```

例 3-21 将十六进制数转换为 ASCII 码。由 ASCII 码附录表可知，数字 0 ~ 9 的 ASCII 码分别是 30H ~ 39H，英文大写字母 A ~ F 的 ASCII 码分别是 41H ~ 46H，由此可见，若十六进制数小于 10，要转换为 ASCII 码应加以 30H；若大于等于 10，则先加 30H，另外还要加 07H。程序如下。

```
H-ASC：  MOV     R7，A          ；把 A 中要转换的数暂存于 R7
        ADD     A，#F6H         ；为了判断是否大于等于 10，先加 246
        MOV     A，R7
        JNC     LOOP           ；如无进位，转到 LOOP，仅加 30H
        ADD     A，#07H         ；有进位，先加 07H，再加 30H
LOOP：   ADD     A，#30H
        RET
```

例 3-22 在内存 30H ~ 3FH 单元中存有 10 个单字节带符号数补码，编程求其中正数、零和负数的个数，分别存放到 40H 开始的空间去，先存正数，再存 0，再存放负数。程序流程图如图 3-9 所示。

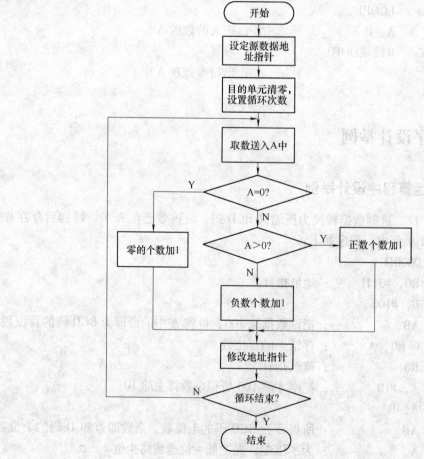

图 3-9　求子串中正数、零和负数的个数流程图

程序如下：

```
        ORG     0000H
MAIN：  MOV     R0，#30H         ; 置源数据地址指针
        MOV     40H，#00         ; 结果单元清零
        MOV     41H，#00
        MOV     42H，#00
        MOV     R2，#10          ; 置循环次数
LOOP：  MOV     A，@R0
        JNZ     NEXT1
        INC     41H             ; 为零，个数加 1
        SJMP    DONE
NEXT1： JB      ACC.7，NEXT2     ; 为正？
        INC     40H             ; 正数个数加 1
        SJMP    DONE
NEXT2： INC     42H             ; 负数个数加 1
DONE：  INC     R0
        DJNZ    R2，LOOP
        SJMP    $
```

例 3-23　在片外 RAM 中，将 BLOCK 开始的 LENG 个字节单元中无符号数据按递减次序重新排列，并存入原存储区中。

分析：采用"冒泡法"进行排序，第 1 次在 n 个数中，通过两两比较，把较小的数不断向下换位，n 个数比完后，最小数就沉到最低；第 2 次在除刚才的最小数以外的 $n-1$ 个数中，同样方法比出最小数且沉到最低；第 3 次也同样，以此类推，直到 $n-1$ 次，就能在原空间中实现了排序。

其中每一次的比较过程用内循环实现，次与次之间用外循环实现。外循环计数器采用 R7，内循环计数器采用 R6（每次的初值正好由 R7 赋给）；为了用指令"MOVX　A，@ R0"，假设该串数的地址的高 8 位都一样，所以可用 P2 口作数据地址指针的高字节地址，用 R0、R1 作相邻两单元的低字节地址。

为了提高排序效率，可在内循环中设一个标志位，如果某两数交换位置则同时置标志位；在外循环中查此标志位是否为 0，如为 0 说明余下的数已自然排好序，可提前结束。本例中用 20H.0 位作交换标志，并在每次的外循环中先清零。排序程序流程图如图 3-10 所示。

程序如下：

```
        ORG     2000H
PX：    ：                      ; 入栈保护现场
        MOV     DPTR，#BLOCK     ; 设数据串的地址指针
        MOV     P2，DPH          ; 在 P2 口先生成地址指针高 8 位
        MOV     R7，#LENG        ; 设外循环计数器初值为（LENG）
        DEC     R7
```

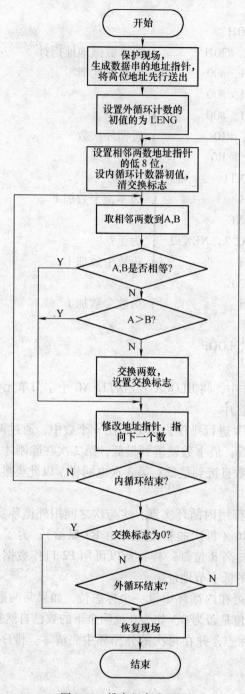

图 3-10　排序程序流程图

```
L0:     CLR     00H             ; 清标志位
        MOV     R0, DPL
        MOV     R1, DPL         ; 设相邻两数地址指针低 8 位
        INC     R1
```

```
           MOV      R6，R7           ; 设内循环初值
L1：       MOVX     A，@ R0          ; 取数
           MOV      B，A             ; 暂存
           MOVX     A，@ R1          ; 取下一个数
           CJNE     A，B，NEXT       ; 相邻两数比较，不等再判断
           SJMP     NOXCH           ; 相等则不需交换
NEXT：     JC       NOXCH           ; 前者大于后者就不需交换
           SETB     00H             ; 否则要交换，设交换标志
           MOVX     @ R0，A          ; 交换
           XCH      A，B
           MOVX     @ R1，A
NOXCH：    INC      R0              ; 修改地址指针
           INC      R1
           DJNZ     R6，L1           ; 内循环未完，则继续内循环
           JNB      00H，PXRET       ; 本次内循环中未交换过，则全结束
           DJNZ     R7，L0           ; 外循环未完，则继续
PXRET：    NOP
           ⋮                        ; 恢复现场
           RET
```

3.5.2　算术运算程序设计举例

例 3-24　多字节数求补运算。在 MCS-51 系统中没有求补指令，只有通过取反末位加 1 得到。而当末位加 1 时，可能向高字节产生进位。因而在处理时，最低字节采用取反加 1，其余字节采用取反加进位，通过循环来实现。

入口参数：待求补的数据放在以 R0 为起始地址的单元（低字节在前）中；字节数放在 R2 中。出口参数：求补后的数据放在原位置里（低字节在前），首址由 R0 指示。

程序如下：

```
CMPT：     MOV      A，@ R0
           CPL      A
           ADD      A，#01          ; 最低字节采用取反加 1
           MOV      @ R0，A
           DEC      R2
LOOP：     INC      R0
           MOV      A，@ R0
           CPL      A
           ADDC     A，#00          ; 其余字节采用取反加进位
           MOV      @ R0，A
           DJNZ     R2，LOOP
           RET
```

例3-25 多字节无符号数减法子程序。入口参数：被减数、减数的首地址分别放在 R0、R1 中，字节数放在 R6 中。出口参数：差放在被减数的空间里，首地址在 R0 中，字节数放在 R7 中，00H 为符号位。

程序如下：

```
SUBSUB：   PUSH   PSW
           PUSH   00H        ；保存首地址 R0
           MOV    R7, #0
           CLR    00H        ；清符号位
           CLR    C
SUB1：     MOV    A, @R0     ；取被减数
           SUBB   A, @R1     ；
           MOV    @R0, A     ；存差
           INC    R0
           INC    R1
           INC    R7
           DJNZ   R6, SUB1
           JNC    SUB2       ；差为正，转
           SETB   00H        ；差为负，置符号位为1
SUB2：     POP    00H        ；差的首址送 R0
           POP    PSW
           RET
```

例3-26 一个双字节与一个单字节无符号数乘法子程序。入口参数：被乘数 R3R4，乘数 R2。出口参数：积有 3 个字节，按先低后高的顺序放在片内 RAM 以 MULADR 为首地址的空间。算法如图 3-11 所示。

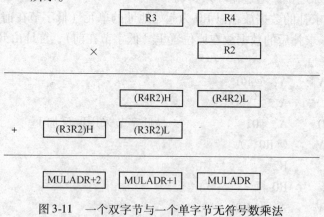

图 3-11   一个双字节与一个单字节无符号数乘法

程序如下：

```
MUL：   PUSH   PSW             ；保护现场
        SETB   RS0             ；选择第二组工作寄存器
        PUSH   ACC
```

```
        PUSH    B
MUL0：  MOV     R0, #MULADR     ；首地址→R0
        MOV     A, R2           ；取数
        MOV     B, R4
        MUL     AB
        MOV     @R0, A          ；存积的最低字节
        INC     R0
        MOV     R1, B           ；暂存中间值
MUL1：  MOV     A, R2           ；取数
        MOV     B, R3
        MUL     AB
        ADD     A, R1
        MOV     @R0, A          ；存积的次高字节
        INC     R0
MUL2：  MOV     A, B
        ADDC    A, #00H
        MOV     @R0, A          ；存积的高字节
        POP     B               ；恢复现场
        POP     A
        POP     PSW
        RET
```

要完成多字节的乘、除法，编程比较复杂，可采用 C 语言编程来实现，本书在第 7 章中将会介绍。

3.5.3　I/O 口控制程序设计

MCS-51 单片机有 4 个并行口 P0、P1、P2、P3，对它们可以执行字节操作，也可以执行位操作，以实现 CPU 对外设的控制。

例 3-27　方波产生器如图 3-12 所示，要求在 P1.0 脚上产生周期为 20ms 的方波。程序如下：

```
FB：    CPL     P1.0        ；P1.0 取反
        ACALL   DL10ms
        SJMP    FB
DL10ms：⋮                  ；延时 10ms 的子程序，请读者自编
        RET
```

例 3-28　如图 3-13 所示为一个带响声的按键的应用小系统，编程实现当按 S 一次则蜂鸣器"嘀、嘀"响两声。

程序如下：

```
        ⋮
STA：    MOV     R2, #2
```

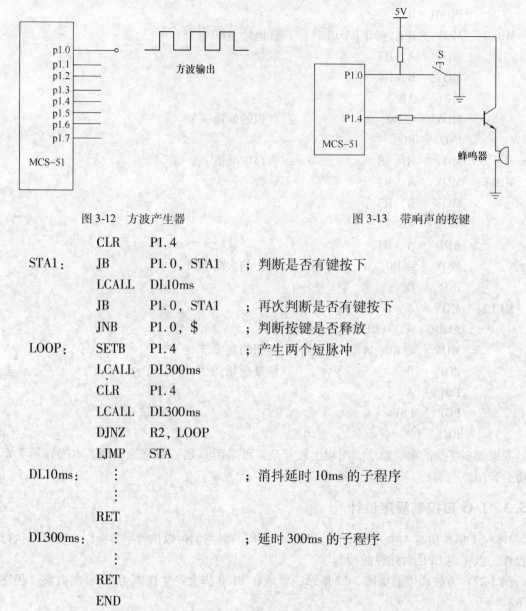

图 3-12　方波产生器　　　　　　　　图 3-13　带响声的按键

```
         CLR     P1.4
STA1:    JB      P1.0, STA1      ; 判断是否有键按下
         LCALL   DL10ms
         JB      P1.0, STA1      ; 再次判断是否有键按下
         JNB     P1.0, $         ; 判断按键是否释放
LOOP:    SETB    P1.4            ; 产生两个短脉冲
         LCALL   DL300ms
         CLR     P1.4
         LCALL   DL300ms
         DJNZ    R2, LOOP
         LJMP    STA
DL10ms:  :                       ; 消抖延时 10ms 的子程序
         :
         RET
DL300ms: :                       ; 延时 300ms 的子程序
         :
         RET
         END
```

例 3-29　两个按键开关 S1、S2 分别与单片机 P3.2、P3.3 相连，P1 端口接有 8 只发光二极管，其共阳极连接如图 3-14 所示。编一控制程序实现按 S1 键，发光二极管从上到下依次点亮，按 S2 键，发光二极管从下到上依次点亮，点亮间隔时间都为 1s，无键按下，则灯全灭。流程图如图 3-15 所示。

编程如下：

```
         :
START:   MOV     P1, #0FFH       ; 设置输出口初值，灯全灭
         MOV     P3, #0FFH       ; 设置输入方式
LOOP:    MOV     A, P3           ; 读入键盘状态
         CJNE    A, #0FFH, LP0   ; 是否有键按下
```

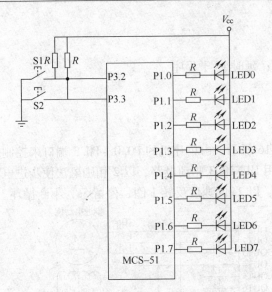

图 3-14　发光二极管的共阳极连接

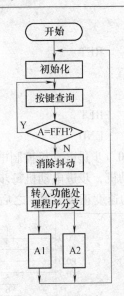

图 3-15　单一发光点上移和下移
循环控制流程图

```
              JMP      LOOP              ；无键按下等待
LP0：         ACALL    DELAY1            ；调用延时去抖动
              MOV      A，P3             ；重新读入键盘状态
              CJNE     A，#0FFH，LP1     ；非误读则跳转
              JMP      LOOP
LP1：         JNB      P3.2，A1          ；S1 键按下则发光点从上到下依次点亮
              JNB      P3.3，A2          ；S2 键按下则发光点从下到上依次点亮
              JMP      START            ；无键按下则返回
A1：          MOV      R0，#8            ；设置左移位数
              MOV      A，#0FEH          ；设置左移初值
LOOP1：       MOV      P1，A             ；输出至 P1
              ACALL    DELAY            ；调用延时 1s 子程序
              RL       A
              DJNZ     R0，LOOP1         ；判断移动位数
              JMP      START
A2：          MOV      R0，#8            ；设置右移位数
              MOV      A，#7FH           ；设置右移初值
LOOP2：       MOV      P1，A
              ACALL    DELAY
              RR       A
              DJNZ     R0，LOOP2
              JMP      START
DELAY1：      ⋮                         ；消抖延时子程序
```

```
          ⋮
          RET
DELAY:    ⋮              ;延时 1s 子程序
          ⋮
          RET
          END
```

例 3-30　步进电动机控制电路图如图 3-16 所示，由单片机的 P0.0 ~ P0.3 端口来控制小型步进电动机，步进电动机每步为 18°。采用 ULN2003 驱动电路，以 2 相励磁法使步进电动机以 20s 的速度正转 1 圈，之后反转，加速，以 2s 的速度反转 1 圈，停留 5s，不断循环。

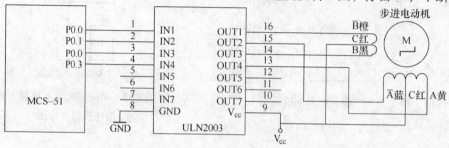

图 3-16　步进电动机控制电路图

步进电动机每走一步，就要加一个脉冲信号，也称励磁信号。步进电动机的控制可以通过控制脉冲的个数来控制角位移量，从而达到准确定位的目的，同时还可以通过控制脉冲频率来控制电动机转动的速度，从而达到调速的目的。

步进电动机按绕在定子的绕组配置分类可分为 2 相、4 相、5 相等，本题采用的是 2 相步进电动机。将公共端 C 接高电平，那么只需要用开关将 A、$\overline{A}$、B、$\overline{B}$ 轮流接地即可。步进电动机的励磁方式有 1 相励磁、2 相励磁和 1-2 相励磁，2 相励磁为目前使用最多的励磁方式，下面介绍 2 相励磁法。

2 相励磁法即在每一瞬间会有两个绕组同时导通。如果以该方式控制步进电动机正转，对应的励磁时序表见表 3-7。若励磁信号反向传送，则步进电动机反转。每送一次励磁信号后要经过一小段的时间延时，让步进电动机有足够的时间建立激场及转动。

表 3-7　2 相励磁时序表

步进电动机	A	B	$\overline{A}$	$\overline{B}$	说　　明
1	0	0	1	1	AC、BC 相导通
2	1	0	0	1	BC、$\overline{A}$C 相导通
3	1	1	0	0	$\overline{A}$C、$\overline{B}$C 相导通
4	0	1	1	0	$\overline{B}$C、AC 相导通

单片机的输出电流太小，不能直接驱动步进电动机，需要加驱动电路，可以采用 ULN2003 驱动芯片，ULN2003 内部含有 7 个反向器，输出与输入是反相的。

分析： 由于采用了 ULN2003 驱动电路，输出与输入是反相的，故正转的励磁信号时序为 1100→0110→0011→1001，每步为 18°，转 1 圈需要 20 步，以 20s 的速度正转 1 圈，则每步中间延时 1s。反转的励磁信号时序为 1001→0011→0110→1100，以 2s 的速度反转 1 圈，则每步中间延时 0.1s。

编程如下：

　　　　　　　　　⋮

```
MAIN：  ACALL   Z_M              ;调用正转子程序
        ACALL   F_M              ;调用反转子程序
        MOV     R5，#250
        ACALL   DELAY            ;调用延时子程序，延时5s
        JMP     MAIN
Z_M：   MOV     R0，#20           ;转1圈为20步
        MOV     A，#11001100B     ;正转第1个时序信号
LOOP：  MOV     P0，A
        MOV     R5，#50
        ACALL   DELAY            ;调用延时子程序，每步中间延时1s
        RR      A
        DJNZ    R0，LOOP          ;判断是否循环20次
        RET
F_M：   MOV     R0，#20
        MOV     A，#10011001B
LOOP1： MOV     P0，A
        MOV     R5，#5
        ACALL   DELAY            ;调用延时子程序，每步中间延时0.1s
        RL      A
        DJNZ    R0，LOOP1
        RET
DELAY：
DLY1：  MOV     R6，#100
DLY2：  MOV     R7，#100
        DJNZ    R7，$
        DJNZ    R6，DLY2
        DJNZ    R5，DLY1
        RET
        END
```

例 3-31　水位自动控制器原理图如图 3-17 所示。在水箱的不同高度，安装了 3 根金属棒，A 棒、B 棒分别代表水位的上、下限，利用金属棒和水的导电性将采集到的水位信号由 P1.0、P1.1 输入到单片机处理。当水箱里的水达到上限时，电动机不运转，报警器不响，"水满"VL2 亮；当水箱里的水处于上下限之间时，报警器不响，"适中"VL1 亮；当水箱里的水处于下限时，电动机运转，报警器不响，"缺水"VL3 亮。P1.2 控制报警器，P1.3 控制继电器的吸合与断开。

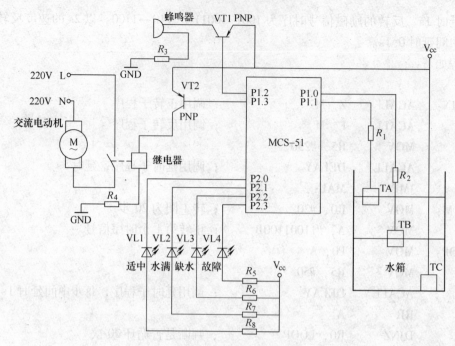

图 3-17　水位自动控制器原理图

思路：单片机首先根据水位获取电路输入的电平信号，判断水箱的水位，然后根据比较语句判断，执行该水位状态的程序，输出相应的控制信号。当水箱里的水达到上限时，P1.0 = 1，P1.1 = 1；当水箱里的水达到下限时，P1.0 = 0，P1.1 = 0；当水箱里的水处于上下限之间时，P1.0 = 1，P1.1 = 0；当出现 P1.0 = 0，P1.1 = 1 时，水箱处于故障状态，此时，电动机不运转，报警器响，"故障"和"缺水"指示灯亮，等待维修。为了便于观察，每一种水位状态都有 3s 的延时时间，3s 后由该状态返回到主程序中继续判断当前的水位情况。程序流程图如图 3-18 所示。

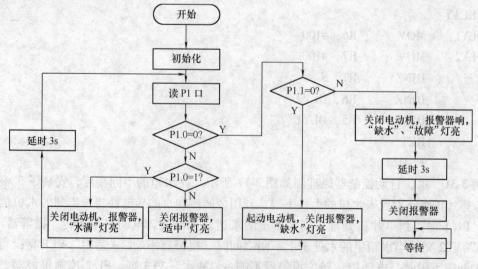

图 3-18　程序流程图

编程如下：

```
            ⋮
        SETB    P1. 2               ; 关闭报警器
        SETB    P1. 3               ; 关闭电动机
START：MOV     P2, #0FH            ; 关闭所有的指示灯
        ORL     P1, #0FFH          ; 输入数据时, 先将 P1 口置 "1"
        MOV     A, P1
        JNB     ACC. 0, LOOP2
        JB      ACC. 1, LOOP1
LOOP0：SETB    P1. 2               ; 关闭报警器
        CLR     P2. 0               ; "适中" VL1 亮
        ACALL   DELAY              ; 延时 3s
        JMP     START
LOOP1：SETB    P1. 3               ; 关闭电动机
        SETB    P1. 2               ; 关闭报警器
        CLR     P2. 1               ; "水满" VL2 亮
        ACALL   DELAY              ; 延时 3s
        JMP     START
LOOP2：JNB     ACC. 1, LOOP3
        SETB    P1. 3               ; 关闭电动机
        CLR     P1. 2               ; 打开报警器
        CLR     P2. 2               ; "缺水" VL3 亮
        CLR     P2. 3               ; "故障" VL4 亮
        ACALL   DELAY              ; 延时 3s
        SETB    P1. 2               ; 关闭报警器
LOOP4：AJMP    LOOP4              ; 出现故障后进入等待状态
LOOP3：CLR     P1. 3               ; 起动电动机
        SETB    P1. 2               ; 关闭报警器
        CLR     P2. 2               ; "缺水" VL3 亮
        ACALL   DELAY              ; 延时 3s
        JMP     START
DELAY：  ⋮                          ; 延时 3s 子程序
            ⋮
        RET
```

本 章 小 结

本章主要介绍了 MCS-51 单片机的寻址方式、指令系统、程序设计方法以及应用程序设计举例。

　　寻址方式指的是寻找数据所在地址的方式，MCS-51 单片机提供了 7 种寻址方式，供用户在系统程序设计中灵活地选用，掌握了寻址方式，能使程序的设计简单明了，并能优化程序，提高程序的运行效率。

　　MCS-51 指令系统包含 111 条指令，主要分为数据传送类指令（29 条）、算术运算类指令（24 条）、逻辑运算类指令（24 条）、控制转移类指令（17 条）和位操作类指令（17 条），熟练掌握这些指令，对程序设计能力的提高就有了良好的基础。

　　本章还列举了大量汇编语言设计实例，供读者参考。用汇编语言进行设计时，普遍采用结构化程序设计方法，包括顺序结构、选择结构和循环结构等。这样程序的结构清晰，易于读写。

思考题与习题

3-1　写出 7 种寻找方式的寻找区域，并各举 1 条指令加以说明。

3-2　已知 A = 7AH，R0 = 30H，30H = A5H，PSW = 80H，SP = 65H，试分析下面每条指令的执行结果及对标志位的影响。

　　（1）ADD　　A, @ R0

　　（2）ADD　　A, #30H

　　（3）ADDC　A, 30H

　　（4）SUBB　A, @ R0

　　（5）DA　　A

　　（6）RLC　　A

　　（7）RR　　A

　　（8）PUSH　30H

　　（9）POP　　B

　　（10）XCH　A, @ R0

3-3　已知片内 RAM 中，（30H）= 64H，（50H）= 04H，片外 RAM 中，（1000H）= 0FFH，（2004H）= 00H，并且 TAB = 2000H，试分析每条指令运行的结果。

```
        MOV     R0, #30H
        MOV     A, @ R0
        MOV     DPTR, #1000H
        MOVX    @ DPTR, A
        MOV     A, 50H
        MOV     DPTR, #TAB
        MOVC    A, @ A + DPTR
        MOV     P1, A
```

3-4　试分析在执行完下面的程序段后，A、R0、R1、R7、SP 以及片内 RAM 的一些单元中内容各是什么。

```
        MOV     SP, #65H
        MOV     R7, #5
        MOV     R0, #30H
        MOV     R1, #40H
LOOP：  MOV     A, @ R1
        PUSH    ACC
```

```
MOV     A, @ R0
MOV     @ R1, A
INC     R0
INC     R1
DJNZ    R7, LOOP
```

3-5　已知 SP = 62H，(62H) = 50H，(61H) = 30H，问执行指令 RET 后，PC = ?，SP = ? 并说明原因。

3-6　分别编写程序：满足下面条件时，程序转移到 NEXT 去执行。

（1）(30H) = 100

（2）(30H) > 100

（3）(30H) > = 100

3-7　试编程求出片外 RAM 从 2000H 开始的连续 20 个单元的平均值，并将结果存入片内 RAM 20H 单元中。

3-8　某控制系统采样得到的 7 个值依次存在片内 RAM 30H ~ 36H 中，编程实现：去掉其中的最大值和最小值，然后求其平均值，并将均值送 R7。

3-9　试编写程序，查找在片内 RAM 的 20H ~ 40H 单元中出现 "00H" 这一数据的次数，并将查找的结果存入 41H 单元中。

3-10　编写能延时 1s 的子程序，设晶振频率为 12MHz

3-11　设双字节数放在片内 RAM 的 30H 和 31H 单元（高字节在低地址），将其取补后存入 40H 和 41H 单元（高字节在低地址）。

3-12　编程实现：将 30H、31H 中的双字节二进制数转换为 3 字节压缩 BCD 码，并存放到 40H 开始的空间中。

3-13　试编写一个查表程序，求 X^2（设 $X \leqslant 50$）。X 已存于 50H 单元，X^2 存入 51H 和 52H 单元中。

3-14　从 P1 口输入 50 个带符号数，编程统计出其中正数、负数和零的个数，结果分别存入片内 RAM 30H、31H 和 32H 单元中。

3-15　采用子程序结构形式，编程将片外数据存储器 2000H 单元开始的 5 个非压缩 BCD 码转换成 ASCII 码，并存入片内 RAM 20H 开始的存储单元中。

3-16　有 1 只按键 S 和 8 只发光二极管，用户每按 S 键一次，则亮点向近邻位置移一下，请绘出电路示意图，并编程（移动方向可自定）。

3-17　设计带有两个按键和两个发光二极管显示器的系统，每当按一下 S1 键，则使 VL1 点亮、VL2 暗，若按一下 S2 键，则使 VL2 亮、VL1 暗。绘出相应的电路示意图，并编写相应的程序。

第 4 章　MCS-51 中断系统及应用示例

计算机应用系统中，中断响应与处理总是必不可少的资源，MCS-51 系列单片机同样也具备完整丰富的中断资源处理模块，能够让单片机对定时、串口通信和外部事件中断进行及时的响应处理，从而部分实现实时系统的功能。本章将对 MCS-51 的中断模块结构、中断源和中断响应处理方式进行介绍，并以几个简单的示例来说明一般中断程序处理的设计方法。

4.1　MCS-51 中断系统概述

4.1.1　单片机系统访问外部设备的方式

任何计算机系统从根本上说都是一个"感知—动作"系统，即外部输入构成一定条件时，系统就会有对应的输出动作，单片机系统作为计算机系统的分支也不例外，不管应用于哪种场合，都是监测输入，并输出规定动作。作为单片机系统，它的输入/输出通常工作在三种方式下：即无条件传送方式、查询传送方式和中断传送方式。

1. 无条件传送方式

无条件传送方式又称为同步程序传送方式。在进行访问操作时，不需要测试设备的状态，根据需要随时进行数据传送操作。无条件传送方式适用于随时可进行操作的设备，或者操作的时间是固定的且已知的设备。例如机械开关、指示灯、发光二极管、数码管等。可以认为它们随时可以接受传送数据，始终处于"准备好"的状态。

2. 查询传送方式

查询传送方式又称有条件程序传送方式，即数据的传送是有条件的。在访问操作之前，要先检测设备的状态，以了解设备是否已为数据输入/输出作好了准备，只有在确认设备已"准备好"的情况下，单片机才能执行数据输入/输出操作。

为了实现查询传送方式，需要由接口电路提供设备状态，即接口电路必需有状态端口，并以软件方法进行状态测试，因此这是一种软硬件方法结合的数据传送方式。查询传送方式，电路简单，查询软件也不复杂，而且通用性强，因此适用于外接各种设备的数据输入/输出传送。但是查询过程对单片机来说花的时间较多，单片机传送数据效率低，因此查询方式只能适用于单路作业和规模比较小的单片机系统。

3. 中断传送方式

中断传送方式又称程序中断方式，采用中断传送方式进行数据传送时，当设备为数据传送做好准备之后，就向单片机发出中断请求，单片机接收到中断请求之后，立即作出响应，暂停正在执行的程序，而转去执行为设备服务的中断服务程序，待服务完成之后，程序返回，单片机再继续执行被中断的源程序。用中断传送方式传送数据，单片机传送数据效率高、实时性强。

4.1.2　MCS-51 中断系统的功能

　　CPU 如果一直按照普通流程运行，只能使用查询或无条件方式访问外部设备，则可能无法对外部设备的动作及时做出响应，做到实时处理；另外，一些特殊情况下，如故障或掉电等情况，CPU 需要中断当前工作，进行相应的动作以保证整个系统的稳定。所以，在计算机系统中必须存在中断机制，能打破现有程序流程，转而为突发的情况进行服务，处理完毕后再返回原来的流程中继续之前的工作。这种工作机制被称为中断，其工作流程如图 4-1 所示。

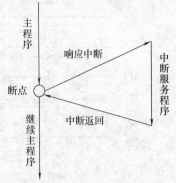

图 4-1　中断处理机制工作流程

　　能够触发中断的事件源被称为中断源，一般计算机系统中断源有输入/输出设备（如键盘）、数据通道中断源（如磁盘）、实时时钟、故障源等。单片机当中同样也可以对一些内外部模块的中断事件源进行响应，如内部定时器，串口通信模块等。

　　中断控制系统一般需要具备以下三个功能，以完成中断服务工作：

　　1）中断跳转和返回，当中断事件发生时，能转向中断服务程序工作，并保存当前工作状态，以便中断服务程序执行完毕返回后，原有的工作能够继续正常进行。

　　2）多中断同时发生时，能对各个中断的优先权进行排队，决定先进行哪个中断服务。

　　3）高级中断能中断低级中断源的处理，即正在处理某低级中断事件时，若高级中断发生，CPU 能转向高级中断服务，优先服务高级中断后再回到低级中断中完成处理。

4.2　MCS-51 中断系统

4.2.1　MCS-51 中断系统结构

　　MCS-51 及其 51 子系列的其他成员都具有相同的中断结构。下面以 51 子系列为例介绍中断系统结构，MCS-51/52 中断系统结构图如图 4-2 所示。一般 MCS-51 有 5 个中断源，它们是两个外部中断源$\overline{INT0}$和$\overline{INT1}$，两个片内定时器/计数器溢出中断源，一个片内串行口中断源。

　　这 5 个中断源的优先级分为两级——高级中断和低级中断。其中任何一个中断源的优先级均可由软件设定为高级或低级。一个中断如果被设为高级，意味着在此中断响应过程中不能被其他中断所打断，而低级中断在响应过程中，有可能因为高级中断的出现而被打断，先执行完成高级中断后才回来继续执行低级中断服务的剩余部分，MCS-51 以此实现两级中断服务程序嵌套。

　　如图 4-2 所示，MCS-51/52 有 6 个中断源，但 TF2 是 52 子系列所独有的定时器 2 中断，51 子系列只有前 5 个中断，中断源的中断要求能否进入系统得到响应，受中断允许寄存器 IE 中各位的控制；而它们的优先级分别由中断优先级寄存器 IP 的各位确定；同一优先级内的各中断源同时申请中断时，还要通过内部的查询逻辑来确定响应的次序。不同的中断源有不同的中断入口地址，系统设定见表 2-1。

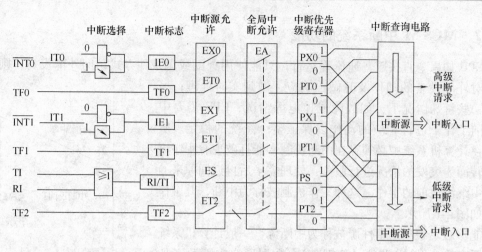

图 4-2　MCS-51/52 中断系统结构图

4.2.2　MCS-51 的中断源

1. 中断源

1）$\overline{INT0}$为外部中断 0 请求，由 P3.2 引脚输入。它有两种触发方式，通过定时控制寄存器中 TCON 的控制位 IT0（TCON.0）来决定是电平触发方式还是边沿触发方式。一旦输入信号有效，则向 CPU 申请中断，并且将中断控制寄存器中的中断标志位 IE0 置 "1"。

2）$\overline{INT1}$为外部中断 1 请求，由 P3.3 引脚输入。通过定时控制寄存器 TCON 中的控制位 IT1（TCON.2）来决定是电平触发方式还是边沿触发方式。一旦输入信号有效，则向 CPU 申请中断，并将中断控制寄存器中的中断标志位 IE1 置 "1"。

3）片内定时器 T0 溢出中断请求。当定时器 T0 产生溢出时，T0 中断请求标志 TF0 置 "1"，请求中断处理。

4）片内定时器 T1 溢出中断请求。当定时器 T1 产生溢出时，T1 中断请求标志 TF1 置 "1"，请求中断处理。

5）片内串行口发送/接收中断请求。当通过串行口发送或接收完一帧串行数据后，串行口中断请求标志 TI 或 RI 置 "1"，请求中断处理。

2. 中断请求标志

在 MCS-51 中，当中断事件发生时，中断源所对应的中断标志位会被置位，以提示中断处理模块或处理程序中断事件的到来。五个中断源的中断请求标志位位于控制寄存器 TCON 和串行控制寄存器 SCON 中，只要判别其中这些位的状态就能确定有无中断请求以及中断的来源。

（1）TCON 的中断标志

TCON 是专用寄存器，字节地址为 88H，它包含有外部$\overline{INT0}$和$\overline{INT1}$的中断请求标志及 T0 和 T1 的溢出中断请求标志。与中断有关的位定义如下：

	D7	D6	D5	D4	D3	D2	D1	D0
TCON	TF1	TR1	TF0	TR0	IE1	IT1	IE0	IT0

1）IT0（TCON.0）：选择外部中断 0（$\overline{INT0}$）触发方式控制位。

当 IT0 = 0 时，为电平触发方式。在这种方式下，CPU 在每个机器周期的 S5P2 期间采样 INT0（P3.2）引脚输入电平，若采样为低电平时，认为有中断申请，则置 IE0 标志为 1；若采样为高电平，认为无中断申请或中断申请已撤除，则将 IE0 标志清 0。注意在电平触发方式下，CPU 响应中断后不会自动清除 IE0 标志，也不能由软件清除 IE0 标志，所以在中断返回前，一定要撤消INT0引脚上的低电平，使 IE0 置 "0"，否则将再次引起中断。

当 IT0 = 1 时，为边沿触发方式。CPU 在每个机器周期的 S5P2 期间来采样INT0引脚输入电平，如果连续两次采样，一个机器周期中采样为高电平，接着下个机器周期中采样为低电平，则置 IE0 标志为 1，表示外部中断 0 正在向 CPU 申请中断。当 CPU 响应该中断时，IE0 由硬件自动清零。由于每个机器周期采样一次外部中断输入电平，在边沿触发方式中，为保证 CPU 在两个机器周期内检测到由高到低的负跳变，必须保证外部中断源输入的高电平和低电平的持续时间在 12 个时钟周期以上。

2）IE0（TCON.1）：外部中断 0（INT0）请求标志位。IE0 = 1 时，外部中断 0 向 CPU 申请中断。

3）IT1（TCON.2）：选择外部中断 1（INT1）触发方式控制位。其操作功能与 IT0 类同。

4）IE1（TCON.3）：外部中断 1（INT1）请求标志位。IE1 = 1 时，外部中断 1 向 CPU 申请中断。

5）TF0（TCON.5）：片内定时器 T0 溢出中断请求标志。T0 被启动后，从初始值开始进行加 1 计数，当最高位产生溢出时置 TF0 = 1，向 CPU 申请中断，直到 CPU 响应该中断时，才由硬件自动将 TF0 清零，也可由软件查询该标志，并用软件清零。

6）TF1（TCON.7）：片内定时器 T1 溢出中断请求标志，其操作功能与 TF0 类同。

其中 TR0 和 TR1 是定时器的启动控制位，将在第 5 章介绍。

（2）SCON 的中断标志

SCON 是串行口控制寄存器，与中断有关的是它的低两位 TI 和 RI。

	D7	D6	D5	D4	D3	D2	D1	D0
SCON	—	—	—	—	—	—	TI	RI

1）RI（SCON.0）：串行口接收中断标志位，当允许串行口接收数据时，每接收完一个串行帧，由硬件置位 RI，RI 必须由软件清除。

2）TI（SCON.1）：串行口发送中断标志位，当 CPU 将一个发送数据写入串行口发送缓冲器时，就启动发送。每发送完一个串行帧，由硬件置位 TI。CPU 响应中断时，不能清除 TI，TI 必须由软件清除。

（3）T2CON 的中断标志

T2CON 是 52 子系列用于定时器 T2 的控制寄存器，其中 TF2 是定时器 2 的中断标志位，当定时器 2 设置的中断事件发生时，此位被置 "1"，向 CPU 申请定时器 2 中断。其他位的具体功能请参照第 5 章的有关内容。

	D7	D6	D5	D4	D3	D2	D1	D0
T2CON	TF2	EXF2	RCLK	TCLK	EXEN2	TR2	C/T2	CP/RL2

CPU 复位后，TCON 和 SCON 各位清零，应用时必须注意。

4.3　MCS-51 中断控制

4.3.1　MCS-51 中断控制寄存器

MCS-51 单片机的中断控制主要实现中断的开放或屏蔽及中断优先级的管理功能。中断控制的设定通过中断允许寄存器 IE 和中断优先级寄存器 IP 的编程实现。

1. 中断允许寄存器 IE

中断允许寄存器 IE 是专用寄存器，字节地址为 A8H，通过对 IE 的编程写入，控制 CPU 对中断源的开放或禁止，以及每一中断源是否允许中断。其格式如下：

	D7	D6	D5	D4	D3	D2	D1	D0
IE	EA	—	ET2	ES	ET1	EX1	ET0	EX0

1）EX0（IE.0）：外部中断 0（$\overline{\text{INT0}}$）中断允许位。EX0 = 1 时，允许外部中断 0 中断；EX0 = 0 时，禁止外部中断 0 中断。

2）ET0（IE.1）：定时器 T0 溢出中断允许位。ET0 = 1 时，允许 T0 中断；ET0 = 0 时，禁止 T0 中断。

3）EX1（IE.2）：外部中断 1（$\overline{\text{INT1}}$）中断允许位。置 EX1 = 1 时，允许外部中断 1 中断；EX1 = 0 时，禁止外部中断 1 中断。

4）ET1（IE.3）：定时器 T1 溢出中断允许位。ET1 = 1 时，允许 T1 中断；ET1 = 0 时，禁止 T1 中断。

5）ES（IE.4）：串行口中断允许位。ES = 1 时，允许串行口中断；ES = 0 时，禁止串行口中断。

6）ET2（IE.5）：52 子系列才拥有这个设置位，它是定时器 T2 的中断允许位。ET2 = 1 时，允许 T2 中断；ET2 = 0 时，禁止 T2 中断。

7）EA（IE.7）：CPU 中断总允许位。EA = 1 时，CPU 开放中断，这时每个中断源的中断请求被允许或禁止，取决于各自中断允许位的置"1"或清零；EA = 0 时，CPU 屏蔽所有的中断请求，即关中断。

MCS-51 系统复位后，IE 中各位均被清零，即处于禁止所有中断的状态，可在系统初始化程序中对 IE 寄存器编程。

例如要开放 T1 中断，可以用下面的字节操作指令：

```
MOV   IE, #88H
```

也可以用下面的位操作指令实现：

```
SETB   EA
SETB   ET1
```

2. 中断优先级寄存器 IP

MCS-51 单片机中断系统具有两级中断优先级管理。每一个中断源均可通过对中断优先级寄存器 IP 的设置，选择高优先级中断或低优先级中断，并可实现两级中断嵌套。

中断优先级管理遵循的基本原则是：高优先级中断源可中断正在执行的低优先级中断服

务程序，除非在执行低优先级服务程序时，设置了 CPU 关中断或禁止某些高优先级中断源的中断；同级或低优先级中断源不能中断正在执行的中断服务程序。

为了符合上述原则，在中断系统内部设置了两个用户不可访问的优先级状态触发器。其中一个是高优先级状态触发器，置"1"时表示当前服务的中断是高优先级的，以阻止其他中断申请；另一个是低优先级状态触发器，置"1"时表示当前服务的中断是低优先级的，它允许被高优先级的中断申请所中断。

中断优先级寄存器 IP 也是一个专用寄存器，字节地址为 B8H，通过对 IP 的编程，可实现将 1 个中断源分别设置为高优先级中断或低优先级中断。其格式如下：

	D7	D6	D5	D4	D3	D2	D1	D0
IP	—	—	PT2	PS	PT1	PX1	PT0	PX0

1）PX0（IP.0）：外部中断$\overline{INT0}$中断优先级控制位。PX0 = 1 时，高优先级；PX0 = 0 时，低优先级。

2）PT0（IP.1）：片内定时器 T0 中断优先级控制位。PT0 = 1 时，高优先级；PT0 = 0 时，低优先级。

3）PX1（IP.2）：外部中断$\overline{INT1}$中断优先级控制位。PX1 = 1 时，高优先级；PX1 = 0 时，低优先级。

4）PT1（IP.3）：片内定时器 T1 中断优先级控制位。PT1 = 1 时，高优先级；PT1 = 0 时，低优先级。

5）PS（IP.4）：串行口中断优先级控制位。PS = 1 时，高优先级；PS = 0 时，低优先级。

6）PT2（IP.5）：52 子系列中定时器 2 的优先级控制位，PT2 = 1 时，高优先级；PT2 = 0 时，低优先级。

当系统复位时，IP 寄存器被清零，将 5 个中断源均设置为低优先级中断。

如果同一级的几个中断源同时向 CPU 申请中断，CPU 便通过内部硬件查询逻辑按自然优先级决定响应顺序。同级中断源内部自然优先级顺序见表 4-1。

表 4-1　同级中断源内部自然优先级顺序

中断源	同级内的优先级
外部中断 0（IE0）	最高级
定时器 T0 中断（TF0）	
外部中断 1（IE1）	
定时器 T1 中断（TF1）	
串行口中断（RI + TI）	
定时器 T2 中断（TF2）	最低级

4.3.2　响应中断的条件及过程

中断处理过程一般分为三个阶段，即中断响应、中断处理和中断返回。

1. 中断响应

中断响应是指在满足 CPU 的中断响应条件之后，CPU 对中断源中断请求的回答。在这个阶段，CPU 要完成中断服务以前的所有准备工作，包括保护断点以及把程序转向中断程序的入口地址。

（1）中断响应的条件

CPU 响应中断的基本条件有：有中断源发出中断申请；中断总允许位 EA = 1，即 CPU

开放中断；请求中断的中断源的中断允许位置"1"，即该中断源可以向 CPU 发中断申请。

CPU 在每个机器周期的 S5P2 期间，采样中断源，而在下一个机器周期的 $S6$ 期间按优先级顺序查询各中断标志，如查询到某个中断标志为 1。将在下一个机器周期 $S1$ 期间按优先级顺序进行中断处理。但在下列任何一种情况存在时，中断响应会被阻止。

1）CPU 正在执行同级或高一级的中断服务程序。

2）现行机器周期不是正在执行指令的最后一个机器周期，即现行指令完成前不响应任何中断请求。

3）当前正在执行的是中断返回指令 RETI 或访问专用寄存器 IE 或 IP 的指令。也就是说，在执行 RETI 或是访问 IE、IP 的指令后，至少需要再执行一条其他指令，才会响应中断请求。

中断查询在每个机器周期都要重复执行。如果 CPU 响应中断的基本条件已满足，但由于上述三个封锁条件之一而未被及时响应，待封锁中断的条件撤消后，若中断标志也已消失，则本次被拖延的这个中断中请就不会被响应。

（2）中断响应过程

如果中断响应的条件满足，且不存在中断封锁的情况，则 CPU 将响应中断，进入中断响应周期。CPU 在中断响应周期要完成下列操作：

1）将相应的优先级状态触发器置"1"。

2）由硬件清除相应的中断请求标志。

3）每个中断源在程序存储器中都有一个固定的中断入口地址，一旦此中断发生，CPU 都会转而执行这个固定地址中的指令。一般这个入口处会放置一条转移指令，让 CPU 能跳转到中断服务程序所在位置执行。因此，中断发生后，CPU 读取中断入口处的转移指令执行，并自动把断点地址（PC 值）压入堆栈保护起来。然后去执行中断服务程序。

2. 中断服务与返回

中断服务程序从入口地址开始执行，一直到返回 RETI 指令为止，这个过程称为中断服务。在编写中断服务程序时注意以下几点：

1）因各入口地址之间只相隔 8B，一般的中断服务程序是存放不下的。所以通常在中断入口地址单元处存放一条无条件转移指令，这样就可使中断服务程序灵活地安排在 64KB 程序存储器的任何空间。

2）若要在执行当前中断程序时禁止更高优先级中断，可先用软件关闭总中断，或禁止某中断源中断，在中断返回前再开放中断。

3）保护现场和恢复现场。在中断主程序流程转而执行中断服务程序时，为了不使某些寄存器和存储器中的数据受到破坏，通常要把这些关键数据送入堆栈进行保存，并在中断服务程序执行完毕后将这些数据从堆栈中恢复，这个过程被称为保护现场和恢复现场。因此，在编写中断服务程序时，通常需要在进入中断服务程序之初执行若干 PUSH 指令，将软件设计者认为有必要保存的数据送入堆栈中，而在中断返回之前以反向顺序执行 POP 指令，以在回到原程序流程前恢复这些数据。

应注意的是，为了防止中断服务程序在保护现场完成前被其他高级中断打断流程，造成数据保护混乱，在保护现场之前一般要关闭总中断，在保护现场之后则根据需要开中断，以便允许更高级的中断请求中断它。在恢复现场之前也应关中断，恢复现场后再开中断。实际应用中，为了保证中断流程的可靠，中断过程中通常 CPU 不再响应新的中断请求，即进入中断时关闭总中断。

中断服务程序的最后一条是返回指令 RETI，RETI 指令的执行标志着中断服务程序的结束，该指令将清除响应中断时被置位的优先级状态触发器，然后自动将断点地址从栈顶弹出，装入程序计数器 PC，使程序返回到被中断的程序断点处，继续向下执行。

3. 中断请求的撤除

CPU 响应中断请求后，在中断返回（RETI）前，该中断请求标识一般必须撤除，否则会引起另外一次中断。但上述中断被响应时，中断请求标志并非都能被清除，这一点应引起注意。采用边沿触发的外部中断标志 IE0 或 IE1 和定时器中断标志 TF0 或 TF1，CPU 响应中断后能用硬件自动清除，无需采取其他措施。但在电平触发时，IE0 或 IE1 受外部引脚中断信号（$\overline{INT0}$ 或 $\overline{INT1}$）的直接控制，CPU 无法控制 IE0 或 IE1，需要另外考虑撤除中断请求信号的措施，如通过外加硬件电路，并配合软件来解决；串行口中断请求标志 TI 和 RI 也不能由硬件自动清除，需要在中断服务程序中，用软件来清除相应的中断请求标志。

4.4　中断应用示例

中断系统的应用可以让处理器实现实时响应随机事件而不需系统主程序重复查询，对于实现实时处理和定时处理都有着很重要的作用。

4.4.1　中断程序设计的一般方法

中断程序的设计，通常包括两个部分：

（1）主程序中的中断系统初始化

1）设置中断系统特殊功能寄存器（例如中断源的触发方式）。

2）设置中断优先级。

3）设置中断允许寄存器（开中断）。

4）中断服务程序的前期初始化（例如入口参数等）。

（2）中断服务程序的设计

一般中断服务程序的结构包括现场保护、处理程序、恢复现场、返回等。由于各中断服务程序的入口地址之间只有 8B 的空间，因此一般在中断入口处要安排一转移指令。

4.4.2　MCS-51 中断程序设计示例

例 4-1　如图 4-3 所示外部中断请求的响应电路，设外部中断信号为负脉冲，引入外部中断信号到 $\overline{INT0}$。要求每中断一次，从 P1.4 ~ P1.7 输入外部开关状态，然后从 P1.0 ~ P1.3 输出。

主程序如下：

```
        ORG     0000H
        SJMP    MAIN
        ORG     0003H
```

```
            AJMP    INT0              ; 转入服务程序
            ORG     0030H
MAIN：  SETB    IT0               ; 设 INT0 为边沿触发
            SETB    EX0               ; 允许 INT0 中断
            SETB    EA                ; 开放总允许
            SJMP    $
```

中断服务程序如下：

```
INT0：  ORL     P1, #0F0H
            MOV     A, P1             ; 从 P1 口输入开关状态
            SWAP    A                 ; 交换高、低 4 位
            MOV     P1, A             ; 输出
            RETI
```

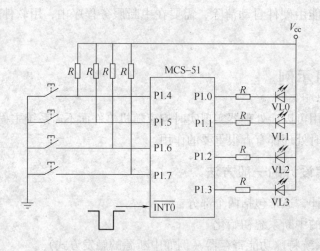

图 4-3　外部中断请求的响应

可以看到，在主程序中，进行的是中断初始化的有关工作，一是在中断入口处插入跳转指令，令中断发生时能正确地转向中断服务程序执行，二是对中断寄存器进行正确设置，以保证中断发生时，能正常地触发中断处理。中断服务程序中有中断发生后的处理流程，此例中，中断服务程序根据按键值确定点亮哪个发光二极管。此例的中断服务程序内没有关于现场保护的内容，是因为主程序部分并没有实质的执行代码，只是在原地跳转等待中断，所以，每次进入中断不需要进行数据状态保护。

例 4-2　利用一个外部中断源输入端扩展多个外部中断源程序的设计。

当外部中断源多于两个时，可采取硬件申请与软件查询相结合的方法，外部中断源的扩展如图 4-4 所示。把多个中断源通过"线或"或与门引到外部中断源输入端（INT0或INT1），同时又把信息连到某 I/O 口，便于软件进一步逐个查询。

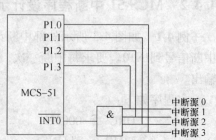

图 4-4　外部中断源的扩展

主程序如下：

```
             ORG    0000H          ; (上电) 复位入口地址
             AJMP   MAIN           ; 转主程序
             ORG    0003H          ; INT0 中断源入口地址
             AJMP   ZINT0          ; 转 INT0 中断服务程序
MAIN：       SETB   IT0            ; 置 INT0 的下降沿触发方式
             SETB   EX0            ; 允许 INT0 中断
             SETB   EA             ; CPU 开中断
             ⋮                     ; 主程序的其他部分
ZINT0：      PUSH   PSW            ; 中断服务程序
             PUSH   ACC
             JNB    P1.0, ZLOOP0   ; 查询中断源
NEXT1：      JNB    P1.1, ZLOOP1
NEXT2：      JNB    P1.2, ZLOOP2
NEXT3：      JNB    P1.3, ZLOOP3
             LJMP   NEXT
ZLOOP0：     ⋮                     ; 0 号中断源服务程序段
             ⋮
             LJMP   NEXT
ZLOOP1：     ⋮                     ; 1 号中断源服务程序段
             ⋮
             LJMP   NEXT
ZLOOP2：     ⋮                     ; 2 号中断源服务程序段
             ⋮
             LJMP   NEXT
ZLOOP3：     ⋮                     ; 3 号中断源服务程序段
             ⋮
NEXT：       POP    ACC            ; 返回
             POP    PSW            ; 系统源程序结束
             RETI
```

本例做法中要注意的是，根据软件查询 I/O 口顺序的不同，各中断的优先级会出现差别，例如 P1.0 和 P1.1 上同时出现了中断请求，则会先转入到 P1.0 的中断请求服务。

在这个例子中可以看到，中断服务程序内有入栈指令，PUSH　PSW 和 PUSH　ACC 这两条指令对 PSW 和 ACC 中的内容进行入栈保存，是为了防止中断服务程序的运行改变 PSW 和 ACC 的内容，在返回主程序后影响主程序的正常执行。

本 章 小 结

本章主要对 MCS-51 的中断系统进行介绍，在向读者解释中断系统的形成原理和功能的

基础上，重点介绍了 51 中断系统的工作原理与工作机制，详细阐述了 51 中断系统各个控制寄存器的工作设置方法，说明了如何控制 51 的各种中断资源，为实时处理提供中断服务。读者应着重理解中断控制寄存器设置和中断程序设计举例两个部分，以对照和验证的方法来掌握 51 中断系统的代码处理方法。

思考题与习题

4-1　什么是中断？一个中断从开始到结束包括哪几个主要环节？

4-2　MCS-51 单片机的中断系统有哪些中断源？中断入口地址的用途是什么？

4-3　MCS-51 中断优先级的控制方法是什么？设某次中断发生顺序为定时器 0→定时器 1→外部中断 1，并且，3 个中断发生紧密衔接，即定时器 0 中断尚未结束定时器 1 中断已发生，定时器 1 中断未结束时外部中断 1 已发生，若寄存器 IP 已设置为 IP = 00001100B，那中断服务程序的响应顺序是什么？

4-4　MCS-51 单片机中断响应的条件是什么？CPU 在中断响应周期要完成哪些操作？

4-5　为什么中断服务过程中要进行现场保护，你认为现场保护主要要对哪些内容进行入栈保护？

4-6　若系统要开放外部中断 0 和定时器 0 中断，关闭其他中断，在外部中断 0（边沿触发方式）来到时令 P0.1 口为高电平，定时器 0 中断来到时令 P0.2 口为高电平，请给出程序的实现代码。

4-7　利用中断方式设计一个计数程序，能记录下 INT0 引脚上输入的脉冲数量。

第 5 章　MCS-51 定时/计数器及其应用

将计算机应用于测控系统时，常常需要有实时时钟以实现定时或延时采样和控制，有时需要对外部事件进行计数。虽然定时的实现可由 CPU 利用软件编程来完成，但这样就会降低 CPU 的效率，这时可使用硬件定时/计数器来实现。

MCS-51 子系列单片机内有两个可编程的定时/计数器 T0 和 T1；MCS-52 子系列中除这两个定时/计数器外，还有一个定时/计数器 T2。本章主要介绍定时/计数器的结构、原理、工作方式及其应用。

5.1　定时/计数器的结构与工作原理

5.1.1　定时/计数器的逻辑结构

MCS-51 的定时/计数器的逻辑结构如图 5-1 所示，CPU 通过内部总线与定时/计数器交换信息。16 位的定时/计数器分别由两个 8 位专用寄存器组成：定时器 T0 由 TH0 和 TL0 构成；定时器 T1 由 TH1 和 TL1 构成。此外，内部还有两个 8 位的特殊功能寄存器 TMOD 和 TCON。其中，TMOD 是定时器的工作方式寄存器，TCON 是控制寄存器，主要用于定时/计数器的管理与控制。

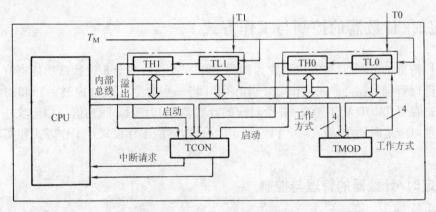

图 5-1　定时/计数器的逻辑结构

5.1.2　定时/计数器的工作原理

定时/计数器的核心是一个加 1 计数器，其基本结构框图如图 5-2 所示。当设置为定时工作方式时，对机器周期 T_M 计数。这时计数器的计数脉冲由振荡器的 12 分频信号产生，即每经过一个机器周期，计数值加 1，直至计满溢出。若中断是开放的，这时可向 CPU 申请中断。因为一个机器周期由 12 个振荡脉冲组成，所以计数频率 $= f_{osc}/12$。当晶振频率 $f_{osc} = 12\text{MHz}$ 时，计数频率 $= 1\text{MHz}$，或计数周期 $= 1\mu s$。从开始计数到溢出的这段时间就是所谓定时时间。在机器周期固定的情况下，定时时间的长短与计数器事先装入的初值有关，装入的初值越大，定时越短。

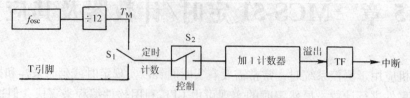

图 5-2　定时/计数器的基本结构框图

当设置为计数工作方式时，通过引脚 T0 （P3.4） 和 T1 （P3.5） 对外部脉冲信号计数。当 T0 或 T1 脚上输入的脉冲信号出现由 1 到 0 的负跳变时，计数器值加 1。CPU 在每个机器周期的 S5P2 期间采样 T0 和 T1 引脚的输入电平，若前一个机器周期采样值为 1，后一个机器周期采样值为 0，则在紧跟着的再下一个周期的 S3P1 期间，计数器的计数值加 1。因此，检测一个从 1 到 0 的负跳变需要两个机器周期，即 24 个振荡周期，故最高计数频率 $= f_{osc}/$ 24。虽然对外部输入信号的占空比没有特殊要求，但为了确保某个给定电平在变化前至少被采样一次，要求高电平 （或低电平） 保持时间至少要 1 个完整的机器周期。

当通过 CPU 设定了定时器 T0 或 T1 的工作模式后，定时器就会按设定的工作方式与 CPU 并行运行，不再占用 CPU 的操作时间，除非定时器计满溢出，才可能中断 CPU 的当前工作。

除了可以选择定时模式或计数模式外，定时器还有 4 种工作方式可供选择，即定时器可构成 4 种电路结构模式 （T1 只有 3 种）。

5.2　定时/计数器的控制与工作方式

单片机内部的定时/计数器可设置为四种工作方式，由两个 8 位特殊功能寄存器 TMOD 和 TCON 进行管理与控制。在工作前必须由 CPU 将一些命令 （或称控制字） 和初始值写入特殊功能寄存器 TMOD 和 TCON，并给对应的计数器 THx、TLx 赋初值 （以下文中所述 $x = 0,1$，分别对应定时器 T0 或 T1），以定义定时/计数器的工作模式、工作方式和实现控制功能。

5.2.1　定时/计数器的管理与控制

1. 工作方式寄存器 TMOD

TMOD 用于定义 T0 和 T1 的工作模式、选择定时/计数工作方式以及启动方式等。格式如下：

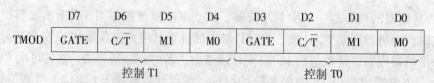

其中，低四位用于定义定时器 T0，高四位用于定义定时器 T1。各位的作用描述如下：

1）M1 和 M0：工作方式选择位。由 M1 和 M0 的 4 种组合状态确定 4 种工作方式，定时/计数器的工作模式见表 5-1。

表 5-1　定时/计数器的工作模式

M1 M0	工作方式	功 能 说 明	M1 M0	工作方式	功 能 说 明
0 0	方式 0	13 位定时/计数器	1 0	方式 2	自动再装入的 8 位定时/计数器
0 1	方式 1	16 位定时/计数器	1 1	方式 3	T0 分为两个 8 位计数器 T1 停止计数

2）$C/\overline{T}$：定时器或计数器功能选择位。当 $C/\overline{T}=0$ 时，作为定时器使用；当 $C/\overline{T}=1$ 时作为计数器使用。

3）GATE：门控位。用于选择定时器 T0 或 T1 的启动方式，即启动是否受外部引脚 $\overline{INT0}$ 或 $\overline{INT1}$ 的电平影响。当 GATE = 0 时，只要用软件使 TR0 或 TR1 置 "1" 就可启动定时器工作；当 GATE = 1 时，只有在 $\overline{INT0}$ 或 $\overline{INT1}$ 为高电平，且将 TR0 或 TR1 置 "1" 时，才能启动定时器 T0 或 T1 工作。

TMOD 是特殊功能寄存器，在片内 RAM 中的地址为 89H，它不能位寻址，只能用字节传送指令设置定时器的工作方式。复位时，TMOD 所有位均清零。

2. 控制寄存器 TCON

TCON 是定时/计数器的控制寄存器，主要用于定时/计数器 T0 或 T1 的启、停控制，标志定时器的溢出和中断情况。TCON 的片内字节地址为 88H，它是可以位寻址的。当系统复位时，TCON 的所有位均被清零。TCON 各位的格式如下：

	D7	D6	D5	D4	D3	D2	D1	D0
TCON	TF1	TR1	TF0	TR0	IE1	IT1	IE0	IT0

1）TF1（TCON.7）：定时器 T1 溢出标志。当 T1 溢出时，由硬件自动使 TF1 置 1，并可向 CPU 申请中断。当进入中断服务程序时，由硬件自动将 TF1 清零。TF1 也可以由用户软件查询和软件清零。

2）TR1（TCON.6）：定时器 T1 运行控制位。由软件来置 1 或清零，当 TR1 = 1 时，T1 启动工作；当 TR1 = 0 时，T1 停止工作。

3）TF0（TCON.5）：定时器 T0 溢出标志。其功能和操作情况同 TF1。

4）TR0（TCON.4）：定时器 T0 运行控制位。其功能和操作情况同 TR1。

TCON 中的低 4 位（IE1、IT1、IE0、IT0）是外部中断的标志位和触发方式选择位，其功能已在第 4 章中断系统中详细介绍，此处不再讨论。

5.2.2　定时/计数器的工作方式

定时/计数器可设置 4 种工作方式，通过软件对 TMOD 中 M1、M0 位的设置，可分别选择方式 0、方式 1、方式 2 和方式 3。这 4 种工作方式的实质是对 T0（或 T1）的两个 8 位计数器 TH0、TL0（或 TH1、TL1）的计数模式而言，在方式 0 ~ 方式 2 中，T0 和 T1 的用法基本一致，而方式 3 只有 T0 才有。

1. 方式 0

方式 0 是一个 13 位的定时/计数器。图 5-3 所示为定时器 T0 在方式 0 下的逻辑结构图。

在方式 0 下，由 TLx 的低 5 位（高 3 位未用）和 THx 的 8 位组成 13 位计数器。当 TLx 的低 5 位溢出时向 THx 进位，而当 THx 溢出时则向中断标志位 TFx 置位，并在中断允许时申请中断。由图 5-3 可见，选择定时还是计数模式则受逻辑软开关 C/$\overline{T}$（TMOD 中的 C/$\overline{T}$ 位）控制。

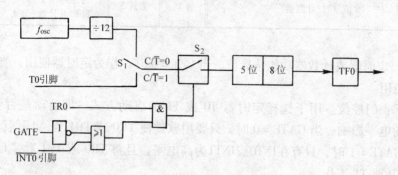

图 5-3 定时器 T0 在方式 0 下的逻辑结构图

（1）定时、计数选择

当 C/$\overline{T}$ = 0 时，定时/计数器工作于定时方式，计数脉冲是由振荡器经 12 分频产生的，即加 1 计数器对机器周期计数。其定时时间按下式计算：

$$定时时间 = (2^{13} - 计数初值\ X) \times 机器周期$$

当 C/$\overline{T}$ = 1 时，定时/计数器工作于计数方式，对外部输入端 T0 或 T1 的输入脉冲计数。当外部信号电平发生 1 到 0 跳变时，计数器加 1。

（2）启动控制

定时/计数器内部的加 1 计数器启、停受一些逻辑门控制，当 GATE = 0 时，"或"门输出为 1，与 $\overline{INTx}$ 无关，只要 TRx = 1，则"与"门输出为 1，控制开关接通计数器，允许 Tx 的计数器在原有初值基础上做加法计数，直至溢出。溢出时，13 位计数器复 0，TFx 置"1"，并申请中断，重新从 0 开始计数。若 TRx = 0，则断开控制开关，停止计数。

当 $\overline{GATE}$ = 1，并且 TRx = 1 时，则"或"门、"与"门输出受 $\overline{INTx}$ 控制。这时外部信号电平通过 $\overline{INTx}$ 引脚直接开启或关断计数通道，即当 $\overline{INTx}$ 从 0 变为 1 则开始计数；若 $\overline{INTx}$ 从 1 变为 0，则停止计数。应用这种控制方法可以测量在 $\overline{INTx}$ 输入端出现的外部信号的脉冲宽度。

2. 方式 1

定时/计数器工作于方式 1 时为一个 16 位的计数器。其逻辑结构、操作及运行控制几乎与方式 0 完全一样，差别仅在于计数器的位数不同。定时/计数器 T0 在方式 1 下的逻辑结构图如图 5-4 所示。在方式 1 中 TLx 和 THx 均为 8 位，TLx 和 THx 一起构成了 16 位计数器。定时器工作于方式 1 时，定时时间为

$$定时时间 = (2^{16} - 计数初值\ X) \times 机器周期$$

方式 1 用于计数器工作方式，最大计数值为 2^{16} = 65536。

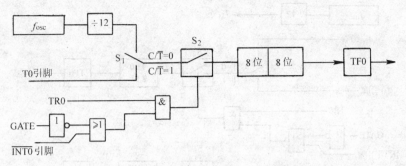

图 5-4　定时/计数器 T0 在方式 1 下的逻辑结构图

　　由于在应用方式 0 时计数初值的写入要注意"低 5 高 8",初学者容易出错,一般情况下很少用方式 0,而选用方式 1。

3. 方式 2

　　定时/计数器工作于方式 2 时,将两个 8 位计数器 THx、TLx 分成独立的两部分,组成一个可自动重装载的 8 位定时/计数器。T0 在方式 2 下的逻辑结构图如图 5-5 所示。

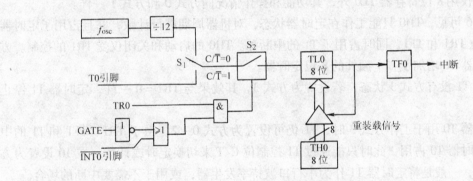

图 5-5　T0 在方式 2 下的逻辑结构图

　　在方式 0 和方式 1 中,当计满溢出时,计数器 THx 和 TLx 的初值全部为 0,若要进行重复定时或计数,还需用软件向 THx 和 TLx 重新装入计数初值。而工作在方式 2 时,16 位计数器被拆成两个,TLx 用作 8 位计数器,THx 用以存放 8 位的计数初值。在程序初始化时,TLx 和 THx 由软件赋于相同的初值。计数过程中,若 TLx 计数溢出,一方面将 TFx 置"1",请求中断;另一方面自动将 THx 中的初值重新装入 TLx 中,使 TLx 从初值开始重新计数。并可多次循环重装入,直到 TRx=0 才停止计数。

　　方式 2 的控制运行与方式 0、方式 1 相同。用于定时工作方式时,定时时间计算如下:

$$定时时间 = (2^8 - 计数初值 X) \times 机器周期$$

　　方式 2 用于计数工作方式,最大计数值(初值 =0 时)是 2^8。方式 2 特别适合于用作较精确的定时和脉冲信号发生器,还常用作串行口波特率发生器。

4. 方式 3

　　方式 3 只适用于定时器 T0。在方式 3 下,T0 被分成两个相互独立的 8 位计数器 TL0 和 TH0,T0 在方式 3 下的逻辑结构图如图 5-6 所示。

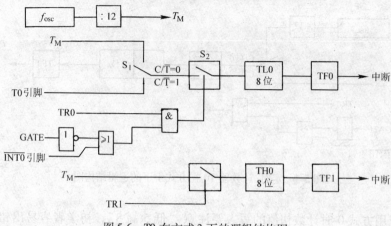

图 5-6　T0 在方式 3 下的逻辑结构图

当定时器 T0 工作于方式 3 时，TL0 使用 T0 本身的控制位、引脚和中断源，即 $C/\overline{T}$、GATE、TR0、TF0 和 T0（P3.4）引脚、$\overline{INT0}$（P3.2）引脚，并可工作于定时器模式或计数器模式。除仅用 8 位寄存器 TL0 外，其功能和操作情况同方式 0 和方式 1 一样。

由图 5-6 可见，TH0 只能工作在定时器状态，对机器周期进行计数，并且占用了定时器 T1 的控制位 TR1 和 TF1，同时占用了 T1 的中断源。TH0 的启动和关闭仅受 TR1 的控制。方式 3 为定时器 T0 增加了一个额外的 8 位定时器。

定时器 T1 没有方式 3 状态，若设置为方式 3，其效果与 TR1 = 0 一样，定时器 T1 停止工作。

在定时器 T0 用于工作方式 3 时，T1 仍可设置为方式 0 ~ 2。由于 TR1、TF1 和 T1 的中断源均被定时器 T0 占用，此时只能通过 T1 控制位 $C/\overline{T}$ 来切换定时或计数。在 T0 设置为方式 3 工作时，一般是将定时器 T1 作为串行口波特率发生器，或用于不需要中断的场合。

5.3　定时/计数器的应用

定时/计数器是单片机应用系统中常用的重要部件，一旦启动，便可与 CPU 并行工作。因此，学习它的编程方法，灵活地选择和运用其工作方式，对提高 CPU 的工作效率和简化外围电路大有益处。

5.3.1　定时/计数器计数初始化

1. 定时/计数器的初始化方法

由于定时/计数器的各种功能是由软件来确定的，所以在使用它之前，应对其进行编程初始化。初始化的主要内容是对 TCON 和 TMOD 编程，计算和装载 T0 和 T1 的计数初值。

（1）初始化步骤

1）分析定时/计数器的工作方式，将方式字写入 TMOD 寄存器。

2）计算 T0 或 T1 中的计数初值，并将其写入 TH0、TL0 或 TH1、TL1。

3）根据需要开放 CPU 和定时/计数器的中断，即对 IE 和 IP 寄存器编程。

4）启动定时/计数器工作，若要求用软件启动，编程时对 TCON 中的 TR0 或 TR1 置位即可启动；若由外部中断引脚电平启动，则对 TCON 中的 TR0 或 TR1 置位后，还需给外引脚（$\overline{\text{INT0}}$ 或 $\overline{\text{INT1}}$）加启动电平。

（2）计数器初值的计算

设系统时钟频率为 f_{osc}，根据上节内容所述，现将定时/计数器初值的计算归纳如下：

1）计数器模式时的计数初值。在不同的工作方式下，计数器位数不同，计数器初值 X 为

$$X = 2^M - N \quad （M\text{ 为计数器位数，}N\text{ 为要求的计数值}）\tag{5-1}$$

不同方式下 M 的取值不同，即最大计数值不同。方式 0 时，$M = 13$，计数器的最大计数值 $2^{13} = 8192$；方式 1 时，$M = 16$，计数器的最大计数值 $2^{16} = 65536$；方式 2 时，$M = 8$，计数器的最大计数值 $2^8 = 256$；方式 3 同方式 2。

例如，设 T0 工作在计数器方式 2，求计数 10 个脉冲的计数初值，根据式(5-1)可得

$$X0 = 2^8 - 10 = 246 = (11110101)B = 0F5H$$

2）定时器模式时的计数初值。在定时器方式下，定时器 T0（或 T1）是对机器周期进行计数的。定时时间为

$$t = (2^M - \text{计数初值 } X) \times \text{机器周期}\tag{5-2}$$

则计数初值为
$$X = 2^M - \frac{f_{\text{osc}}t}{12}\tag{5-3}$$

式中，M 为定时器位数；t 为要求的定时值，单位为 s；f_{osc} 为振荡频率，单位为 Hz。

不同方式下，M 的取值不同。若系统时钟频率 $f_{\text{osc}} = 12\text{MHz}$，则方式 0 时，$M = 13$，定时器的最大定时值为 $2^{13} \times$ 机器周期 $= 8192\mu s$；方式 1 时，$M = 16$，定时器的最大定时值为 2^{16} $\times$ 机器周期 $= 65536\mu s$；方式 2 时，$M = 8$，定时器的最大定时值为 $2^8 \times$ 机器周期 $= 256\mu s$；方式 3 同方式 2。

例如，若 $f_{\text{osc}} = 6\text{MHz}$，定时时间为 10ms，使用定时器 T0 工作于方式 1，依据式（5-3）可得

$$X0 = 2^{16} - \frac{6 \times 10^6 \times 0.01}{12} = 60536 = 0EC78H$$

2. 定时/计数器初始化举例

例 5-1　要求定时器 T1 工作于方式 1，定时 50ms，由软件启动，允许中断。设系统时钟频率 $f_{\text{osc}} = 12\text{MHz}$，编写初始化程序段。

解　（1）方式控制字为 00010000B = 10H。

（2）计数初值为 $X1 = 2^{16} - \dfrac{12 \times 10^6 \times 50 \times 10^{-3}}{12} = 15536 = 3CB0H$。

T1 初始化程序段如下：

```
MOV   TMOD, #10H      ; 写入工作方式字
MOV   TH1, #3CH       ; 写入计数初值
MOV   TL1, #0B0H
SETB  ET1             ; 开放 T1 中断
SETB  EA              ; 开放 CPU 中断
```

```
        SETB   TR1              ；启动 T1 工作
        ⋮
```

例 5-2　要求利用定时/计数器 T0 对 T0 引脚（P3.4）出现的脉冲计数，每计数 100 个脉冲向 CPU 申请中断，设由软件启动。编写初始化程序段。

解　（1）经分析，可设定时器 T0 工作于方式 2 计数，方式控制字为 00000110B = 06H。

（2）要求的计数值 $N = 100$，则计数初值为 $X0 = 2^8 - 100 = 156$。

初始化程序段如下：

```
        MOV    TMOD, #06H       ；写入工作方式字
        MOV    TH0, #156        ；写入计数初值
        MOV    TL0, #156
        MOV    IE, #10000010B   ；开放 T0、CPU 中断
        SETB   TR0              ；启动 T0 工作
        ⋮
```

在应用定时/计数器时，溢出标志 TFx 置位后既可由硬件向 CPU 申请中断，也可通过用户程序查询 TFx 的状态，因此对计数溢出信息的处理有以下两种方法。

1）中断法：在定时器初始化时要开放对应的源允许（ET0 或 ET1）和总允许，在启动后等待中断。当计数器溢出中断发生，CPU 将程序转到中断服务程序入口，因此应在中断服务程序中安排相应的处理程序。

2）查询法：即在定时器初始化并启动后，在程序中安排指令查询 TFx 的状态。

方法如下：

```
        SETB   TR0
LP:     JBC    TF0, NEXT        ；TF0 为 1，转后面的处理程序，并将 TF0 复位
        SJMP   LP               ；TF0 为 0，继续查询
NEXT: ⋮
```

由于 MCS-51 单片机的定时/计数器是与 CPU 并行工作的，而查询法需占用 CPU 的时间，所以一般情况下应用定时/计数器时多采用中断法编程。

5.3.2　定时/计数器计数应用举例

1. 定时/计数器定时模式的应用

例 5-3　利用定时/计数器定时产生周期信号。要求用定时器 T0 定时，在 P1.7 引脚上输出频率为 50Hz 的方波。设晶振频率为 12MHz。

解　（1）按题意分析，方波周期 $T = 1/50 = 20\text{ms}$，可用 T0 方式 1 定时 10ms，使 P1.7 每隔 10ms 取反一次，即可得到周期为 20ms 的方波。设 T0 工作在方式 1，由软件启动。

（2）TMOD 控制字为 0000 0001 B。

（3）初值计算 $f_{osc} = 12\text{MHz}$，机器周期为 $1\mu s$，则 $X0 = 2^{16} - 10 \times 10^3/1 = 65536 - 10000 = 55536 = 0\text{D8F0H}$，即有 TH0 = D8H，TL0 = F0H。

若采用查询法，编程如下：

```
        ORG    0030H
STAR:   MOV    TMOD, #01H               ；写入工作方式字
```

```
            MOV     TH0, #0D8H        ; 写入计数初值
            MOV     TL0, #0F0H
            SETB    TR0               ; 启动 T0
LP:         JBC     TF0, NEXT         ; TF0 为 1 转 NEXT
            SJMP    LP                ; TF0 为 0, 继续查询
NEXT:       MOV     TH0, #0D8H        ; 重装初值
            MOV     TL0, #0F0H
            CPL     P1.7              ; P1.7 取反输出方波
            AJMP    LP                ; 反复循环
```

若采用中断法，编程如下：

```
            ORG     0000H
            SJMP    STAR
            ORG     000BH             ; 定义 T0 服务程序入口
            AJMP    DVT0
            ORG     0030H
STAR:       MOV     TMOD, #01H        ; 写入工作方式字
            MOV     TH0, #0D8H        ; 写入计数初值
            MOV     TL0, #0F0H
            SETB    ET0
            SETB    EA                ; 开放 T0 和 CPU 中断
            SETB    TR0               ; 启动 T0
            SJMP    $                 ; 等待中断
```

中断服务程序如下：

```
DVT0:       MOV     TH0, #0D8H        ; 重装初值
            MOV     TL0, #0F0H
            CPL     P1.7              ; P1.7 取反输出方波
            RETI
```

2. 定时/计数器计数模式的应用

例 5-4　某系统要求用定时器 T1 对由 P3.5 (T1) 引脚输入的脉冲计数，每计满 100 个脉冲，在 P1.0 引脚输出一个正脉冲。

解　(1) 据题意分析，可将定时器 T1 设置为方式 2 计数，由软件启动。

(2) 方式控制为 TMOD = 01100000B = 60H。

(3) 计数初值 $X1 = 2^8 - 100 = 156 = 9CH$，即有 TH1 = TL1 = 9CH。

程序如下：

```
            ORG     0000H
            SJMP    MAIN
            ORG     001BH             ; 定义 T1 服务程序入口
            AJMP    DVT1
            ORG     0030H
```

```
MAIN：MOV    TMOD，#60H        ；写入工作方式字
      MOV    TH1，#9CH         ；写入计数初值
      MOV    TL1，#9CH
      SETB   ET1              ；开放 T1 中断
      SETB   EA               ；开放 CPU 中断
      CLR    P1.0
      SETB   TR1              ；启动 T1
      SJMP   $                ；等待中断
DVT1：SETB   P1.0             ；在 P1.0 输出正脉冲
      NOP                     ；延时，使输出脉冲有一定宽度
      NOP
      CLR    P1.0
      RETI
```

由以上两例可以看出，定时/计数器工作于方式 1 时，必须重装初值定时器才可重复计数；工作于方式 2 时，计数器具有自动重装初值的功能，可在初始化启动后不必再置初值。

3. 定时时间的扩展

用定时/计数器产生的定时时间是有限的，例如晶振频率为 6MHz，按式（5-2）计算定时器最长的定时时间为

$$t = 2^{16} \times \frac{1}{6 \times 10^6} \times 12\text{ms} = 131.072\text{ms}$$

在实际应用中许多地方需要较长时间的定时，这时就必须采用一定的方法进行定时时间的扩展。扩展的方法就是利用定时与计数相结合。例如，若用 T0 定时 50ms，每次溢出后就计数一次，则计数 20 次就得 1s 的定时。较常用的是软件计数扩展法。

软件扩展是利用内存单元作溢出次数的计数器。如果定时时间长，8 位计数器不够，还可采用 16 位计数器或用更多字节单元计数。

例 5-5　要求利用软件扩展方法实现 1s 定时，使得由 P1 口控制的 8 个发光二极管指示灯每隔 1s 轮流闪亮（输出为低电平时亮），设 $f_{osc} = 6\text{MHz}$。

解　（1）据题意分析，设利用定时器 T0 工作于方式 1，定时 50ms，并用 R2 作软件计数器，取 R2 的初值为 20，作减法计数，每次 T0 溢出时，R2 减 1，当 R2 减到 0 时，则定时 1s 完成。

（2）方式控制字与计数初值的计算为

$$\text{TMOD} = 00000001\text{B} = 01\text{H}$$

$$2^{16} - \frac{6 \times 10^6 \times 50 \times 10^{-3}}{12} = 40536 = 9\text{E}58\text{H}, \ \text{TH0} = 9\text{EH}, \ \text{TL0} = 58\text{H}$$

采用中断法编程如下：

```
      ORG    0000H
      SJMP   MAIN
      ORG    000BH            ；定义 T0 服务程序入口
      AJMP   DVT0
```

```
              ORG    0030H
MAIN：  MOV    TMOD，#01H      ；写入工作方式字
        MOV    TH0，#9EH       ；写入计数初值
        MOV    TL0，#58H
        SETB   ET0
        SETB   EA             ；开放 T0、CPU 中断
        MOV    R2，#20         ；取软件计数初值
        MOV    A，#0FEH        ；取输出控制字初值
        MOV    P1，A
        SETB   TR0            ；启动 T0
        SJMP   $              ；等待中断
DVT0：  MOV    TH0，#9EH       ；重装初值
        MOV    TL0，#58H
        DJNZ   R2，RTN         ；判断是否完成 1s 定时
        RL     A              ；左移一位
        MOV    P1，A           ；输出控制发光二极管轮流闪亮
        MOV    R2，#20
RTN：   RETI
```

值得注意的是，从定时器溢出中断到 CPU 响应后进入中断服务程序，并完成重装初值，这个过程需要一定时间，使得定时的时间产生误差。当采用定时/计数器工作于方式 0、1、3 定时时，可将重装的计数初值修正，以减少这个误差。若要求精确定时可采用方式 2。

4. 利用定时/计数器扩展外部中断源

在单片机的实际应用中会遇到有两个以上的外部中断源的情况，此时，若系统中还有定时/计数器资源可使用，可利用定时/计数器来扩展外部中断源。方法是，将定时/计数器设置成计数器方式 2 计数，计数初值设定为 TH_x、TL_x 均为 0FFH，并将待扩展的外部中断源接到定时/计数器的外部脉冲计数引脚（T0 接 P3.4，T1 接 P3.5）。一旦检测到该引脚一个负脉冲信号，计数器加 1 后便产生溢出中断，CPU 响应后进入相应的服务程序。因此可把定时/计数器扩展为一个边沿触发的外部中断源，而该定时器的溢出标志和中断服务程序就作为外部中断源的标志和中断服务程序。

例如，利用定时/计数器 T0 扩展一个外部中断源。将 T0 设置为计数器方式，按方式 2 工作，TH0、TL0 的初值均为 0FFH，T0 允许中断，CPU 开放中断。其初始化程序段如下：

```
        MOV    TMOD，#06H      ；置 T0 为计数器方式 2
        MOV    TL0，#0FFH      ；置计数初值
        MOV    TH0，#0FFH
        SETB   TR0            ；启动 T0 工作
        SETB   EA             ；CPU 开中断
        SETB   ET0            ；允许 T0 中断
```

5. 门控位 GATE 的应用

当定时/计数器的门控位 GATE = 1，且运行控制位 TR = 1 时，则允许由外部输入的电平

控制其启动和运行。利用这个特性，可以测量外部输入脉冲的宽度。

例 5-6 利用定时/计数器 T0 的门控位 GATE，测量$\overline{INT0}$引脚上出现的脉冲宽度，并将结果（机器周期数）存入片内 RAM 30H 和 31H 单元中。

解

（1）由题意分析，外部脉冲由$\overline{INT0}$引脚输入，可设 T0 工作于定时器方式 1，计数初值为 0，在一个完整的外部脉冲宽度内对机器周期计数（定时方式），显然计数值乘上机器周期就是脉冲宽度。

（2）设定 GATE = 1，当 TR0 置 "1" 时，由外部脉冲上升沿启动 T0 开始工作。加 1 计数器开始对机器周期计数；$\overline{INT0}$引脚变为低电平时，停止计数，这时读出 TH0、TL0 的值，该计数值即为被测信号的脉冲宽度对应的机器周期数。例 5-6 测试过程示意图如图 5-7 所示。

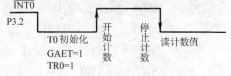

图 5-7　例 5-6 测试过程示意图

（3）工作方式字 TMOD = 00001001B，计数初值 TH0 = 00H，TL0 = 00H。

程序如下：

```
        ORG     0000H
        LJMP    MAIN
        ORG     0030H
MAIN：  MOV     TMOD, #09H      ; 置 T0 为定时器方式 1, GATE = 1
        MOV     TH0, #00H       ; 置计数初值
        MOV     TL0, #00H
        MOV     R0, #30H        ; 置结果单元地址指针
WAIT1： JB      P3.2, WAIT1     ; 等待INT0变低
        SETB    TR0             ; 预启动 T0
WAIT2： JNB     P3.2, WAIT2     ; 等待 INT0 变高、启动计数
WAIT3： JB      P3.2, WAIT3     ; 等待 INT0 再变低
        CLR     TR0             ; 停止计数
        MOV     @R0, TL0        ; 读取计数值，存入指定单元
        INC     R0,
        MOV     @R0, TH0
        AJMP    DATA            ; 转数据处理程序
```

不难分析出，采用上述方法被测脉冲宽度最大为 65535 个机器周期，如果脉冲宽度超过这个值则还应对定时器的溢出进行处理，见例 5-7。

6. 定时器与外部中断的综合应用

例 5-7 要求测量某方波信号的周期（频率），测量范围 1Hz ~ 1kHz。设单片机的时钟频率为 12MHz。

解

（1）测量方法选择

一般周期信号的周期或频率测量有以下两种方法：

1）频率法：利用单片机内部定时器定时（例如取 1s），再用一计数器对被测脉冲计数，

所测脉冲个数即为频率。此法适合于信号频率较高时的测量。

2）周期法：测量脉冲的周期，即利用定时器累计在被测脉冲的一个周期内机器周期的个数 n。被测信号周期 $T = n \times$ 机器周期，被测信号频率 $f = 1/T$。此法适合于信号频率较低时的测量。

有时为了提高测量精度可选取在被测信号的 k 个周期内测量，再将测得的机器周期数除以 k 即可。由于用定时器方式 1 所测得机器周期数最多为 65536，当 $f_{osc} = 12\text{MHz}$ 时，被测信号的周期最大为 65.536ms。在较低频率时定时器将产生溢出，因此还可设定一个软件计数器对定时器的溢出次数计数。

根据本例的测量范围要求，经分析选择用周期法测量。

（2）算法分析

将被测信号接单片机的外部中断$\overline{\text{INT0}}$，在中断服务程序中启动定时器 T0 定时（初值为 0）。为提高在较高频率段的测量精

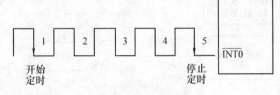

图 5-8　周期的测量

度，可取信号的 4 个周期内测量，测量结果除以 4 即可。周期的测量如图 5-8 所示，在被测信号的第一个下降沿中断，并开始定时。在第 5 次中断时，停止定时，并读取计数器的当前值。

本题要求测量的最低频率为 1Hz，当信号频率较低时，定时器将会产生溢出，因此可设一软件计数器，在定时器溢出中断时计数，并将溢出次数的上限设为 62，超过上限值则表明频率低于 1Hz。

（3）程序设计

取 R2 为定时器溢出次数计数器，R5 为下降沿的次数计数器，R6、R7 分别存放 TH0 和 TL0 的计数值，用 20H.0 位作溢出中断超上限的标志，用 20H.1 位作 INT0 5 次中断的标志。例 5-7 主程序流程图如图 5-9 所示，中断程序流程图如图 5-10 所示。

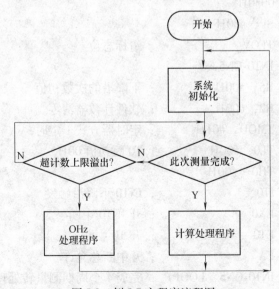

图 5-9　例 5-7 主程序流程图

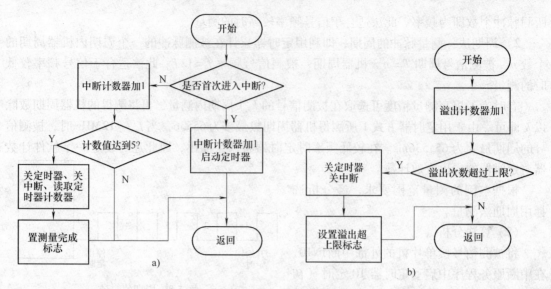

图 5-10　例 5-7 中断程序流程图

a) INT0 中断处理　b) 定时器 T0 溢出中断处理

主程序如下：

TFOV	BIT	20H. 0	; 定义标志位
INT0-CN5	BIT	20H. 1	
	ORG	0000H	
	AJMP	MAIN	
	ORG	0003H	
	AJMP	INT0F	; 转 INT0 中断入口
	ORG	000BH	
	AJMP	T0ZF	; T0 中断入口
	ORG	0030H	
MAIN:	MOV	SP, #60H	
STR:	CLR	TFOV	; 清标志位
	CLR	INT0-CN5	
	MOV	R5, #00H	; 下降沿的次数初值
	MOV	R2, #00H	; 软件计数器清零
	MOV	TMOD, #01H	; 定时器方式 1 定时
	MOV	TL0, #00H	; T0 赋初值 00H
	MOV	TH0, #00H	
	SETB	IT0	; INT0 下降沿触发
	SETB	EX0	; 开 INT0 中断
	SETB	ET0	; 开 T0 中断
	SETB	EA	; 开中断总允许
LOOP:	JB	INT0-CN5, LOOP1	; 完成 4 个周期测量转处理
	JB	TFOV, LOOP2	; 计数值超上限，当 0Hz 处理

```
            SJMP    LOOP
LOOP1：     ACALL   LCN          ; 调用计算、处理子程序
            SJMP    STR          ; 进行再一次测量
LOOP2：     ACALL   LSHZ         ; 调 0HZ 用处理子程序
            SJMP    STR          ; 进行再一次测量
```

INT0 中断服务程序如下：

```
INT0F：     MOV     A, R5        ; 判断是否第一次中断
            JNZ     NEXT
            INC     R5           ; 第一次中断开始定时
            SETB    TR0          ; 启动定时器
            SJMP    RINT0
NEXT：      INC     R5
            MOV     A, R5
            CJNE    A, #05, RINT0
            CLR     TR0          ; 第五次中断，关定时器
            MOV     IE, #00H     ; 关中断
            MOV     R6, TH0      ; 读计数器当前值
            MOV     R7, TL0
            SETB    INT0-CN5     ; 置测量完标志
RINT0：     RETI                 ; 中断返回
```

T0 中断服务程序如下：

```
T0ZF：      INC     R2
            MOV     A, R2
            CJNE    A, #62, RT0  ; 没超上限返回继续计数
            CLR     TR0          ; 超上限关定时器
            MOV     IE, #00H     ; 关中断
            SETB    TFOV         ; 置超计数值上限标志
RT0：       RETI                 ; 中断返回
LCN：       ⋮                    ; 计算、处理子程序（略）
            RET
LSHZ：      ⋮                    ; 0HZ 用处理子程序（略）
            RET
```

用本例采用的方法测量周期，在频率较低时精度较高，但每次测量的时间较长，不能及时准确地反映被测量的变化情况。因此在测量范围较宽时还可分段测量，即在不同的频率段采用不同的测量方法和合适的算法。

5.4　52 系列单片机的定时/计数器 T2 及其应用

52 系列单片机与 51 系列单片机相比，内部程序存储器容量增大，功能增强，其中还多

了一个 T2 定时/计数器，解决了 51 系列单片机定时器资源紧张的问题。定时/计数器 T2 是一个 16 位的计数器，通过设置特殊功能寄存器 T2CON 中的 C/$\overline{T2}$ 位，可将其设置为定时器或计数器；通过设置 T2CON 中的工作模式选择可将定时/计数器 T2 设置为 3 种模式，分别为自动重载（递增或递减）、捕获和波特率发生器。

在定时器/计数器 T2 的内部，除了两个 8 位计数器 TL2、TH2 和控制寄存器 T2CON、T2MOD 之外，还设置有捕获寄存器 RCAP2L（低字节）和 RCAP2H（高字节）。52 系列单片机独立定义了 P1.0 和 P1.1 第二替代功能，T2（P1.0）是外部计数脉冲输入端或定时/计数器 T2 时钟信号输出端，T2EX（P1.1）是外部控制信号输入端。

5.4.1　定时/计数器 T2 的管理与控制

1. 模式控制寄存器 T2MOD

T2MOD 的地址是 0C9H，不可进行位寻址，复位后的内容为 ××××××00B。当定时/计数器 T2 工作在自动重载方式时，可通过对 T2MOD 中的 DCEN 位编程来实现向上计数或向下计数。该寄存器只定义了两位，其格式如下：

	D7	D6	D5	D4	D3	D2	D1	D0
T2MOD	—	—	—	—	—	—	T2OE	DCEN

1）T2OE（T2MOD.1）：T2 输出允许位。当 T2OE = 1 时，允许时钟输出到 P1.0 引脚。

2）DCEN（T2MOD.0）：向下计数允许位。当 DCEN = 0 时，定时/计数器 T2 只能为加计数器；当 DCEN = 1 时，T2 可通过 T2EX 引脚上的值确定为递增或递减计数。上电复位时，当 DCEN = 0 时，T2 默认为加计数器。

2. 控制寄存器 T2CON

T2CON 的地址是 0C8H，可进行位寻址，复位后内容为 0。T2CON 用于设置定时/计数器 T2 的工作模式和控制 T2 的运行，T2CON 各位的格式如下：

	D7	D6	D5	D4	D3	D2	D1	D0
T2CON	TF2	EXF2	RCLK	TCLK	EXEN2	TR2	C/$\overline{T2}$	CP/$\overline{RL2}$

1）TF2（T2CON.7）：定时/计数器 T2 溢出中断标志位。在自动重载和捕获方式下，T2 计数产生溢出后，由硬件自动使 TF2 置 "1"，并请求中断。该位必须由软件清零；在波特率发生器方式下，T2 产生溢出后不对 TF2 置位。

2）EXF2（T2CON.6）：定时/计数器 T2 外部中断标志位。当 EXEN2 = 1 且 T2EX（单片机的 P1.1 口）的负跳变产生捕获或重装时，EXF2 被置位。定时/计数器 T2 中断使能时，EXF2 = 1 将使 CPU 进入定时/计数器 T2 的中断服务程序。EXF2 位必须用软件清零，在递增/递减计数器模式（DCEN = 1）中，EXF2 不会引起中断。

3）RCLK（T2CON.5）：接收时钟标志位。当 RCLK = 1 时，将定时/计数器 T2 的溢出脉冲作为串口模式 1 或模式 3 的接收时钟；当 RCLK = 0 时，将定时/计数器 T1 的溢出脉冲作为串口模式 1 或模式 3 的接收时钟。

4）TCLK（T2CON.4）：发送时钟标志位。当 TCLK = 1 时，将定时/计数器 T2 的溢出脉冲作为串口模式 1 或模式 3 的发送时钟；当 TCLK = 0 时，将定时/计数器 T1 的溢出脉冲作为串口模式 1 或模式 3 的发送时钟。

5）EXEN2（T2CON.3）：定时/计数器 T2 外部允许标志位。允许或禁止用外部信号来触发捕获或重载操作。当 EXEN2 = 1 且定时/计数器 T2 未作为串口时钟使用时，允许 T2EX 的负跳变产生捕获或自动重载；当 EXEN2 = 0 时，T2EX 的跳变对定时/计数器 T2 无效。

6）TR2（T2CON.2）：定时/计数器 T2 的启、停控制位。TR2 置"1"，则启动定时/计数器 T2；TR2 清零，则停止定时/计数器 T2。

7）C/$\overline{\text{T2}}$（T2CON.1）：定时/计数器 T2 的定时/计数工作方式选择位。当 C/$\overline{\text{T2}}$ = 1 时，选择计数方式，为外部事件计数器（下降沿触发），外部脉冲频率不能超过振荡器频率的 1/24；当 C/$\overline{\text{T2}}$ = 0 时，选择定时器工作方式。

8）CP/$\overline{\text{RL2}}$（T2CON.0）：捕获/重载标志位。当 CP/$\overline{\text{RL2}}$ = 1 时，选择捕获方式，若 EXEN2 = 1 且 T2EX 引脚的信号负跳变时，产生捕获；当 CP/$\overline{\text{RL2}}$ = 0 时，选择自动重载方式，若 T2 溢出或在 EXEN2 = 1 条件下 T2EX 引脚的信号负跳变，都可以使 T2 自动重载。当 RCLK = 1 或 TCLK = 1 时，该位无效且定时/计数器 T2 强制为溢出时自动重装。

3. 数据寄存器 TH2、TL2

与 T0/T1 相仿，定时/计数器 T2 有一个 16 位的数据寄存器，由高 8 位寄存器（TH2）和低 8 位寄存器（TL2）组成。它们的地址分别为 0CDH 和 0CCH，复位后内容都为 0。

4. 捕获寄存器 RCAP2H、RCAP2L

捕获寄存器是一个 16 位的数据寄存器，由高 8 位寄存器（RCAP2H）和低 8 位寄存器（RCAP2L）组成。它们的地址分别是 0CBH 和 0CAH，复位后内容都为 0。捕获寄存器 RCAP2H 和 RCAP2L 用来预置计数初值或用于捕获寄存器 TH2、TL2 的计数状态。TH2、TL2 与 RCAP2H、RCAP2L 之间接有双向缓冲器。

5.4.2　定时/计数器 T2 的三种工作模式

定时/计数器 T2 有三种工作方式，即自动重载、捕获和波特率发生器，由控制位 CP/$\overline{\text{RL2}}$ 和 RCLK + TCLK 来决定。表 5-2 为定时/计数器 T2 的三种工作方式。

表 5-2　定时/计数器 T2 的三种工作方式

RCLK + TCLK	CP/$\overline{\text{RL2}}$	TR2	工作方式	RCLK + TCLK	CP/$\overline{\text{RL2}}$	TR2	工作方式
0	0	1	16 位自动重载	1	X	1	波特率发生器
0	1	1	16 位捕获	X	X	0	关闭

1. 自动重载模式

在 16 位自动重载模式下，定时/计数器 T2 可以编程控制递增/递减计数。当 DCEN = 0 时，定时/计数器 T2 只能为加计数器，T2 的自动重载模式如图 5-11 所示。如果 EXEN2 = 0，T2 计数到 0FFFFH 后对 TF2 溢出标志位置位，同时将 RCAP2H 和 RCAP2L 中的值自动装入 TH2 和 TL2 中（RCAP2H 和 RCAP2L 中的值是由软件预置的）；如果 EXEN2 = 1，计数溢出或外部引脚 T2EX 的负跳变都会触发 16 位重载，T2EX 的负跳变同时置位 EXF2。若 T2 的中断是被允许的，则无论发生 TF2 = 1 还是 EXF2 = 1 的情况，CPU 都会响应定时器 T2 中断（中断相量地址为 2BH）。

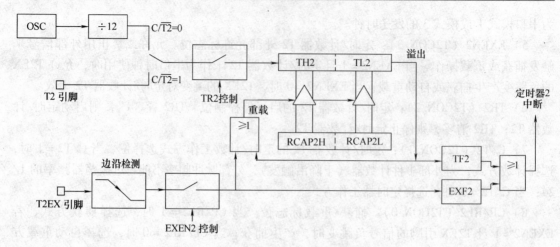

图 5-11　T2 的自动重载模式（DCEN = 0）

当 DCEN = 1 时，T2 可设置为加计数器或减计数器，T2 的自动重载模式如图 5-12 所示。如果 T2EX 为高电平时，T2 为加计数器，当 T2 计数到 0FFFFH 后，TF2 溢出（称为上溢），TF2 标志位置位，同时将 RCAP2H 和 RCAP2L 中的值自动装入 TH2 和 TL2 中；如果 T2EX 为低电平时，T2 为减计数器，当 TH2 和 TL2 分别等于 RCAP2H 和 RCAP2L 中的值时，计数器下溢，置位 TF2，并将 0FFFFH 重新装入定时器寄存器。在此种工作模式下，EXF2 位在 T2 上溢或下溢时将发生翻转，但外部中断标志位 EXF2 被锁死，EXF2 不能触发中断。

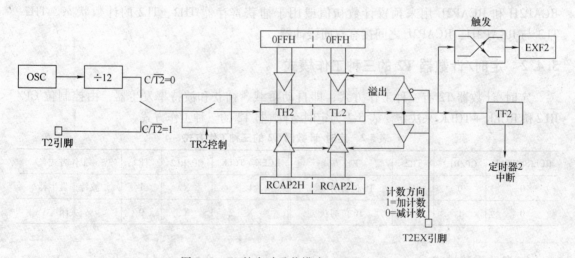

图 5-12　T2 的自动重载模式（DCEN = 1）

2. 捕获模式

所谓捕获，就是指捕捉某一瞬间的值，该功能通常用来测量外部某个脉冲的宽度或周期。工作原理是，当与捕获功能相关的外部引脚 T2EX 有一个负跳变时，便会立即将此时数据寄存器 TH2、TL2 的数值捕获，并且存入到捕获寄存器 RCAP2H、RCAP2L，同时向 CPU 申请中断，以方便软件记录。当 T2EX 的下一次负跳变来临时，于是产生另一个捕获，并再次向 CPU 申请中断。通过软件记录两次捕获得到数据后，便可以准确计算出该脉冲的周期。

在捕获模式下，通过 T2COM 中的 EXEN2 来选择两种方式。如果 EXEN2 = 0 时，定时/计数器 T2 作为一个 16 位定时器或计数器，溢出时置位 TF2，同时触发中断；如果 EXEN2 = 1，T2 除了做同样的操作，还增加了一个特性，即外部输入 T2EX 产生负跳变时，将 TH2 和 TL2 的当前值各自捕获到 RCAP2H 和 RCAP2L 中，同时，EXF2 置位，EXF2 也像 TF2 一样能够产生中断。T2 的捕获模式如图 5-13 所示。

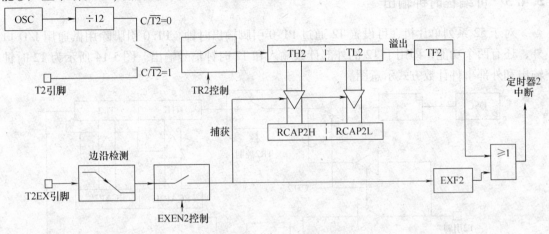

图 5-13　T2 的捕获模式

3. 波特率发生器模式

寄存器 T2CON 的 TCLK 和 RCLK 位允许从定时/计数器 T1 或定时/计数器 T2 获得串行口发送和接收的波特率。当 TCLK = 0 时，T1 作为串行口发送波特率发生器；当 TCLK = 1 时，T2 作为串行口发送波特率发生器。RCLK 对串行口接收波特率有同样的作用。通过这两位，串行口能得到不同的接收和发送波特率，一个通过 T1 产生，另一个通过 T2 产生。

T2 工作在波特率发生器模式时，与自动重载模式相似，当 TH2 溢出时，将 RCAP2H 和 RCAP2L 的预置值装入计数初值寄存器 TH2 和 TL2。但是，TH2 的溢出不会使 TF2 置位，也不会产生中断。如果 EXEN2 = 1，则 T2EX 端的信号产生负跳变时 EXF2 置 1，但不会发生重载或捕获操作。这时，T2EX 可以作为一个附加的外部中断源。

通常，T2 作为定时器，T2 每个机器周期（12 个振荡周期）加 1，但是在波特率发生器模式下，T2 作为定时器，T2 每个状态周期（2 个振荡周期）加 1，串口方式 1 和串口方式 3 的波特率与 T2 的溢出率有关，其波特率计算方法为

$$\text{波特率} = \text{T2 溢出率}/16 = \text{晶振频率}/\{32 \times [65536 - (\text{RCAP2H}, \text{RCAP2L})]\} \quad (5\text{-}4)$$

例如，当晶振频率为 12MHz，要求波特率为 9600bit/s，带入式（5-4）计算可得

$$\text{RCAP2H} = 0\text{FFH}, \quad \text{RCAP2L} = 0\text{D9H}$$

T2 初始化程序如下：

```
MOV     RCAP2H, #0FFH
MOV     TH2, #0FFH
MOV     RCAP2L, #0D9H
MOV     TL2, #0D9H
MOV     T2CON, #34H
```

注意，T2 处于波特率发生器模式下时，在计数过程中，不能再读/写 TH2 和 TL2 的值，如果读，则读出的结果不会精确（因为每个状态周期加 1）；如果写，则会影响 T2 的溢出而使波特率不稳定。在 T2 计数过程中，可以读出但不能改写 RCAP2H 和 RCAP2L 的内容。当对 T2 或捕获寄存器进行访问时，应事先关闭定时器工作。

5.4.3　可编程时钟输出

对于 52 系列单片机，可设置 T2 通过 P1.0 引脚输出时钟。P1.0 引脚除用做通用 I/O 口外，还有两个功能，即用于 T2 的外部计数输入和 T2 时钟信号输出。图 5-14 所示为 T2 时钟输出和外部事件计数方式示意图。

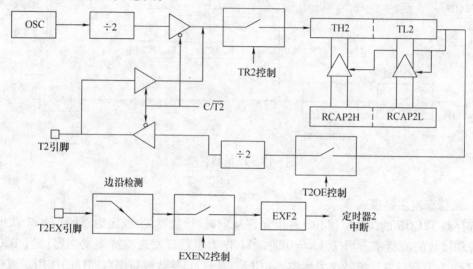

图 5-14　T2 时钟输出和外部事件计数方式示意图

当 $C/\overline{T2} = 0$ 且 T2OE = 1 时，T2 设置为时钟信号发生器。时钟信号输出频率公式如下：

$$时钟信号输出频率 = 晶振频率/\{4 \times [65536 - (RCAP2H, RCAP2L)]\} \qquad (5-5)$$

在时钟输出模式下，T2 溢出时不会产生中断请求。

5.4.4　定时/计数器 T2 的应用

定时/计数器 T2 的特点之一就是其捕获方式，利用该功能可方便地测量外部某个脉冲的宽度或周期。

例 5-8　利用定时/计数器 2 的捕获方式，对脉冲周期进行测量，设系统采用 12MHz 晶振频率。

解

1）将被测方波接至单片机的 P1.1 引脚（T2EX），在程序中将 T2 设置成捕获模式，T2 工作于定时方式，T2 在脉冲信号下降沿进行捕获，T2 计数器的当前值被捕获到 RCAP2H 和 RCAP2L 中，同时将捕获中断标志 EXF2 置位，产生中断，CPU 响应捕获中断读取测量结果。利用信号两下降沿计时时间之差即可计算出被测脉冲的周期。

2）T2 计数溢出中断与捕获中断是相或的关系，当输入方波的频率较低时，被测方波的下降沿来临之前，T2 定时器将溢出使 TF2 置"1"，产生溢出中断，就不能得到正确的测量结果，为能得到正确的测量结果，在 T2 的中断服务程序中要判断是 T2 计数溢出产生中断还是捕获中断。

3）工作方式字 T2CON = 09H，计数初值 TH2 = 00H，TL2 = 00H。

程序如下：

```
T2CON     EQU    0C8H              ; T2 控制寄存器
T2MOD     EQU    0C9H              ; T2 模式寄存器
RCAP2L    EQU    0CAH              ; T2 捕捉/自动重载寄存器低 8 位
RCAP2H    EQU    0CBH              ; T2 捕捉/自动重载寄存器高 8 位
TL2       EQU    0CCH              ; T2 计数低 8 位
TH2       EQU    0CDH              ; T2 计数高 8 位
TF2       BIT    0CFH
EXF2      BIT    0CEH
TR2       BIT    0CAH
ET2       BIT    0ADH
QHDATA1   DATA   30H               ; 保存第一次下降沿的测量结果
QHDATA2   DATA   31H
QHDATA3   DATA   32H               ; 保存第二次下降沿的测量结果
QHDATA4   DATA   33H
```

主程序如下：

```
          ORG    0000H
          LJMP   MAIN
          ORG    002BH             ; T2 中断相量
          LJMP   T2 _ ISR
          ORG    0100H
MAIN:     MOV    T2CON, #09H       ; 初始化 T2
          MOV    T2MOD, #00H
          MOV    TL2, #00H         ; T2 定时器初值
          MOV    TH2, #00H
          SETB   TR2               ; 启动 T2
          MOV    IE, #0A0H         ; 开中断
          MOV    A, #0             ; A 记录捕获中断次数，捕获两次后关中断
          SJMP   $
```

T2 中断子程序如下：

```
T2 _ ISR: JB     TF2, TT          ; 判断是否是 T2 溢出中断
          CJNE   A, #0, SECOND
          MOV    QHDATA2, RCAP2H
          MOV    QHDATA1, RCAP2L
          INC    A
```

```
                SJMP    TT
SECOND：MOV     QHDATA4，RCAP2H
                MOV     QHDATA3，RCAP2L
                CLR     ET2              ；两次捕获结束，关 T2 中断
TT：            CLR     EXF2             ；清外部中断标志
                CLR     TF2              ；清溢出中断标志
                RETI
                END
```

通过此例，读者可与前面的例 5-4 比较有什么不同。

本 章 小 结

本章介绍了 MCS-51 单片机内部可编程定时/计数器 T0、T1 和 52 系列定时/计数器 T2 的结构、工作原理及应用方法。定时/计数器 T0、T1 的核心是一个加 1 计数器。定时方式工作时对机器周期脉冲计数，计数方式工作时是对外部引脚输入的脉冲计数。当加 1 计数器计满溢出时，置位溢出标志并可申请中断。

定时/计数器 T0、T1 的功能、工作方式及运行控制是由工作方式寄存器 TMOD 和控制寄存器 TCON 的状态决定的。在定时/计数器启动运行前，必须通过程序对 TMOD 置入控制字，并向 THx、TLx 装入计数初值，以及根据要求开放中断等，这个过程称之为初始化。在使用定时/计数器 T0、T1 时，应注意的是，除工作方式 3 之外，其他三种工作方式在计数器回零后，必须再赋初值方能重新工作。

定时/计数器 T2 有三种工作方式，即自动重载、捕获和波特率发生器，由控制寄存器 T2CON 中的 CP/$\overline{RL2}$ 和 RCLK + TCLK 来决定。

定时/计数器是单片机应用系统中常用的重要部件，可与 CPU 并行工作，正确、方便地使用对提高 CPU 的工作效率和简化外围电路大有益处。因此，要掌握它的初始化编程方法，以及灵活地选择和运用其工作方式。

思考题与习题

5-1　MCS-51 单片机内部有几个定时/计数器？定时/计数器是由哪些特殊功能寄存器组成的？

5-2　MCS-51 的定时/计数器有哪几种工作方式？各有什么特点？适用于什么应用场合？

5-3　MCS-51 的定时/计数器用作定时器时，其定时时间与哪些因素有关？作计数器时，对外界计数频率有何限制？

5-4　设某单片机的晶振频率为 12MHz，定时/计数器 T0 工作于定时方式 1，定时时间为 20μs；定时/计数器 T1 工作于计数方式 2，计数长度为 100，请计算 T0、T1 的初始值，并写出其控制字。

5-5　已知某单片机系统时钟频率为 6MHz，试利用 T0 定时在 P1.2 引脚输出频率为 100Hz 的方波以及在 P1.1 引脚输出频率为 10Hz 的方波。

5-6　试用定时/计数器 T1 对外部事件计数，要求每计数 100，就将 T1 改成定时方式，控制从 P1.1 输出一个脉宽为 10ms 的正脉冲，然后又转为计数方式，如此反复循环。设系统晶振频率为 12MHz。

5-7　试采用中断方式编程设计一个秒、分脉冲发生器，并由 P1.0 每秒产生一个机器周期的正脉冲，由 P1.1 每分钟产生一个机器周期的正脉冲。设系统晶振频率为 6MHz。

5-8　利用单片机内部定时/计数器 T1 产生定时时钟，试编程使 P1 口输出信号控制 8 个 LED 指示灯从左到右依次闪动一遍，再从右到左轮流闪动，闪动频率 10 次/s。

5-9　利用定时/计数器测量某正脉冲宽度，已知此脉冲宽度小于 10ms，系统晶振频率为 12MHz。试编程测量脉宽，并把结果存入片内 RAM 50H 和 51H 单元。

5-10　利用定时/计数器 T2 定时产生周期信号。要求定时器 T2 定时，在 P1.7 引脚上输出周期为 1s 的方波，设晶振频率为 12MHz。

第6章　MCS-51单片机的串行接口

随着 MCS-51 单片机的发展，它的应用已经从单机逐渐转向多机，而串行通信是一种能把二进制数据按位传送的通信，所需传输线少，特别适用于分级、分层和分布式控制系统以及远程通信中，是单片机之间的主要通信方式。51 单片机除含有 4 个并行 I/O 接口外，还有一个全双工的串行接口，本章主要介绍单片机串行通信的基本原理，MCS-51 单片机串行接口的结构、工作原理以及 4 种工作方式，并通过一些实例介绍串行口的典型应用。

6.1　串行通信概述

6.1.1　并行通信与串行通信

1. 并行通信

并行通信如图 6-1a 所示，所传送的数据是同时进行传送；优点是传送速度快，缺点是需要的数据线数量和数据位数相等，且收发之间还需同步。在长距离传输的过程中，传输线过多是不经济的，并使系统的抗干扰能力下降，因此只适用于近距离、传送速度高的场合。

2. 串行通信

串行通信如图 6-1b 所示，所传送的数据按分时顺序一位一位地传送（例如先低位、后高位）；优点是只需要两根传输线（一根数据线和一根接地线），这大大降低了网络传送成本，适合长距离数据传送，缺点是传送速度较低。

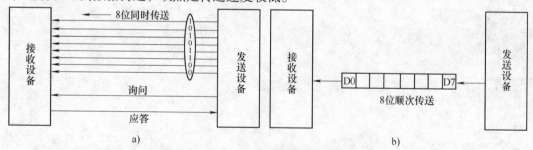

图 6-1　并行通信与串行通信

a）并行通信　b）串行通信

6.1.2　串行通信的数据传送方向

串行通信双方的数据传送方向有三种形式，单工方式、半双工和全双工方式。

1. 单工方式

如图 6-2a 所示，通信双方只有一条单向传输线，数据只能由一方发送，另一方接收。

2. 半双工方式

如图 6-2b 所示，通信双方有一条双向传输线，允许数据双向传送，但同一时刻上只能有一方发送，另一方接收。

3. 全双工方式

如图 6-2c 所示，通信双方有两条传输线，允许数据同时双向传送。

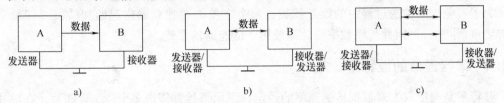

图 6-2　数据传送方式示意图

a) 单工方式　b) 半双工方式　c) 全双工方式

6.1.3　同步通信和异步通信

串行方式是将传输数据的每个字符一位一位顺序地传送，接收方对于同一根线上送来的一连串的数字信号，按位组成字符。为了发送、接收信息，双方必须协调工作。协调方法从原理上可分成同步通信方式和异步通信方式。

1. 同步通信方式

在同步通信中，在数据或字符的开始处用一同步字符来指示（通常为 1~2 个），由时钟来实现发送端和接收端的同步，一旦检测到与规定相符合的同步字，接下来就按顺序传送数据。同步通信格式如图 6-3 所示。

图 6-3　同步通信格式

a) 单同步格式　b) 双同步格式

2. 异步通信方式

在异步通信方式中，数据或字符是一帧一帧传送的，每一帧的格式包含 4 个组成部分：起始位、数据位、奇偶校验位和停止位。异步串行通信格式如图 6-4 所示。

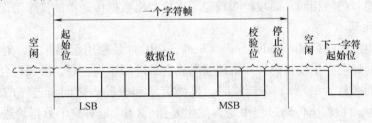

图 6-4　异步串行通信格式

起始位占 1 位，用逻辑值 "0" 表示字符的开始，接收设备检测到这个信号后，就开始准备接收字符数据。数据位紧接着起始位，在数据位传送过程中，规定低位在前，高位在后，位数可以是 5 位、6 位、7 位或 8 位。

数据位发送完后，接下来的是 1 位校验位。如果选择奇校验，则组成数据位和校验位的逻辑"1"的个数必须是奇数。

停止位在最后，用逻辑值"1"表示一个字符传送的结束。接收端收到停止位后，表示上一字符已传送完毕，通信线路恢复逻辑"1"状态，直至下一个字符数据的起始位到来。

为了避免连续传送过程中的误差积累，每个字符都要独立确定起始和结束（即每个字符都要重新同步），因此传输效率低，一般用于低速通信系统。

6.1.4 串行通信的波特率

波特率是通信双方对数据传送速率的约定，表示每秒钟传送多少位二进制数，在单片机中即

$$1 \text{ 波特} = 1\text{baud} = 1 \text{ 比特}/\text{秒} = 1\text{bit/s}$$

假如数据传送的速率是 120 个字符/s，每一个字符规定包含 10 个位（1 个起始位、8 个数据位和 1 个停止位），则传送的波特率为

$$120 \text{ 个字符}/\text{s} \times 10\text{bit}/\text{个字符} = 1200\text{bit/s}$$

6.1.5 串行通信中数据的差错检测与校正

在串行通信中，由于线路长和噪声干扰的存在，会导致信息传输过程中出现错误。为保证信息传输的正确性，必须对传输的数据信息进行差错检测和校正。差错检测用于发现传输中的错误，通常采用奇偶检验、校验和、循环冗余码（CRC）等方法；校正是对发现的错误进行消除，通常采用海明码校验和交叉奇偶校验等方法。

1. 奇偶校验

奇偶校验通常用在异步通信中，是在所传输的有效数据中附加检验位使整个信息位（包括有效位和检验位）中"1"的个数具有奇数或偶数的特性，使整个信息位"1"的个数为奇数的编码叫奇校验；使整个信息位"1"的个数为偶数的编码叫偶校验。

2. 校验和

校验和是在数据发送时，发送方对块中数据简单求和，产生单一字节的校验和附加到数据块的结尾，而接收方对接收到的数据求和后，将所得到的结果与接收到的校验和进行比较。如果两者不同，表示接收到的数据存在错误。但是，如果数据块中的数据是无序的发送，产生的校验和仍然相同，即校验和校验不能检测出数据传送中的排序错误。

3. 循环冗余码

循环冗余码校验（Cyclic Redundancy Check，CRC）是利用编码原理，对传送的二进制码序列以一定的规则产生校验码，并将校验码放在二进制序列之后，形成符合一定规则的新的二进制码序列（称为编码）。在接收时，根据信息和校验码之间所遵循的规则进行检测（称为译码），从而检测出传输过程中是否发生差错。CRC 是对整个数据块进行校验，所以常用在同步串行通信中。

6.1.6 串行通信中常用的接口电路

RS-232C 接口是美国电子工业协会（EIA）与贝尔实验室等机构于 1969 年公布的串行通信接口标准，适用于带调制解调器的通信场合，但 RS-232C 的电气特性是属于非平衡传输方式，抗干扰能力较弱，故传输距离较短。为了提高传输性能，EIA 于 1977 年在 RS-

232C 的基础上制订了 RS-449、RS-422A 和 RS-423A 串行通信标准，为了减少传输线数目，EIA 于 1983 年制订了 RS-485 串行通信标准。

1. RS-232C 接口

RS-232C 采用负逻辑，将 −5 ~ −15V 规定为逻辑"1"，+5 ~ +15V 规定为逻辑"0"，最高传输率为 19.2kbit/s，传输距离一般不超过 15m。RS-232C 采用标准的 DB-25 连接器，如图 6-5a 所示，也可采用 DB-9 连接器，如图 6-5b 所示，表 6-1 为 RS-232C 标准接口主要引脚定义（括号内为 9 针连接器的引脚号）。

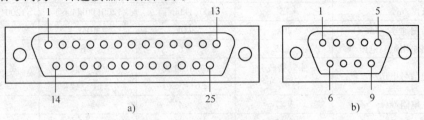

图 6-5　RS-232C 标准接口

a) DB-25 连接器　b) DB-9 连接器

表 6-1　RS-232C 标准接口主要引脚定义

引脚编号	功能符号	引脚功能说明	引脚编号	功能符号	引脚功能说明
2(3)	TXD	发送数据	7(5)	GND	信号地
3(2)	RXD	接收数据	8(1)	DCD	数据载波检测
4(7)	RTS	请求发送	20(4)	DTR	数据终端准备就绪
5(8)	CTS	允许发送	22(9)	RI	振铃指示
6(6)	DSR	数据通信建立就绪			

2. RS-422A 接口

RS-422A 接口采用平衡输出的发送器和差分输入的接收器，每个通道是两根信号线，如果其中一根为逻辑"1"状态，另一根则为逻辑"0"状态。当采用普通双绞线时，RS-422A 可在 1000m 内进行 100kbit/s 的通信；在 200m 内，可达到 200kbit/s 以上的传输率；在 10m 内则可达到 10Mbit/s 的速率。

3. RS-423A 接口

RS-423A 接口标准规定传送线上可以连接多个接收器，但只允许有一个发送器。因为接收端采用平衡传输接收器，增加了抗共模干扰的能力，所以可以取得比 RS-232C 更远的传送距离和更高的数据速率。在传送速率为 300kbit/s 时，传输距离为 10m；在传送速率为 1kbit/s 时，传输距离为 1200m。

4. RS-449 接口

RS-449 接口与 RS-232C 接口最主要的区别是信号在导线上的传输原理不同，RS-232C 利用信号与公共地之间的电压差，RS-449 则利用两根信号导线之间的电压差，采用普通双绞线在通信速率为 90kbit/s 时，传送距离可达 1200m。

5. RS-485 接口

RS-485 接口是 RS-422A 接口的变形，采用平衡驱动、差分接收的方法，允许双导线上一个发送器驱动 32 个负载接收器。由于 RS-485 可以共用一对线进行通信，所以是半双工通信。在不用调制解调器的情况下，在波特率为 100kbit/s 时传输距离为 1200m；波特率为 9600bit/s 时可传送 15km；波特率为 10Mbit/s 时则只能传送 15m。

表 6-2 列出了 RS-232C、RS-422A、RS-423A、RS-485 的性能参数比较。

表 6-2　RS-232C、RS-422A、RS-423A、RS-485 的性能参数比较

特 性 参 数	RS-232C	RS-423A	RS-422A	RS-485
工作方式	单端发单端收	单端发双端收	双端发双端收	双端发双端收
最大电缆长度/m	15	600(1kbit/s)	1200(90kbit/s)	1200(100kbit/s)
最大数据传输速率/(bit/s)	20k	300k	10M	10M
驱动器开路输出最高电压/V	±25	±6	±6	−7 ~ +12
驱动器输出信号电压/V	±5(带载) ±15(空载)	±3.6(带载) ±6(空载)	±2(带载) ±6(空载)	±1.5(带载) ±5(空载)
接收器输入电阻/kΩ	2 ~ 7	≥4	≥4	≥12
接收器输入电压/V	±15	±10	±12	−7 ~ +12
接收器输入灵敏度	±3V	±200mV	±200mV	±200mV

6.2　MCS-51 的串行通信接口

MCS-51 单片机具有一个可编程的全双工串行 I/O 口，通过 TXD（串行数据发送端）和 RXD（串行数据接收端）与外界进行通信，它可以作通用异步接收和发送器（UART），也可以作同步移位寄存器。

6.2.1　MCS-51 串行口结构及工作原理

MCS-51 内部由两个物理上独立的数据缓冲寄存器 SBUF（接收数据缓冲器和发送数据缓冲器）、发送控制器、接收控制器、输入移位寄存器和控制门组成。MCS-51 单片机串行口基本结构框图如图 6-6 所示。

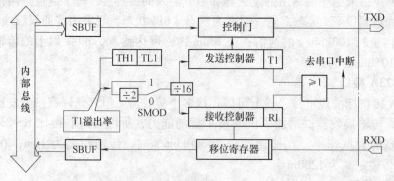

图 6-6　MCS-51 单片机串行口基本结构框图

接收数据缓冲器和发送数据缓冲器共用一个地址 99H，发送缓冲器只能写入，不能读出；接收缓冲器只能读出，不能写入。SBUF 与移位寄存器构成了串行接收的双缓冲结构，以避免在接收数据帧时产生两帧数据重叠的问题。对于发送器，因为发送时 CPU 是主动的，不会产生写重叠问题，一般不需要双缓冲结构，以保持最大的传送速率。

串行口的正常工作除了数据缓冲器 SBUF 以外，还需要串行口控制寄存器 SCON、电源控制寄存器 PCON 来配合工作，下面介绍这些寄存器的结构以及参数设置。

6.2.2　MCS-51 串行口的控制与管理

1. 串行口控制寄存器 SCON

SCON 是一个可位寻址的特殊功能寄存器，用来设定串行口的工作方式、控制串行口的接收/发送以及状态标志，单片机复位时，SCON 中的所有位均为 0，SCON 的字地址为 98H，位地址为 98H ~ 9FH。其格式如下：

	9F	9E	9D	9C	9B	9A	99	98
SCON	SM0	SM1	SM2	REN	TB8	RB8	TI	RI

（1）SM0、SM1：串行口工作方式选择位，可选择 4 种工作方式，见表 6-3。

表 6-3　串行口工作方式选择

SM0 SM1	工作方式	功能	波特率
0　0	方式 0	同步移位寄存器	$f_{osc}/12$
0　1	方式 1	10 位异步收发	由定时器控制
1　0	方式 2	11 位异步收发	$f_{osc}/32$ 或 $f_{osc}/64$
1　1	方式 3	11 位异步收发	由定时器控制

（2）SM2：多机通信控制位。当串行口以方式 2 或方式 3 接收时，若 SM2 = 1 且 RB8 = 1 时，则接收到的前 8 位数据送入 SBUF，并令 RI = 1 产生中断请求；否则，RI = 0，将接收到的前 8 位数据丢弃。当 SM2 = 0 时，不管 RB8 是 0 还是 1，都将前 8 位数据装入 SBUF 中，并产生中断请求。

在方式 1 中，若 SM2 = 1 时，则只有接收到有效的停止位时，才置 RI = 1；在方式 0 中，SM2 必须为 0。

（3）REN：允许串行接收控制位。当 REN = 1 时，允许接收；当 REN = 0 时，禁止接收。

（4）TB8：发送数据的第 9 位。在方式 2 或方式 3 时，该位为发送数据的第 9 位，可按需要由软件置位或复位。在许多通信协议中，该位常作为奇偶校验位。在 MCS-51 多机通信中，TB8 的状态用来表示发送的是地址帧还是数据帧，TB8 = 1 时，为地址帧，TB8 = 0 时，为数据帧。

（5）RB8：接收数据的第 9 位。在方式 2 或方式 3 时，该位为存放接收数据的第 9 位，代表着接收数据的某种特征。在方式 0 中，RB8 未被使用。在方式 1 中，若 SM2 = 0，RB8 用于存放已接收到的停止位。

（6）TI：发送中断标志位。在方式 0 中，串行发送完第 8 位数据后由硬件置位；在其他方式中，在发送电路开始发送停止位时由硬件置位。也就是说 TI 在发送前必须由软件清零，发送完一帧后由硬件置位，因此，CPU 查询 TI 的状态便知一帧信息是否发送完毕。

（7）RI：接收中断标志位。在方式 0 中，接收完第 8 位数据后由硬件置位；在其他方式中，当接收电路接收到停止位的中间位置时由硬件置位。RI 必须由软件清零，CPU 查询 RI 的状态便知是否需要从 SBUF 中提取收到的数据。

2. 电源控制寄存器 PCON

PCON 主要是为了在单片机上实现电源控制而设置的，其字节地址为 87H，不能位寻址，在串行通信时只用了 PCON 中的 SMOD 位。格式如下：

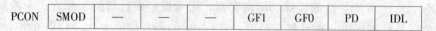

PCON	SMOD	—	—	—	GF1	GF0	PD	IDL

SMOD 为串行口波特率倍增位。当 SMOD = 1 时，波特率加倍；复位时，SMOD = 0。

6.3 MCS-51 串行通信接口的工作方式

MCS-51 单片机的串行口为可编程口，可以选择方式 0、方式 1、方式 2 和方式 3 四种工作方式，其中串行通信时一般使用方式 1、2 或 3，方式 0 主要用于扩展并行输入输出口。

6.3.1 方式 0

工作在方式 0 时，串行口是作为同步移位寄存器使用的，其数据传输波特率固定为 $f_{osc}/12$。串行数据由 RXD 端输入/输出，同步移位脉冲由 TXD 端输出。数据的发送/接收以 8 位为一帧，低位在前，无起始位、奇偶位及停止位。方式 0 时数据帧格式如图 6-7 所示。

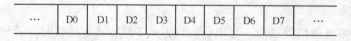

…	D0	D1	D2	D3	D4	D5	D6	D7	…

图 6-7　方式 0 时数据帧格式

1. 发送过程

当执行 MOV SBUF, A 指令时，方式 0 发送时的时序如图 6-8 所示。单片机产生写 SBUF 选通信号，使内部总线上的 8 位数据经缓冲器写入 SBUF 的发送寄存器，同时允许从 TXD 端输出移位脉冲。当 8 位数据发送完毕，停止数据和移位脉冲的发送，并将 SCON 中 TI 置"1"，请求中断，若 CPU 响应中断，则转入 0023H 单元开始执行中断服务程序。要再次发送数据时，必须用软件将 TI 清零。

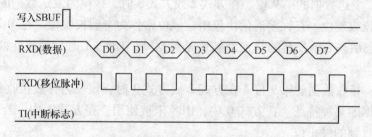

图 6-8　方式 0 发送时的时序

2. 接收过程

在满足 REN = 1 和 RI = 0 的条件下，单片机就会启动一次接收，此时 RXD 为串行输入端，TXD 为同步脉冲输出端。方式 0 接收时的时序如图 6-9 所示。当接收完一帧数据后，RI

自动置"1"并发出中断请求，若 CPU 响应中断，将转入 0023H 单元执行中断服务程序。同样，再次接收时，必须用软件将 RI 清零。

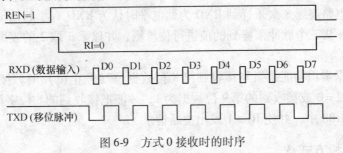

图 6-9　方式 0 接收时的时序

6.3.2　方式 1

串行口工作在方式 1 时，传送波特率取决于定时器 T1 的溢出率。每帧信息由 10 位组成，包括 1 位起始位，8 位数据位（低位在前），1 位停止位。方式 1 时数据帧格式如图 6-10 所示。

图 6-10　方式 1 时数据帧格式

1. 发送过程

当 CPU 执行任何一条写入 SBUF 的指令后，启动串行口发送，发送电路自动在 8 位发送字符前后添加 1 位起始位和 1 位停止位，数据由 TXD 端输出，发送完一帧信息时，发送中断标志 TI 置"1"，请求中断。其时序如图 6-11a 所示。

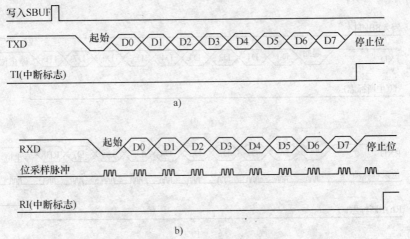

图 6-11　方式 1 的发送接收时序
a）发送时序　b）接收时序

2. 接收过程

接收时序如图 6-11b 所示。当 REN = 1 后，CPU 便以所选波特率的 16 倍速率采样 RXD 端电平，当接收电路连续 8 次采样到 RXD 为低电平时认为 RXD 有了起始位，此后，接收电路改为对第 7、8、9 三个脉冲采样到的值进行位检测，并以采 3 取 2 的表决方法确定采样数据的值。

方式 1 的数据辨识功能是指当接收到第 8 位数据位（停止位）时，接收电路必须同时满足 RI = 0 和 SM2 = 0 或接收到的第 9 位数据为 1，才能把接收到的 8 位字符存入 SBUF 中和把停止位送入到 RB8 中，并使 RI = 1 发出中断请求。

6.3.3 方式 2 和方式 3

串行口工作在方式 2 和方式 3 时，每帧信息由 11 位组成，包括 1 位起始位（0），8 位数据位（低位在前），1 位可编程位（第 9 数据位）和 1 位停止位（1）。发送时，可编程位（TB8）可设置为 0 或 1，也可将奇偶位装入 TB8，从而进行奇偶校验；接收时，可编程位送入 SCON 中的 RB8。方式 2 和方式 3 唯一的区别在于波特率的选择，方式 2 时波特率固定为 $f_{osc}/32$ 或 $f_{osc}/64$，而方式 3 时波特率由定时器 T1 的溢出率决定，帧格式如图 6-12 所示。

图 6-12 方式 2、方式 3 时数据帧格式

1. 发送过程

发送前，先由软件设置 SCON 中的 TB8。当 CPU 执行一条写入 SBUF 的指令后，便立即启动发送器开始发送。发送完一帧信息时，置 TI 为 "1"，请求中断。方式 2 和方式 3 时发送时序如图 6-13a 所示。

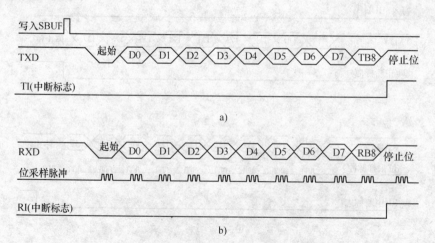

图 6-13 方式 2 和方式 3 的发送接收时序

a）方式 2 和方式 3 时发送时序 b）方式 2 和方式 3 时接收时序

2. 接收过程

方式 2 和方式 3 时接收时序如图 6-13b 所示。当满足 REN = 1 时，CPU 开始对 RXD 不断采样，采样速率为波特率的 16 倍，一旦检测到负跳变时，立即复位 16 分频计数器，并开始接收。位检测器在每一位的 7、8、9 状态时，对 RXD 端采样 3 个值，以采 3 取 2 的表决方法确定每位状态。当采至最后一位时，将 8 位数据装入 SBUF，第 9 位数据装入 RB8 并置位 RI = 1 申请中断。

方式 2、方式 3 的数据辨识功能与方式 1 唯一不同点在于，方式 2 和方式 3 时 RB8 中的第 9 位是数据位而不是停止位，利用这一特点可实现多处理机通信。

3. 用第 9 位数据作校验位

在数据通信中由于传输距离较远，数据信号在传送过程中会产生畸变，从而引起误码，为了保证通信质量，除了改进硬件之外，通常要在通信软件上采取纠错措施。用方式 2、方式 3 进行点对点的异步通信时，可利用第 9 位数据作为校验位，常用的一种简单方法就是用"奇偶校验"。在发送时，将数据和校验位置入 TB8 一同发送。在接收端可以用第 9 位数据来核对接收的数据是否正确。例如，发送端发送一个数据字节及其奇偶校验位的程序段如下：

```
TT:    MOV    SCON, #80H      ; 串口方式 2
       MOV    A, #DATA        ; 取待发送的数据
       MOV    C, PSW.0        ; 奇偶标志位置入 TB8 中
       MOV    TB8, C
       MOV    SBUF, A         ; 启动一次发送，数据连同奇偶校验位一块被发送
LOOP:  JBC    TI, NEXT
       SJMP   LOOP
NEXT:  …
```

作为接收的一方应设法取出该奇偶位进行核对，相应的接收程序段如下：

```
       MOV    SCON, #90H      ; 方式 2 允许接收
LOOP:  JBC    RI, RECN        ; 等待接收
       SJMP   LOOP
RECN:  MOV    A, SBUF         ; 读入接收的一帧数据
       JB     PSW.0, ONE      ; 判断接收端的奇偶值
       JB     RB8, ERR        ; 判断发送端的奇偶值
       SJMP   REXT
ONE:   JNB    RB8, ERR
REXT:  …                      ; 转接收正确处理
ERR:   …                      ; 转接收有错处理
```

6.4　串行通信的波特率设计

异步通信中，发送方和接收方必须保持相同的传送波特率，在同一次传送过程前要约定起始位、数据位、奇偶位和停止位并在传输过程中保持不变才能保证数据成功传递。51 单片机串行通信的波特率随串行口工作方式选择不同而异，与系统的振荡频率 f_{osc}、电源控制

寄存器 PCON 中的 SMOD 位、定时器 T1 的设置有关。

1. 方式 0 的波特率

在方式 0 时，每个机器周期发送或接收一位数据，因此波特率固定为振荡频率的 1/12，即 $f_{osc}/12$。

2. 方式 2 的波特率

方式 2 时，波特率为 $2^{SMOD} \times f_{osc}/64$，其中 SMOD 为波特率加倍位，它位于电源控制寄存器 PCON 的最高位，若 SMOD = 0，波特率为 $f_{osc}/64$；若 SMOD = 1，则波特率为 $f_{osc}/32$。

3. 方式 1 和方式 3 的波特率

串行口在方式 1 和方式 3 的波特率由定时器 T1 或 T2 的溢出率决定，这时方式 1 和方式 3 的波特率计算公式为

$$\text{波特率} = \frac{2^{SMOD}}{32} \times \text{定时器 T1/T2 的溢出率} \tag{6-1}$$

4. 定时器 T1 溢出率的计算

T1 溢出率由计数速率和定时器的预置值决定。计数速率与 TMOD 中 $C/\overline{T}$ 的状态有关，当 $C/\overline{T} = 0$ 时，计数速率为 $f_{osc}/12$；当 $C/\overline{T} = 1$ 时，计数速率取决于外部输入时钟频率。由于 T1 工作于不同方式时计数位数不同，所以溢出率不一样会导致所得波特率范围也不同。

T1 通常采用工作方式 2，即自动重装载方式作为波特率发生器。这时 TL1 作计数用，而自动重装载的值放在 TH1 中。为了避免因溢出而产生不必要的中断，此时应禁止 T1 中断。

若假定 T1 的计数初值为 X，则计数溢出周期为

$$\frac{12}{f_{osc}} \times (256 - X) \tag{6-2}$$

溢出率为溢出周期的倒数，由此可得串行口方式 1 或方式 3 的波特率计算公式为

$$\text{波特率} = \frac{2^{SMOD}}{32} \times \frac{f_{osc}}{12 \times (256 - X)} \tag{6-3}$$

实际应用中，通常是先确定波特率、再计算定时器 T1 的计数初值，然后进行 T1 的初始化。定时器 T1 在方式 2 的计数初值可由下式求出，式中 f_b 为设定波特率。

$$X = 256 - \frac{2^{SMOD} \times f_{osc}}{32 \times 12 \times f_b} \tag{6-4}$$

例 6-1　选用定时器 T1，工作方式 2 作波特率发生器，波特率为 9600bit/s。已知 f_{osc} = 11.0592MHz，求计数初值 X，并对定时器和串行口初始化。

解　设波特率控制位 SMOD = 0，不增倍时有

$$X = 256 - (11.0592 \times 10^6 \times 2^0)/(384 \times 9600) = 0FDH$$

所以

$$TH1 = TL1 = 0FDH$$

以下程序完成对定时器 T1 的操作模式及串行口工作方式和波特率的设置：

```
MOV     TMOD，#20H        ;选择定时器 T1，工作方式 2
MOV     TL1，#0FDH        ;设置发送波特率
MOV     TH1，#0FDH        ;自动重载值
CLR     ET1              ;关中断
```

```
SETB    TR1                 ; 设置定时器 T1
MOV     SCON, #50H          ; 串行口方式 1 工作
MOV     PCON, #00H          ; 置 SMOD = 0
```

如果串行通信选用很低的波特率，设置定时器 T1 为方式 0 或方式 1 时，当 T1 产生溢出时，需要重装计数初值，故波特率会产生一定的误差。表 6-4 列出了定时器 1 产生的各种常用波特率初始值。

表 6-4　定时器 1 产生的各种常用波特率初始值

波　特　率		f_{osc}/MHz	SMOD	定时器 T1		
				C/T	方式	重新装入值
方式 0	1MHz	12	×	×	×	×
方式 2	375kHz	12	1	×	×	×
方式 1、3	57.6kHz	11.0592	1	0	2	FFH
	19.2kHz	11.0592	1	0	2	FDH
	9.6kHz	11.0592	0	0	2	FDH
	4.8kHz	11.0592	0	0	2	FAH
	2.4kHz	11.0592	0	0	2	F4H
	1.2kHz	11.0592	0	0	2	E8H
	0.6kHz	11.0592	0	0	2	D0H

5. SMOD 位及晶振频率对串行通信波特率的影响

（1）SMOD 位对串行通信波特率精度的影响

例 6-2　设波特率 = 2400bit/s，f_{osc} = 6MHz，定时/计数器 T1 工作于方式 2，定时模式。

（1）设 SMOD = 0

$$X = 256 - \frac{2^{SMOD} \times f_{osc}}{32 \times 12 \times f_b} = 256 - \frac{2^0 \times 6 \times 10^6}{32 \times 12 \times 2400} \approx 249 = 0F9H$$

将 $X = 0F9H$ 代入，实际波特率 $= \frac{2^0}{32} \times \frac{6 \times 10^6}{12 \times (256 - X)} \approx 2238.8bit/s$

产生的误差 $= (2400 - 2238.8)/2400 = 7\%$

（2）设 SMOD = 1

$$X = 256 - \frac{2^{SMOD} \times f_{osc}}{32 \times 12 \times f_b} = 256 - \frac{2^1 \times 6 \times 10^6}{32 \times 12 \times 2400} \approx 243 = 0F3H$$

将 $X = 0F3H$ 代入，实际波特率 $= \frac{2^1}{32} \times \frac{6 \times 10^6}{12 \times (256 - X)} \approx 2403.8bit/s$

产生的误差 $= (2403 - 2400)/2400 = 0.16\%$

从上例分析可见，虽然 SMOD 可任选，但在某些情况下会影响波特率的精度。

（3）晶振频率对串行通信波特率精度的影响

例 6-3　设波特率 = 2400bit/s，SMOD = 0，定时/计数器 T1 工作于定时模式、工作方式 2，f_{osc} 为 6MHz 或 11.0592MHz。

（1）设 f_{osc} = 6MHz

由例 6-2 计算可知，方式 2 下产生的误差为 7%。

（2）设 $f_{osc} = 11.0592\text{MHz}$

$$X = 256 - \frac{2^{SMOD} \times f_{osc}}{32 \times 12 \times f_b} = 256 - \frac{2^0 \times 11.0592 \times 10^6}{32 \times 12 \times 2400} = 244 = 0F4H$$

将 $X = 0F4H$ 代入，实际波特率 $= \frac{2^1}{32} \times \frac{11.0592 \times 10^6}{12 \times (256 - X)}\text{bit/s} = 2400\text{bit/s}$

$$产生的误差 = (2400 - 2400)/2400 = 0\%$$

由此可见，在设置波特率时，应选择合适的晶振频率或适当设置 SMOD 位，以避免产生过大的波特率误差。对不同机种之间的通信，为保证通信的可靠性，通常波特率的误差应不大于 2.5%。为了产生精确的波特率，常选择 $f_{osc} = 11.0592\text{MHz}$。

6.5　串行口的应用程序设计举例

串行口有 4 种工作方式，其中串行通信一般只使用方式 1、方式 2、方式 3 等 3 种方式，而方式 0 主要用于扩展输入输出口。

6.5.1　方式 0 应用举例

MCS-51 串行口的方式 0 为同步移位寄存器式输入输出，8 位数据从 RXD 输入输出，由 TXD 输出移位时钟使系统同步，波特率固定为 $f_{osc}/12$，即每一个机器周期输出或输入一位数据。

例 6-4　如图 6-14 所示为 8 位串行输入输出接口电路，是利用 MCS-51 的 3 根口线扩展为 16 根输入线的电路，通过两块并行输入 8 位移位寄存器 74LS165 串接扩展输入口（前级的数据输出位 QH 与后级的信号输入端 SIN 相连），请编程从 16 位扩展口读入 20 个字节数据（读 10 次），并把它们转存到片内 RAM 的 50H~63H 中。

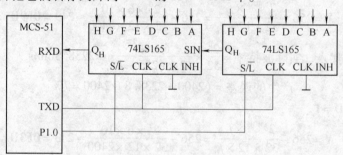

图 6-14　8 位并行输入输出接口电路

程序如下：

```
        MOV    R7, #14H      ; 设置读入字节数
        MOV    R0, #50H      ; 设片内 RAM 指针
        SETB   F0            ; 设置读入字节奇偶数标志
RCV0：CLR   P1.0          ; 并行口输入数据
        SETB   P1.0          ; 允许 74LS165 串行移位
```

```
RCV1：MOV    SCON，#10H      ；设串行口方式 0 并启动接收
      JNB    RI，$          ；等待接收一帧数据
      CLR    RI            ；清接收中断标志
      MOV    A，SBUF        ；取缓冲器数据
      MOV    @R0，A         ；
      INC    R0
      CPL    F0
      JB     F0，RCV2       ；判断是否接收完偶数帧，接收完则重新并行置入
      DEC    R7
      SJMP   RCV1          ；否则再接收一帧
RCV2：DJNZ   R7，RCV0       ；判断是否已读入预定的字节数
```

由于每次由扩展口并行输入到移位寄存器的是两个字节数据，置入一次，串行口应接收两帧数据。当已接收的数据字节数为奇数时 F0 = 0，不再并行输入数据，直接启动接收过程，否则当 F0 = 1 时，在启动接收过程前，应该先在外部移位寄存器中输入新的数据。

6.5.2　方式 1 应用举例

例 6-5　如图 6-15 所示，甲机的 P1 口接 8 个按键，乙机的 P1 口接 8 个发光二极管，两个单片机进行串行通信，实现甲机按下某个键时乙机对应的发光二极管亮。

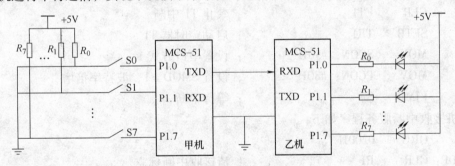

图 6-15　方式 1 通信程序设计

解　设甲、乙机的时钟频率均为 6MHz，波特率为 2400bit/s，单片机选择串行口工作方式 1，定时器 T1 的初值为 0F3H，甲机发送采取查询方式，乙机接收采用中断方式。

甲机发送程序如下：

```
ORG    2000H
MOV    TMOD，#20H     ；设置定时器 T1 工作方式 2
MOV    TL1，#0F3H     ；置定时器 T1 初值
MOV    TH1，#0F3H     ；置定时器 T1 重装值
CLR    ET1           ；禁止 T1 中断
SETB   TR1           ；启动定时器 T1
MOV    SCON，#40H     ；设置串口方式 1，禁止接收
MOV    PCON，#80H     ；置 SMOD = 1，波特率倍增
```

```
LOOP: MOV    P1, #0FFH            ; P1 口置 1
      MOV    A, P1               ; 读 P1 口信号
      MOV    SBUF, A             ; 发送 P1 口信号
      JNB    TI, $               ; 等待发送完毕
      CLR    TI                  ; 发送完毕，清 TI 标志，以备下次发送
      LJMP   LOOP
      END
```

为提高 CPU 的工作效率，采取中断方式编写的乙机接收程序如下：

```
      ORG    0000H
      LJMP   MAIN
      ORG    0023H
      LJMP   LOOP
      ORG    0100H
MAIN: SETB   EA                  ; 中断允许
      SETB   ES                  ; 允许串行口中断
      MOV    TMOD, #20H          ; 设置定时器 T1 工作方式 2
      MOV    TL1, #0F3H          ; 设置定时器 T1 初值
      MOV    THI, #0F3H          ; 设置定时器 T1 重装值
      CLR    ET1                 ; 禁止 T1 中断
      SETB   TR1                 ; 启动定时器 T1
      MOV    SCON, #50H          ; 设置串口方式 1
      MOV    PCON, #80H          ; 设置 SMOD = 1，波特率倍增
      LJMP   $                   ; 等待中断
```

乙机接收中断服务程序如下：

```
      ORG    0200H
LOOP: CLR    RI                  ; 清接收中断标志
      MOV    A, SBUF             ; 接收数据
      MOV    P1, A               ; 数据送 P1 口显示
      RETI                       ; 中断返回
```

6.5.3　用方式 2 作双机点对点通信

例 6-6　在图 6-16 中，A 机发送，B 机接收，串行口工作在方式 2，发送字符块的起始地址为 STADDR，字符块长度 LEN，要求采用校验和检验（数据和≤255），用查询法编写通信程序。

解　本例串行口工作于方式 2，波特率为固定，不需要对定时器进行初始化。若取波特率倍频，则为 $f_{osc}/32$。编程如下：

A 机发送主程序如下：

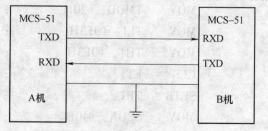

图 6-16　点对点的异步通信

```
STADDR    DATA    20H                ;定义数据区起始地址
LEN       DATA    1EH                ;定义数据区长度
          ORG     0100H
START:    MOV     SCON, #80H         ;串行口为方式 2
          MOV     PCON, #80H         ;置 SMOD =1，波特率倍增
          MOV     R0, #STADDR        ;数据块起始地址送 R0
          MOV     R2, #LEN           ;数据块长度送 R2
          MOV     R3, #00            ;数据累加和寄存器 R3 清零
          ACALL   TXSUB             ;调用发送子程序
             ⋮
          SJMP    $
```

发送子程序如下：

```
          ORG     0300H
TXSUB:    CLR     TI                 ;清 TI
TXLEN:    MOV     SBUF, R2           ;发送数据块长度
          JNB     TI, $              ;等待数据块发送完
          CLR     TI                 ;发完后清 TI
TXD1:     MOV     A, @R0             ;发送字符送 A
          MOV     SBUF, A            ;启动发送
          JNB     TI, $              ;等待数据块发送完
          CLR     TI                 ;发完后清 TI
          ADD     A, R3              ;求校验和
          MOV     R3, A              ;校验和存入 R3
          INC     R0                 ;字符块指针加 1
          DJNZ    R2, TXD1           ;若字符块未发完，则继续
TXSUM:    MOV     SBUF, R3           ;若已发完，则发校验和
          JNB     TI, $              ;等待校验和发送完
          CLR     TI                 ;发完后清 TI
          MOV     R3, #00H           ;清校验和寄存器
          RET                        ;返回
```

B 机接收主程序如下：

```
STADDR    DATA    20H                ;定义数据块起始地址
          ORG     0100H
START:    MOV     SCON, #90H         ;串行口为方式 2，接收
          MOV     PCON, #80H         ;置 SMOD =1，波特率倍增
          MOV     R0, #STADDR        ;数据块起始地址送 R0
          MOV     R3, #00            ;数据累加和寄存器 R3 清零
          CLR     F0                 ;置通信错误标志初值
          ACALL   RXSUB             ;调用接收子程序
```

```
        JB      F0, ERRSUB          ;有错转出错处理
        ⋮
        SJMP    $
ERRSUB:                             ;出错处理子程序代码
```

接收子程序如下:

```
        ORG     0300H
RXSUB:  JBC     RI, READ            ;判断一帧是否接收完
        AJMP    RXSUB
READ:   MOV     A, SBUF             ;读数据块长度
        MOV     R2, A
RXLEN:  JNB     RI, $               ;等待一帧数据接收完
        CLR     RI                  ;收完后清 RI
RXD1:   MOV     A, SBUF
        MOV     @R0, A              ;数据存内存单元
        ADD     A, R3               ;求校验和
        MOV     R3, A               ;校验和存入 R3
        INC     R0                  ;字符块指针加 1
        DJNZ    R2, RXLEN           ;若字符块未接收完,则继续
TXSUM:  JNB     RI, $               ;等待校验和接收完
        CLR     RI                  ;发完后清 RI
        MOV     A, SBUF             ;取校验和
        MOV     B, R3
        CJNE    A, B, RERR          ;校验和错误置出错处理标志
        SJMP    NRERR               ;校验和无错返回
RERR:   SETB    F0                  ;置接收错误标志
NRERR:  RET                         ;返回
```

6.5.4　多机通信程序设计

在一些数据采集和工业控制系统中,经常要求将多片单片机构成多机通信系统。主从式多机通信一般由一台主机和多台从机组成,主机与从机可实现全双工通信,但从机之间不能直接通信,只能通过主机交换信息。编程时应将主、从机设置成相同的工作方式,采用相同的工作频率。MCS-51 单片机间多机通信如图 6-17 所示。

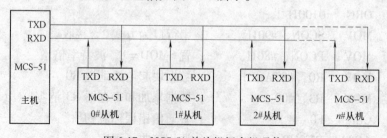

图 6-17　MCS-51 单片机间多机通信

1. 多机通信的基本原理

MCS-51 单片机多机通信时必须在方式 2 或方式 3 下工作，控制寄存器中的 SM2 用于多机控制位，作为主机的单片机 SM2 应设定为 0，作为从机的单片机 SM2 应设定为 1。串行口以方式 2 接收时，系统中允许有 255 台从机，地址分别为 00H~FEH，FFH 作为一条控制命令由主机发送给从机，以便使被寻址从机的 SM2 = 1。

多机通信的具体过程如下：

1）首先使主机 SM2 = 0，所有从机的 SM2 = 1，从机处于只接收地址帧的状态。

2）主机给从机发送地址时，其中第 9 位数据位置"1"，指示从机接收这个地址信息。

3）所有从机在 SM2 = 1、RB8 = 1 和 RI = 0 时，接收主机发来的从机地址，进入相应的中断服务程序，并将接收的地址与本机的地址比较，以便确认是否为被寻址从机。

4）被寻址从机通过指令清除 SM2，以便正常接收数据，并向主机发回接收到的从机地址，供主机核对，未被寻址的从机保持 SM2 = 1，并退出各自中断服务程序。

5）主机收到从机的应答地址后，确认地址是否相符。如果地址相符，完成主机和被寻址从机之间的数据通信，通信完成后重新使从机 SM2 = 1，并退出中断服务程序，等待下次通信。

2. 应用举例

例 6-7　某主从式多机通信系统如图 6-17 所示，系统晶振频率为 11.0592MHz，波特率为 9600bit/s，假设主机发送、从机接收命令为 00H；从机发送、主机接收命令为 01H。设计系统主、从机通信程序，从机状态字格式如图 6-18 所示。

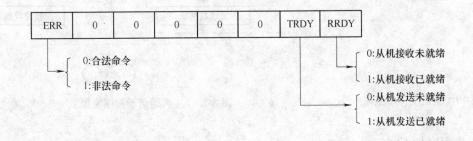

图 6-18　从机状态字格式

解

（1）主机程序由主机主程序和主机通信子程序组成，主机主程序包括定时器 T1 初始化，串行口初始化和传递主机通信子程序所需入口参数，主机主程序流程如图 6-19 所示，主机通信子程序流程如图 6-20 所示。

（2）程序中所用的寄存器分配如下：

R0：存放主机发送的数据块起始地址；　　R1：存放主机接收的数据块起始地址；

R2：存放被寻址的从机地址；　　　　　　R3：存放主机发出的命令；

R4：存放发送的数据块长度；　　　　　　R5：存放接收的数据块长度。

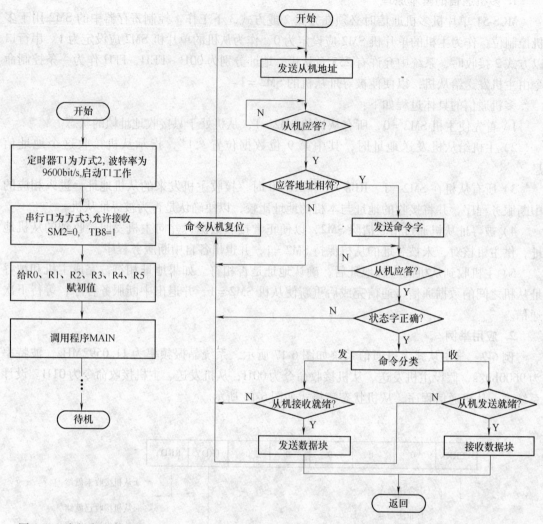

图 6-19　主机主程序流程　　　　　图 6-20　主机通信子程序流程

主机程序如下：

```
        ORG    2000H
START：MOV    TMOD, #20H      ; 定时器 T1 为方式 2
        MOV    TL1, #0FAH      ; 波特率为 9600bit/s
        MOV    TH1, #0FAH
        SETB   TR1             ; 启动定时器 T1 工作
        MOV    PCON, #80H
        MOV    SCON, #0D8H     ; 串行口为方式 3，允许接收，SM2 = 0，TB8 = 1
        MOV    R0, #40H        ; 发送数据块起始地址送 R0
        MOV    R1, #20H        ; 接收数据块起始地址送 R1
        MOV    R2, #SLAVE      ; 被寻址的从机地址送 R2
```

```
        MOV     R3，#00H/01H      ；若为 00H，则主机发命令从机接收
                                 ；若为 01H，则从机发命令主机接收
        MOV     R4，#20          ；发送数据块长度送 R4
        MOV     R5，#20          ；接收数据块长度送 R5
        ACALL   MAIN            ；调用主机通信子程序
        ⋮
        SJMP    $               ；停机
```

主机通信子程序如下：

```
        ORG     2100H
MAIN：  MOV     A，R2            ；从机地址给 A
        MOV     SBUF，A          ；发送从机地址
        JNB     RI，$            ；等待接收从机应答地址
        CLR     RI              ；从机应答后清 RI
        MOV     A，SBUF          ；从机应答地址送 A
        XRL     A，R2            ；地址核对
        JZ      MTXD2           ；如果相符，则跳转至 MTXD2
MTXD1： MOV     SBUF，#0FFH       ；发送从机复位信号
        SETB    TB8             ；地址帧标志送 TB8
        SJMP    MAIN            ；重发从机地址
MTXD2： CLR     TB8             ；准备发送命令
        MOV     SBUF，R3          ；发送数据方向命令
        JNB     RI，$            ；等待从机应答
        CLR     RI              ；从机应答后清 RI
        MOV     A，SBUF          ；从机应答状态字送寄存器 A
        JNB     ACC.7，MTXD3     ；如果校验无错，则命令分类
        SJMP    MTXD1           ；如果校验有错，则再次联络从机
MTXD3： CJNE    R3，#00H，MRXD     ；若为从机发送命令，则转 MRXD
        JNB     ACC.0，MTXD1     ；如果从机接收未就绪，则重新联络
MTXD4： MOV     SBUF，@R0         ；如果从机接收就绪，则开始发送数据
        JNB     TI，$            ；等待发送一帧结束
        CLR     TI              ；发送完一帧后清 TI
        INC     R0              ；寄存器 R0 指向下一个发送的数据
        DJNZ    R4，MTXD4         ；如果数据块还没有发送完毕，则继续发送
        RET
MRXD：  JNB     ACC.1，MTXD1     ；如果是从机发送未就绪，则重新联络
MRXD1： JNB     RI，$            ；如果从机发送就绪，则等待接收完一帧
        CLR     RI              ；接收完一帧后清 RI
        MOV     A，SBUF          ；将接收到的数据送寄存器 A
        MOV     @R1，A            ；数据存入内存
```

```
        INC      R1              ; 接收数据区指针加 1
        DJNZ     R5，MRXD1        ; 如果没有接收完，则继续接收
        RET
        END
```

（3）从机程序设计

从机程序由从机主程序和从机中断服务程序组成，从机主程序用于定时器 T1 初始化、串行口初始化和中断初始化。从机主程序流程图如 6-21 所示。

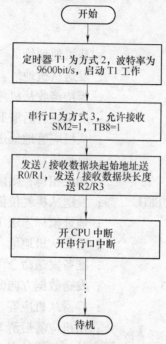

图 6-21　从机主程序流程图

从机主程序如下：

```
        ORG      1000H
START:  MOV      TMOD，#20H        ; 定时器 T1 为方式 2
        MOV      TH1，#0FAH        ; 置定时器计数初值
        MOV      TL1，#0FAH
        SETB     TR1              ; 启动定时器 T1
        CLR      ET1
        MOV      SCON，#0F8H       ; 串行口为方式 3，SM2 = 1，TB8 为 1
        MOV      PCON，#80H
        MOV      R0，#20H          ; 发送数据块起始地址送 R0
        MOV      R1，#40H          ; 接收数据块起始地址送 R1
        MOV      R2，#20           ; 发送数据块长度送 R2
        MOV      R3，#20           ; 接收数据块长度送 R3
        SETB     EA               ; 开 CPU 中断
```

```
SETB    ES              ;允许串行口中断
CLR     RI              ;清 RI
    ⋮
SJMP    $               ;停机
```

从机中断服务程序用于对主机的通信，从机中断子程序流程如图 6-22 所示。由于从机串行口设定为方式 3，SM2 = 1 和 RI = 0，且串行口中断已经开放，因此从机的接收中断总是能被响应，在中断服务程序中，SLAVE 是从机的本机地址，0F0H 为本机发送就绪地址，PSW.5 为本机接收就绪状态位。从机程序中所有寄存器分配如下：

R0：存放发送的数据块起始地址；　　　　R1：存放接收的数据块起始地址；

R2：存放发送的数据块长度；　　　　　　R3：存放接收的数据块长度。

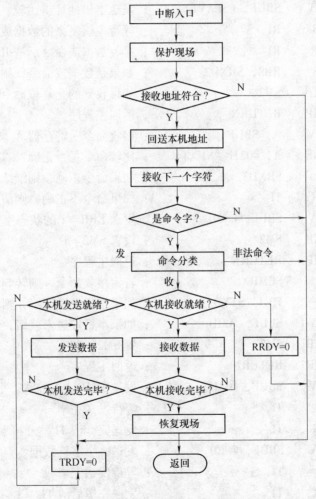

图 6-22　从机中断子程序流程图

从机中断服务程序如下：

```
ORG     0023H
SJMP    SINTSBV                 ;转入从机中断服务程序
ORG     0100H
```

SINTSBV:	CLR	RI	; 接收到地址后清 RI
	PUSH	ACC	; 保护 A 到堆栈
	PUSH	PSW	; 保护状态字 PSW 到堆栈
	MOV	A, SBUF	; 接收到的从机地址送寄存器 A
	XRL	A, #SLAVE	; 与本机地址进行比较
	JZ	SRXD1	; 如果是呼叫本机, 则继续
RETURN:	POP	PSW	; 如果不是呼叫本机, 则恢复 PSW
	POP	ACC	; 恢复 ACC
	RETI		; 中断返回
SRXD1:	CLR	SM2	; 准备接收数据或命令
	MOV	SBUF, #SLAVE	; 发送本机地址供比较
	JNB	RI, $	; 等待主机发来的数据或命令
	CLR	RI	; 接收数据或命令后清 RI
	JNB	RB8, SRXD2	; 如果是数据或命令, 则继续
	SETB	SM2	; 如果收到的是复位命令, 则 SM2 = 1
	SJMP	RETURN	; 返回主程序
SRXD2:	MOV	A, SBUF	; 接收命令送寄存器 A
	CJNE	A, #02H, NEXT	; 比较命令是否正确?
NEXT:	JC	SRXD3	; 如果命令正确, 则继续
	CLR	TI	; 如果命令不正确, 则清 TI
	MOV	SBUF, #80H	; 发送 ERR = 1 的状态字
	SETB	SM2	; 设置 SM2 = 1
	SJMP	RETURN	; 返回主程序
SRXD3:	JZ	SCHRX	; 若为接收命令, 则转 SCHRX
	JB	F0H, STXD	; 如果本机发送就绪, 则转 STXD
	MOV	SBUF, #00H	; 如果本机发送未就绪, 则 TRDY = 0
	SETB	SM2	; 置 SM2 = 1
	SJMP	RETURN	; 返回主程序
STXD:	MOV	SBUF, #02H	; 发送 TRDY = 1 的状态字
	JNB	TI, $	; 等待发送完毕
	CLR	TI	; 发送完, 清 TI
LOOP1:	MOV	SBUF, @ R0	; 发送一个字符数据
	JNB	TI, $	; 等待发送完毕
	CLR	T1	; 发送完毕后清 TI
	INC	R0	; 发送数据块起始地址加 1
	DJNZ	R2, LOOP1	; 如果没有发送完, 则继续发送
	SETB	SM2	; 发送完毕后, 置 SM2 = 1
	SJMP	RETURN	; 返回主程序
SCHRX:	JB	PSW. 5, SRXD	; 如果本机接收就绪, 则开始发送数据

	MOV	SBUF，#00H	；如果本机接收未就绪，则发送 RRDY = 0
	SETB	SM2	；置 SM2 = 1
	SJMP	RETURN	；返回主程序
SRXD：	MOV	SBUF，#01H	；发送状态字 PRDY = 1
LOOP2：	JNB	RI，$	；接收一个字符
	CLR	RI	；接收一个字符后清 RI
	MOV	@ R1，SBUF	；接收到的数据存入内存
	INC	R1	；接收数据块指针加 1
	DJNZ	R3，LOOP2	；如果没有接收完，则继续接收
	SETB	SM2	；接收完毕后，置 SM2 = 1
	SJMP	RETURN	；返回主程序
	END		；结束

6.6　单片机与 PC 的通信接口技术

由于 MCS-51 单片机的串行通信电平是 TTL 电平，而 PC 配置的是 RS-232C 接口，二者的电气规范不一致，因此要进行数据通信，就必须进行电平转换。

6.6.1　RS-232C 接口与单片机的连接

电平转换通常采用 MAXIM 公司生产的 MAX232 芯片，可以把 TTL 电平的 +5V 电压变换成 RS-232C 所需的 ±10V 电压。MAX232 引脚图和 MAX232 与 PC 工作电路原理图如图 6-23、图 6-24 所示，其中 T1IN、T1OUT 表示第 1 路发送通道，R1IN、R1OUT 表示第 1 路接收通道，T2IN、T2OUT 表示第 2 路发送通道，R2IN、R2OUT 表示第 2 路接收通道。

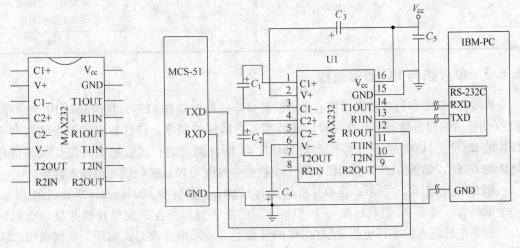

图 6-23　MAX232 引脚图　　　　　　　图 6-24　MAX232 与 PC 工作电路原理图

6.6.2　MAX485E 接口与单片机的连接

RS-485 的数据信号采用差分传输方式（Differential Driver Mode），使用一对双绞线，将其中一根线定义为 A，另一根线定义为 B。A、B 之间的电位差在 +2 ～ +6V 表示一个正逻辑状态；电位差在 −6 ～ −2V 表示一个负逻辑状态。

由于 51 单片机和 PC 都不带 RS-485 接口，如果用 RS-485 标准实现多机通信，需要 RS-232C/RS-485 转换器完成电平转换。常用的芯片是 MAXIM 公司生产的 MAX485 系列，其中 MAX485E 引脚图如图 6-25 所示，51 单片机通过控制 MAX485E 的 $\overline{RE}$ 和 DE 端进行数据的发送和接收，当 $\overline{RE}$ 端为 0 时，MAX485E 处于接收状态，当 DE 端为 1 时，MAX485E 处于发送状态。MAX485E 应用典型电路如图 6-26 所示，引脚功能见表 6-5。

图 6-25　MAX485E 引脚图

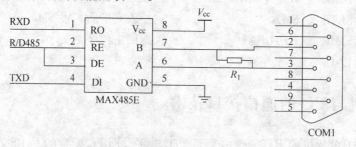

图 6-26　MAX485E 应用典型电路

表 6-5　MAX485E 引脚功能

引脚编号	名　称	功　能	引脚编号	名　称	功　能
1	RO	接收器输出	5	GND	地
2	$\overline{RE}$	接收器输出允许	6	A	接收器非反向输入 驱动器非反向输出
3	DE	驱动器输出允许	7	B	接收器反向输入 驱动器反向输出
4	DI	驱动器输入	8	Vcc	工作电源

6.6.3　单片机与 PC 通信编程

PC 的 RS232 串行通信接口核心是可编程异步通信控制器 8250，它内部有 10 个寄存器。8250 的通信编程步骤通常是首先设定波特率，然后写控制字，传送数据时先查状态寄存器 LSR 的 D_5 位，只有在发送保持寄存器 THRE = 1 时才能发送；接收数据时先查状态寄存器 LSR 的 D_1 位，如果 OE = 1 说明已收到一个数据，这时可以从接收缓冲器读入数据。

例 6-8　如图 6-24 所示，设单片机晶振为 12MHz，波特率 1200bit/s，单片机的 P1 口接一个数码管，要求 PC 键盘每按一个 "0 ～ 9" 的数字键都能发送到单片机并显示在数码管上，而单片机发送的字符也能显示在 PC 的屏幕上，请采用查询方式编程。本例采用 C51 编程，有关 C51 程序设计的方法将在第 7 章介绍。

1. 51 单片机的接收发送程序如下：

```
# include < reg51. h >
# define uchar unsigned char
```

```c
uchar txt1[20] = {"HELLO CHINA"}              /*单片机发送的字符串
uchar txt2[10] = {0x3f,0x06,0x5b,0x4f,0x66,0x6d,0x7d,0x07,0x7f,0x6f}   /*数码管显示
                                                                        字形表*/

void main()
{
    uchar i,j;
    TMOD = 0x20;                              /*定时器 T1 定义为模式 2*/
    TL1 = 0x0E6;
    TH1 = 0x0E6;                              /*波特率置初值*/
    TR1 = 1;
    SCON = 0x50;                              /*设置为串行口工作方式 1*/
    PCON = 0;
    P1 = 0x3f;                                /*数码管显示 0*/
    while(1)                                  /*循环开始*/
    {
        while(!RI);                           /*RI=0 等待*/
        RI = 0;                               /*清 RI*/
        i = SBUF;                             /*开始接收*/
        i = i&0x0f;                           /*保留低 4 位*/
        P1 = txt2[i];                         /*发送显示字形码到 P1 口*/
        for (j=0;j<200;j++);                  /*延时*/
        SBUF = txt1[i];                       /*取 txt1 字符串中第 i 个字符发送*/
        while(!TI);
        TI = 0;
    }
}
```

2. PC 串行通信主程序（采用 TURBO C 编程）

```c
#include <graphics.h>
#include <stdio.h>
#include <process.h>
#include <stdlib.h>
void port();                                  /*8250 初始化*/
{
    outportb(0x3FB,0x80);                     /*选择波特率除数锁存器*/
    outportb(0x3F8,0x60);                     /*设置波特率为 1200bit/s,送波
                                                特率除数锁存器的低 8 位*/

    outportb(0x3F9,0x00);                     /*送波特率除数锁存器的高 8
                                                位*/
    outportb(0x3FB,0x03);                     /*数据帧格式为 8 位,包含 1
```

```
                                                  位停止位,无校验位 */
}
void char send(unsigned char s);              /* 发送函数 */
{
        unsigned char a;
        outportb(0x3F8,s);                    /* 发送 s */
    loop1: a = inportb(0x3FD);                /* 检测发送寄存器是否为空? */
        a = a&0x20;
        if {a==0} goto loop1;
}
unsigned char receive();                      /* 接收函数 */
{
        unsigned char b;
loop2: b = inportb(0x3FD);                    /* 读状态寄存器 */
    b = b&0x01;                               /* 检测是否准备好接收数据 */
    if {b! =1} goto loop2;                    /* 未准备好,继续等待 */
    else
    {
      b = inportb(0x3F8);                     /* 接收数据 */
      return(b);                              /* 返回接收的数据 */
    }
}
void main ( )                                 /* 主函数 */
{
    int i;
    unsigned char c,d;
    port();                                   /* 初始化 8250 */
    puts("PC USE COM1 1200BPS,Press "E" to exit");  /* PC 屏幕显示提示信息 */
    puts("MCS51 fosc = 12MHZ");
    puts("input (0-9)");
    while(1)                                  /* 循环执行后面的程序 */
    {
        c = getchar();                        /* 将键盘输入送到 c */
        if ( c ==69)                          /* 如果是"E",则退出 */
        exit(0);                              /* 返回 DOS */
        else
        {
            if ( c > =0x30)&& c < =0x39)      /* 判断键盘输入是否为 0~9 */
            {
```

```
        send(c);                    /*发送按键的 ASCII 码*/
        d = receive();              /*将接收到的字符存于 d*/
        puts("MCS51 send <HELLO CHINA>');
        printf("        %c\n",d);    /*显示接收到的字符*/
        for (i = 1;i < 2000;i ++ );  /*延时*/
            }
        }
    }
}
```

本 章 小 结

　　MCS-51 单片机中的串行接口是一个全双工通信接口，能同时进行发送和接收，有 4 种工作方式。它可以作 UART（通用异步接收和发送器）用，也可以作同步移位寄存器用。通过对特殊功能寄存器 SCON 及 PCON 的设置，可以对串行通信方式进行设置；对定时/计数器的功能灵活设置，可改变串行通信波特率。针对单片机与 PC 的通信接口的应用分别介绍了 MAX232C 和 MAX485E 与单片机的连接，最后通过一个完整的实例说明了单片机与 PC 的通信接口的编程过程。

思考题与习题

　　6-1　串行通信和并行通信各有哪些特点？它们分别适用于哪些场合？

　　6-2　MCS-51 单片机的串行口由哪些功能部件组成？各有什么作用？

　　6-3　MCS-51 串行口接收和发送数据的工作原理是什么？

　　6-4　MCS-51 串行口有几种工作方式？各工作方式的波特率如何确定？

　　6-5　设某应用系统以 9600bit/s 的波特率进行双机通信，选用定时模式、工作方式 2，请计算出定时计数常数，并写出相应初始化程序。

　　6-6　设计一个 51 单片机的双机通信系统，设两机的波特率 9600bit/s，f_{osc} = 11.0592MHz，以查询方式编写程序将甲机片内 RAM 30H~5FH 单元的数据块，通过串行口传送到乙机片内 RAM 40H~6FH 单元中去。

第7章 单片机 C 语言程序设计与应用

单片机常用的程序设计语言有两种：汇编语言和 C 语言。汇编语言有占用系统资源少、代码紧凑、程序执行效率高的优点，但也有程序可读性、可移植性差等缺点。随着单片机应用系统的日趋复杂，要求所设计的代码规范化、模块化、通用性强、易于移植，汇编语言作为传统的单片机编程语言，已经不能满足这样的需要了，而 C 语言则克服了汇编语言的不足之处。随着单片机硬件性能的不断提升，尤其是片内存储器容量的增大和时钟工作频率的提高，为 C 语言在单片机中的应用创造了有利的条件。本章主要介绍 MCS-51 单片机的 C 语言程序设计（C51）的基本数据类型、存储类型、C51 的特点、编程基础及基本的程序设计方法。

7.1 C51 的特点及其结构

C 语言是一种通用的计算机程序设计语言，既可编写计算机的系统程序，也可以编写一般的应用程序。以前计算机的系统软件主要用汇编语言编写，单片机应用系统更是如此。由于汇编语言程序的可读性和可移植性都较差，采用汇编语言编写单片机应用程序不但周期长，而且调试和排错也比较困难。为了提高单片机应用程序设计的效率，改善程序的可读性和可移植性，采用 C 语言是一种好的选择。C51 符合 ANSI 标准，具有以下特点：

1）支持 9 种基本数据类型，其中包括 32 位长的浮点类型。

2）变量可存放在不同类型的存储空间中。

3）支持直接采用 C 语言编写 8051 单片机的中断服务程序。

4）充分利用 8051 工作寄存器组。

5）可以保留源程序中的所有符号、类型信息，调试方便。

C51 程序结构与标准的 C 语言程序结构相同，也是采用函数结构。函数由函数说明和函数体两部分组成，一个程序由一个或多个函数组成，其中有且只能有一个主函数 main( )，主函数是程序的入口，在主函数中调用库函数和用户定义的函数，主函数中的所有语句执行完毕，则程序结束。

用 C51 语言设计的程序的基本结构如下：

```
#include <头文件>          /*预处理命令*/
char fun1( );             /*函数声明*/
void fun2( );
void main( )              /*主函数*/
  {
      主函数体…
  }
char fun1( )              /*功能函数1*/
```

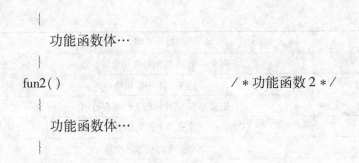

```
    {
        功能函数体…
    }
    fun2( )                                    /* 功能函数 2 */
    {
        功能函数体…
    }
```

7.2　C51 语言的编程基础

7.2.1　C51 语言中的常用标识符和关键字

C51 标识符的意义及用途与 ANSI C 相同，是用来标识源程序中某个对象名字的。这些对象可以是函数、变量、常量、数组、数据类型、存储方式、语句等。标识符的定义非常灵活，但要遵循以下几个规则：

1）标识符必须由字母（a~z，A~Z）或下划线"_"开头。

2）标识符的其他部分可以由字母、下划线或数字（0~9）组成。

3）标识符是区分大小写的。

4）标识符的长度不能超过 32 个字符。

5）标识符不能使用 C51 的关键字。

关键字是已定义的具有固定名称和特定含义的特殊标识符，又称为保留字。它们具有固定的名称和含义，在使用 C51 编写程序时，用户命名的标识符不能与关键字相同，在 C51 中的关键字除了 ANSI C 标准中的 32 个关键字外还根据 51 单片机的特点扩展了相关的关键字，C51 扩展的关键字见表 7-1。

表 7-1　C51 扩展的关键字

关键字	用　　途	说　　明
_ at _	地址定位	为变量进行存储器绝对空间地址定位
alien	函数属性声明	用以声明与 PL/M51 兼容函数
bdata	存储器类型说明	可位寻址的 8051 内部数据存储器
data	存储器类型说明	直接寻址的 8051 内部数据存储器
idata	存储器类型说明	间接寻址的 8051 内部数据存储器
pdata	存储器类型说明	分页寻址的 8051 外部数据存储器
xdata	存储器类型说明	8051 外部数据存储器
code	存储器类型说明	8051 程序存储器
compact	存储器模式	指定使用 8051 外部分页寻址数据存储器空间
large	存储器模式	指定使用 8051 外部数据存储器空间
small	存储器模式	指定使用 8051 内部数据存储器空间
sfr	特殊功能寄存器声明	声明一个特殊功能寄存器(8 位)

（续）

关键字	用　途	说　明
sfr16	特殊功能寄存器声明	声明一个 16 位的特殊功能寄存器
interrupt	中断函数声明	定义一个中断函数
using	寄存器组定义	定义 8051 单片机的工作寄存器组
reentrant	再入函数声明	定义一个再入函数
sbit	位变量声明	声明一个可位寻址变量
bit	位变量声明	声明一个位标量或位类型的函数
_ priority _	多任务优先级声明	规定 RTX51 或 RTX51TINY 的任务优先级
_ task _	任务声明	定义实时多任务函数

此外，下列标识符虽然不属于关键字，但由于它们属于预处理命令，用户不要在程序中随便使用，这些标识符包括 define、undef、include、ifdef、ifndef、endif、line、elif。

7.2.2　C51 语言中的数据类型

C51 具有 ANSI C 的所有标准数据类型。基本数据类型有 char、int、short、long、float、double 等。对于 C51 编译器来说，short 型与 int 型相同，double 型与 float 型相同。针对 MCS-51 系列单片机，C51 扩展了 bit、sfr、sfr16、sbit 等特殊数据类型。C51 的数据类型见表 7-2。

表 7-2　C51 的数据类型

数 据 类 型		长　度	取 值 范 围
字符型	unsigned char	单字节	0 ~ 255
	signed char	单字节	- 128 ~ 127
整型	unsigned int	双字节	0 ~ 65535
	signed int	双字节	- 32768 ~ 32767
长整型	unsigned long	4 字节	0 ~ 4294967295
	signed long	4 字节	- 2147483648 ~ 2147483647
浮点型	float	4 字节	$\pm 1.175494E - 38 \sim \pm 3.402823E + 38$
指针型	*	1 ~ 3 字节	对象的地址
位型	bit	位	0 或 1
	sbit	位	0 或 1
访问特殊功能寄存器	sfr16	双字节	0 ~ 65535
	sfr	单字节	0 ~ 255

7.2.3　C51 的常量和变量、存储器类型及存储区

常量是指在程序执行过程中其值不能改变的量。C51 支持整型常量、浮点型常量、字符型常量和字符串型常量。而变量是指在程序运行过程中其值可以改变的量。与 ANSI C 一样，在 C51 中，变量必须先定义再使用，定义时须指出该变量的数据类型和存储模式，以便编

译系统为它分配相应的存储空间。在 C51 中，变量名与变量值的使用规则与 ANSI C 相同。除此之外，C51 中，还使用了两个与单片机相关的变量。

1. 特殊功能寄存器变量（sfr、sfr16）

8051 单片机片内有许多特殊功能寄存器，通过这些特殊功能寄存器可以控制单片机的定时器、计数器、串行口、I/O 及其他内部功能部件，每一个特殊功能寄存器在单片机片内 RAM 中都对应着一个字节单元或两个字节单元。

在 C51 中，允许用户对这些特殊功能寄存器进行访问，访问时需先通过关键字 sfr 或者 sfr16 对特殊功能寄存器进行定义，并在定义时指明它们所对应的片内 RAM 单元的地址，定义格式如下：

sfr 特殊功能寄存器名 = 地址

sfr16 特殊功能寄存器名 = 地址

其中，sfr 用于对 51 系列单片机中单字节地址的特殊功能寄存器进行定义，如 I/O 口 P0、P1、P2、P3、程序状态字（PSW）等；sfr16 则用于对双字节地址的特殊功能寄存器进行定义，如 DPTR 寄存器。例如：

sfr P0 = 0x80；　　　　　/ ∗ 定义 P0 口 ∗ /

sfr SCON = 0x98；　　　　/ ∗ 定义串行口控制寄存器 ∗ /

sfr16 DPTR = 0x82；　　　/ ∗ 定义数据指针 ∗ /

2. 位变量（bit、sbit）

在 C51 中，允许用户通过位类型符定义位变量。位类型符有两个，即 bit 和 sbit，可以定义两种位变量。

bit 位类型符用于定义一般的可位处理位变量，格式如下：

bit 位变量名

sbit 位类型符用于定义可位寻址字节或特殊功能寄存器中的位，定义时需要指明其位地址，可以是位直接地址，也可以是可位寻址变量带位号，还可以是特殊功能寄存器（SFR）名带位号，格式如下：

sbit 位变量名 = 地址值

sbit 位变量名 = SFR 名称^变量位地址值

sbit 位变量名 = SFR 地址值^变量位地址值

如可以用以下三种方法定义 PSW 中的溢出位 OV：

sbit OV = 0xd2；　　　　　/ ∗ sbit 位变量名 = 地址值 ∗ /

sbit OV = PSW^2；　　　　/ ∗ sbit 位变量名 = SFR 名称^变量位地址值 ∗ /

sbit OV = 0xD0^2；　　　　/ ∗ sbit 位变量名 = SFR 地址值^变量位地址值 ∗ /

为了方便使用，C51 编译器把 8051 单片机的常用的特殊功能寄存器和特殊位进行了定义，放在一个名为 reg51. h 的头文件中，用户要使用时，只需在用户程序的起始处使用预处理命令 "#include < reg51. h >" 把这个头文件包含到用户程序来即可。需要注意的是不同版本的编译器该头文件的名字和内容可能会稍有差异，使用时请稍加留意。

存储器类型是用来指明变量所处的单片机的存储器区域。C51 编译器对于程序存储器提供存储器类型标识符 code，用户的应用程序以及各种表格常数被定位在 code 空间。数据存储器 RAM 用于存放各种变量，通常应尽可能将变量存放在片内 RAM 中以加快操作速度。

C51 对于片内 RAM 提供 3 种存储器类型标识符：data、idata、bdata。对于片外 RAM，C51 提供两个存储器类型标识符：xdata 和 pdata。C51 能够识别的存储器类型见表 7-3。

表 7-3　C51 存储器类型

存储器类型	说　　明
code	64KB 程序存储器
data	直接寻址的片内数据存储器(128B)，地址范围:0x00~0x7F，访问速度快
idata	间接寻址的片内数据存储器(256B)，地址范围:0x00~0xFF
bdata	可位寻址的片内数据存储器(16B)，地址范围:0x20~0x2F
xdata	片外数据存储器(64KB)
pdata	分页寻址的片外数据存储器(256B)

如果在定义变量时没有明确指出该变量的存储器类型，则按 C51 编译器采用的编译模式来确定变量的默认存储器空间。C51 提供三条编译模式控制命令：SMALL、COMPACT、LARGE。

7.2.4　绝对地址访问

在 C51 中，既可以通过变量的形式访问 51 系列单片机的存储器，也可以通过绝对地址来访问存储器，对于绝对地址，访问形式有以下三种：

1. 使用 C51 运行库中的预定义库

C51 编译器提供了一组宏定义来对 51 系列单片机的存储器空间进行绝对寻址，并规定只能以无符号数方式来访问。定义了以下 8 个宏定义，函数原型如下：

```
#define CBYTE ((unsigned char volatile code  * ) 0)
#define DBYTE ((unsigned char volatile data  * ) 0)
#define PBYTE ((unsigned char volatile pdata  * ) 0)
#define XBYTE ((unsigned char volatile xdata  * ) 0)
#define CWORD ((unsigned int volatile code  * ) 0)
#define DWORD ((unsigned int volatile data  * ) 0)
#define PWORD ((unsigned int volatile pdata  * ) 0)
#define XWORD ((unsigned int volatile xdata  * ) 0)
```

上述宏定义用来对 51 系列单片机的存储器空间进行绝对地址访问，可以作为字节寻址。CBYTE 寻址 code 区，DBYTE 寻址 data 区，PBYTE 寻址分页 pdata 区，XBYTE 寻址 xdata 区。

上述函数原型放在 C51 的库函数 absacc. h 中，使用时只需要使用预处理命令#include < absacc. h > 把它包含到文件中即可使用，例如：

```
#include < reg51. h >          / * 文件包含 * /
#include  < absacc. h >        / * 库函数 * /
void main( )
{
    unsigned char var1 ;       / * 变量定义 * /
    unsigned int var2 = 0 ;
```

```
var1 = XBYTE[0x0008];      /*将片外 RAM 的 0008 字节单元内容赋给变量 var1 */
XWORD[0x0007] = var2;      /*将变量 var2 放到片外 RAM 的 0007 开始的单元*/
}
```

2. 使用 C51 扩展关键字_ at _

使用关键字_ at _对指定的存储器空间的绝对地址进行访问,一般格式如下:

[存储类型] 数据类型　变量名　_ at _ 地址常数

其中,存储器类型为 data 、bdata 、idata 、pdata、xdata 之一,如果省略则按存储器模式规定的默认存储器类型确定变量的存储器区域;数据类型为 C51 支持的数据类型;地址常数用于指定变量的绝对地址,必须位于有效的存储器空间之内;使用_ at _定义的变量必须为全局变量。例如:

```
unsigned char data x _ at _ 0x0040;      /*在 data 区中定义字节变量,地址为 40H */
unsigned int xdata y _ at _ 0x2000;      /*在 xdata 区中定义字变量,地址为 2000H */
void main()
{
    x = 0xff;                   /*将数据 0xff 赋给变量 x */
    y = 0x1234;                 /*将数据 0x1234 赋给变量 y */
    while(1)
    {
        ;
    }
}
```

3. 使用指针访问

利用基于存储器的指针也可以指定变量的存储器绝对地址,方法是先定义一个基于存储器的指针变量,然后对该变量赋以存储器绝对地址值。例如:

```
void main ( )
{
    unsigned char xdata *xdp;      /*定义一个指向 XDATA 存储器空间的指针*/
    char data *dp;                 /*定义一个指向 DATA 存储器空间的指针*/
    unsigned char idata *idp;      /*定义一个指向 IDATA 存储器空间的指针*/
    xdp = 0x50;                    /* xdp 指向片外 RAM 的 50H 单元*/
    dp = 0x60;                     /*dp 指向片内 RAM 的 50H 单元*/
    idp = 0x70;                    /*idp 指向片内 RAM 的 70H 单元*/
    *xdp = 0x10;                   /*将 10H 送往片外 RAM 的 50H 单元*/
    *dp = 0x20;                    /*将 20H 送往片内 RAM 的 60H 单元*/
    *idp = 0x30;                   /*将 10H 送往片内 RAM 的 70H 单元*/
}
```

7.2.5　C51 语言常用运算符

运算符是完成某种特定运算的符号, C51 语言的运算符可分为赋值运算符、算术运算符、关系运算符、逻辑运算符、位运算符、复合赋值运算符、指针和地址运算符、强制类型转换运算符和 Sizeof 运算符。按其在表达式中与运算对象的关系，又可分为单目运算符、双目运算符和多目运算符。单目运算符只有一个操作数，双目运算符有两个操作数，多目运算符则有多个操作数。

1. 赋值运算符

赋值运算符"="的作用是将一个数据的值赋给一个变量，利用赋值运算符将一个变量与一个表达式连接起来的式子称为赋值表达式，在赋值表达式的后面加一个分号";"便构成了赋值语句，赋值语句的格式如下：

变量 = 表达式；

该语句的意义是先计算右边表达式的值，然后将该值赋给左边的变量。上式中的表达式还可以是一个赋值表达式，允许进行多重赋值。例如：

x = 9;　　　　/*将常数 9 赋给变量 x*/
x = y = 8;　　/*将常数 8 同时赋给变量 x 和 y*/

都是合法的赋值语句。在使用赋值运算符"="时应注意不要与关系运算符"=="（两个等号）相混淆，运算符"="用来给变量赋值，运算符"=="用来进行相等关系运算。

2. 算术运算符

基本的算术运算符见表 7-4。

表 7-4　基本的算术运算符

操作符	运算符类型	运算符功能	操作符	运算符类型	运算符功能
+	双目	加法运算	%	双目	取余运算
−	双目	减法运算	++	单目	自加运算
*	双目	乘法运算	−−	单目	自减运算
/	双目	除法运算			

注意，增量运算（自加运算）符"++"和减量运算（自减运算）符"−−"只能用于变量，不能用于常数或表达式。

3. 关系运算符

C51 语言中有 6 种关系运算符见表 7-5。

表 7-5　关系运算符

操作符	运算符类型	运算符功能	操作符	运算符类型	运算符功能
>	双目	大于	>=	双目	大于等于
<	双目	小于	<=	双目	小于等于
==	双目	等于	!=	双目	不等于

4. 逻辑运算符

逻辑运算符用来求某个条件表达式的逻辑值，C51 语言中有 3 种逻辑运算符见表 7-6。

表 7-6　逻辑运算符

操作符	运算符类型	运算符功能
||	双目	逻辑或
&&	双目	逻辑与
!	双目	逻辑非

5. 位运算符

能对运算对象进行按位操作是 C 语言的一大特点，正是由于这一特点使 C 语言具有了汇编语言的一些功能，从而使之能对计算机的硬件直接进行操作。C51 语言中共有 6 种位运算符，见表 7-7。

表 7-7　位 运 算 符

操作符	运算符类型	运算符功能	操作符	运算符类型	运算符功能
~	双目	按位取反	|	双目	按位或
&	双目	按位与	<<	双目	左移
^	双目	按位异或	>>	双目	右移

6. 复合赋值运算符

在赋值运算符"="的前面加上其他运算符，就构成了复合赋值运算符，见表 7-8。

表 7-8　复合赋值运算符

操作符	运算符类型	运算符功能	操作符	运算符类型	运算符功能
+ =	双目	加法赋值	& =	双目	逻辑与赋值
- =	双目	减法赋值	| =	双目	逻辑或赋值
* =	双目	乘法赋值	~ =	双目	逻辑非赋值
/ =	双目	除法赋值	^ =	双目	逻辑异或赋值
<< =	双目	左移位赋值	% =	双目	取模赋值
>> =	双目	右移位赋值			

7. 指针和地址运算符

在 C 语言的数据类型中专门有一种指针类型。变量的指针就是该变量的地址，还可以定义一个指向某个变量的指针变量。为了表示指针变量和它所指向的变量地址之间的关系，C 语言提供了取内容运算符 * 和取地址运算符 &。一般形式为变量 = * 指针变量；指针变量 = & 目标变量。取内容运算的含义是将指针变量所指向的目标变量的值赋给左边的变量；而取地址运算的含义是将目标变量的地址赋给左边的指针变量。

8. 强制类型转换运算符

强制类型转换运算符"（ ）"的作用是将表达式或变量的类型强制转换成为所指定的类型。强制类型转换运算符的一般使用形式为：（类型）表达式。

9. sizeof 运算符

用于求取数据类型、变量及表达式的字节数的运算符 sizeof，该运算符的一般使用形式为：sizeof（表达式）或 sizeof（数据类型）。

7.3　C51 语言程序设计

7.3.1　C51 语句和程序结构

1. 程序的基本结构

C 语言程序是由若干条语句组成, 语句以分号结束。C 语言是一种结构化程序设计语言, 从结构上可以把程序分为顺序结构、分支结构和循环结构。

C51 语言中, 有一组相关的控制语句, 用来实现分支结构与循环结构:

分支控制语句 if、switch、case;

循环控制语句 for、while、do…while、goto。

2. 顺序结构程序的设计

例 7-1　片内 RAM 的 30H 单元存放着一个 0 ~ 9 之间的数, 用查表法, 求出该数的平方值并放入片内 RAM 的 31H 单元。

C51 语言实现程序如下:

```
void main( )
  {
    char data x, * p;                               / * 定义变量 * /
    char code tab[10] = {0,1,4,9,16,25,36,49,64,81};/ * 平方数存放在片内程序存储器 * /
    p = 0x30;                                        / * 指向片内 RAM30H 单元 * /
    x = tab[ * p];                                   / * 访问数据 * /
    p ++ ;                                           / * 指向 31H 单元 * /
    * p = x;                                         / * 保存在 31H 单元 * /
}
```

例 7-2　使用 C51 编程实现 a * b, b * c, b/c, b%c 运算, 其中 a = 45, b = 1000, c = 300。

对于单 (多) 字节数乘除法, 使用 C51 语言编程的时候需要注意数据类型的数值范围。程序如下:

```
void main( )
  {
    unsigned char a,p,q;        / * 无符号字符型 * /
    unsigned int b,c,m;         / * 无符号整型类型 * /
    unsigned long i;            / * 无符号长整型类型 * /
    a = 45;
    b = 1000;
    c = 300;
    m = a * b;
    i = (long)b * c;            / * 结果超出数值范围,需进行类型转换 * /
    p = b/c;                    / * 商 * /
```

```
    q = b % c;                                    /*余数*/
    }
```

3. 循环结构程序的设计

循环控制语句（又称重复结构），是程序中的另一个基本结构。在 C 语言中用来构成循环控制语句的有 while 语句、do while 语句、for 语句和 goto 语句。

例 7-3　编程将片内 30H ~ 39H 单元的数据传送到片外 RAM 的 1000H ~ 1009H 单元中。
C51 语言实现程序：

```
#include < absacc. h >                          /*存储器访问*/
#define a 0x30                                  /*片内 RAM 首地址*/
#define b 0x1000                                /*片外 RAM 首地址*/
void main ( )
    {
        unsigned char i;
        for ( i = 0; i < 10; i ++ )
            XBYTE[ b + i ] = DBYTE[ a + i ];    /*数据传送*/
    }
```

4. 分支结构程序的设计

分支结构是一种基本的结构，其基本特点是程序的流程由多路分支组成，在程序的一次执行过程中，根据不同的情况，只有一条支路被执行，而其他分支上的语句被直接跳过。

C 语言的分支选择语句有以下几种形式：

（1）if（条件表达式）语句

其含义是：若条件表达式的结果为真（非 0 值），就执行后面的语句；反之，若条件表达式的结果为假（0 值），就不执行后面的语句。

（2）switch（表达式）

```
    {
        case 常量表达式 1:语句 1
                        break;
        case 常量表达式 2:语句 2
                        break;
        …
        case 常量表达式 n:语句 n
                        break;
        default:        语句 n + 1
    }
```

执行过程是：将 switch 后面表达式的值与 case 后面各个常量表达式的值逐个进行比较，如相等，就执行相应的 case 后面的语句，然后执行 break 语句。break 语句又称间断语句，它的功能是终止当前语句的执行，使程序跳出 switch 语句。如无相等的情况，则执行 default 后面的语句。其中常量表达式一般为整型、字符型或者枚举类型，而且所有的常量表达式的值不能相同。

例7-4 片内 RAM 的 30H 单元存放着一个有符号数 x，函数 y 与 x 有以下关系式：

$$y = \begin{cases} 2x & x=1 \\ x & x=-1 \\ 0 & x=0 \end{cases}$$

编程实现该函数。

假设 y 存放于片内 31H 单元，C51 程序如下：

```
void main( )
{
    char x, * p, * y;
    p = 0x30;
    y = 0x31;
    x = * p;
    switch( x)
        {
        case 0:
            * y = 0;break;
        case 1:
            * y = 2 * x;break;
        case -1:
            * y = -x;break;
        default:break;
        }
}
```

7.3.2 C51 语言中常用库函数

C51 编译器的运行库中含有丰富的库函数，使用库函数可以简化程序设计工作，提高工作效率。由于 51 系列单片机本身的特点，某些库函数的参数和调用格式与 ANSI C 标准有所不同。每个库函数都在相应的头文件中给出了函数原型声明，用户如果需要使用库函数，必须在源程序的开始处采用编译预处理命令#include 将有关的头文件包含进来。C51 的库函数又分为本征库函数和非本征库函数。

C51 提供的本征函数是指编译时直接将固定的代码插入当前行，而不是用 ACALL 和 LCALL 语句来实现，这样就大大提供了函数访问的效率，而非本征函数则必须由 ACALL 及 LCALL 调用。C51 的本征库函数只有 9 个，见表 7-9。

表 7-9 C51 的本征库函数

函数名称及定义	函数功能说明
extern unsigned char _crol_(unsigned char val, unsigned char n)	将 VAL 循环左移 n 位
extern unsigned char _irol_(unsigned int val, unsigned char n)	将 VAL 循环左移 n 位
extern unsigned char _lrol_(unsigned long val, unsigned char n)	将 VAL 循环左移 n 位

（续）

函数名称及定义	函数功能说明
extern unsigned char _cror_(unsigned char val, unsigned char n)	将 VAL 循环右移 n 位
extern unsigned char _iror_(unsigned int val, unsigned char n)	将 VAL 循环右移 n 位
extern unsigned char _lror_(unsigned long val, unsigned char n)	将 VAL 循环右移 n 位
extern unsigned char _chkfloat_(float ual)	测试并返回源点数状态
extern bit _testbit_(bit bitval)	测试该位变量并跳转同时清除
extern void _nop_(void)	相当于插入汇编指令 NOP

如果要使用本征函数，在程序中使用#include < intrins. h > 这条语句即可。

在使用 C51 进行程序设计时，还经常使用以下非本征库函数。

1）专用寄存器头文件。51 系列单片机有不同的生产厂家，有不同的系列产品，如仅 ATMEL 公司就有 AT89C2051、AT89C51/52、AT89S51/52 等。它们都是基于 8051 系列的芯片，唯一不同之处在于内部资源，如定时器、中断、I/O 等数量以及功能的不同。为了实现这些功能，只需将相应的功能寄存器的头文件加载在程序中即可。另外，在使用头文件的时候，要注意所使用的单片机的生产厂家和所使用的 Keil μVsion 版本，因为不同厂家和不同版本的 Keil μVsion 下的头文件的内容会有所不同。如在 Keil μVsion 4 中，ATMEL 公司的 AT89x051. H 头文件中已经包含了 P0 ~ P3 I/O 端口的位定义，用户在使用时，只需在程序开头使用语句：#include < AT89x051. H > 把头文件包含进来，在主程序中无需再进行位定义。而如果使用的是其他单片机，则可能需要进行位定义。

2）绝对地址访问文件 absacc. h。该文件包含了允许直接访问 8051 不同存储区的宏定义，以确定各存储空间的绝对地址。通过包含此头文件，可以定义直接访问扩展存储器的变量。

3）动态内存分配函数，位于 stdlib. h 头文件中。

4）输入输出流函数，位于头文件 stdio. h 中。流函数通过 8051 的串行口或用户定义的 I/O 口读写数据，默认为 8051 串行口。

7.3.3 C51 语言程序常用编译预处理命令

在 C 编译器系统对程序进行编译之前，先要对这些程序进行预处理。然后再将预处理的结果和源程序一起进行正常的编译处理得到目标代码。常用的预处理命令有宏定义、文件包含及条件编译。通常的预处理命令都用"#"开头。例如：

#include < math. h >

#define flag 1

1. 宏定义

宏定义，即#define 指令，它的作用是用一个字符串来进行替换。这个字符串既可以是常数，也可以是其他任何字符串，宏定义又分为带参数的宏定义和不带参数的宏定义。

（1）不带参数的宏定义

不带参数的宏定义又称符号常量定义，是指用一个指定的标识符来表示一个字符串，表示形式如下：

#define 标识符   常量表达式

其中，标识符是所定义的宏符号名，它的作用是在程序中使用所指定的标识符来代替所指定的常量表达式。例如：

#define　PI3. 1415926

宏定义后，PI 作为一个常量使用，在预处理时将程序中的 PI 替换为 3. 1415926。所以使用不带参数的宏定义可以减少程序中的重复书写，且可以提高程序的可读性。

（2）带参数的宏定义

带参数的宏定义不是进行简单的字符串替换，还要进行参数替换。其定义的形式如下：

#define 宏名（形参）字符串

例如：

#define M（x, y）x∗y

宏定义后，程序中可以使用宏名，并将形参换成实参。如：

area = M（5, 4）；

预处理时将换成 area = 5 ∗ 4。

2. 文件包含

文件包含是指一个程序文件将另外一个指定文件的全部内容包含进来，作为一个整体进行编译。文件包含命令的一般格式如下：

#include "文件名" 或 #include < 文件名 >

文件包含命令#include 的功能是将指定文件的全部内容替换该预处理行。在进行较大规模程序设计时，文件包含命令是十分有用的。为了模块化编程的需要，可以将 C 语言程序的各个功能函数分散到多个程序文件中，分别由若干人员完成编程，然后再用#include 命令将它们嵌入到一个总的程序文件中去。

还可以将一些常用的符号常量、带参数的宏以及构造类型的变量等定义在一个独立的文件中，当某个程序需要时再将其包含进来，从而可以减少重复劳动，提高程序的编制效率。

C51 提供了丰富的库函数和相应的头文件，只需用#include 命令包含了相应的库函数和头文件，就可以使用库函数中定义的函数或者头文件中定义的寄存器。

7.3.4　C51 程序的常用仿真调试工具

Keil μVision 是目前比较流行的基于 Windows 的兼容51 系列单片机的 C 语言集成开发系统，是目前最流行的 51 系列单片机开发软件，该软件提供了一个集成开发环境（Integrated Development Environment，IDE），它包括 C 编译器、宏汇编、链接器、库管理和一个功能强大的仿真调试器。将程序编辑、编译、汇编、链接、调试等各阶段都集成在一个环境中。该软件已成为使用 C51 开发单片机系统的首选。

7.4　C51 程序应用举例

7.4.1　并行输入/输出口

例7-5　8 只发光二极管在圆周上均匀分布，控制原理图如图 7-1 所示，编写控制程序实现单一发光点的顺转和逆转，点亮间隔为 50ms，重复循环。

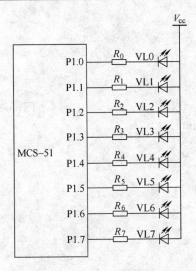

图 7-1　例 7-5 控制原理图

汇编语言实现程序如下：

```
             ORG    0000H
             LJMP   MAIN
             ORG    0030H
MAIN:        CLR    C                ;发光二极管共阳接法，"0"使发光二极管亮
             MOV    A, #11111111B    ;全灭
             MOV    R7, #8H          ;左移次数
LOOP1:       RLC    A                ;左移
             MOV    P1, A            ;输出控制
             ACALL  DELAY1S          ;延时 1s
             DJNZ   R7, LOOP1
             MOV    R7, #7 H         ;右移次数
LOOP2:       RRC    A                ;右移
             MOV    P1, A            ;输出控制
             ACALL  DELAY1S
             DJNZ   R7, LOOP2
             MOV    R7, #7H
             AJMP   LOOP1            ;重复
DELAY1S:     MOV    R6, #4H          ;延时 1s 的子程序，fosc=12MHz
DL1:         MOV    R5, #251
DL2:         MOV    R4, #248
DL3:         NOP
             NOP
             DJNZ   R4, DL3
             DJNZ   R5, DL2
             DJNZ   R6, DL1
```

```
                RET
                END
C51 语言实现程序如下：
    #include "reg51. h"
    #include "intrins. h"                          /* 内部库函数 */
    #define uint unsigned int
    void delay(uint time)
        {
            while( -- time) ;
        }
    void main( )
        {
            unsigned int i;
            unsigned char a = 0xfe ;
            while(1)
                {
                    for(i = 0;i < 8;i ++ )
                        {
                            P1 = a;
                            a = _crol_(a,1) ;            /* 循环左移 */
                            delay(50000) ;               /* 延时 */
                        }
                    a = 0x7f;
                    for(i = 0;i < 8;i ++ )
                        {
                            P1 = a;
                            a = _cror_(a,1) ;            /* 循环右移 */
                            delay(50000) ;
                        }
                }
        }
```

例 7-6　如图 7-2 所示，用 MCS-51 单片机的 P1 口驱动一个 LED 显示器，在显示器上依次显示字符 0 ~ F。

常用的 LED 显示器由 8 个发光二极管组成，也称 8 段 LED 显示器，LED 数码显示器共有两种连接方法：共阳极和共阴极。为了显示数字或符号，需要为 LED 显示器提供显示字形代码。LED 显示器的字形各代码位的对应关系如下：

代码位	D7	D6	D5	D4	D3	D2	D1	D0
显示段	dp	g	f	e	d	c	b	a

当为共阴极接法时，若显示数字"0"时，则须点亮 a、b、c、d、e、f 段。

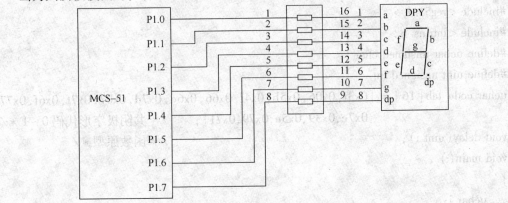

图 7-2　单片机驱动共阴极 LED 显示器电路

汇编语言实现程序如下：

```
        ORG   0000H
        AJMP  MAIN
        ORG   0030H
MAIN:   MOV   A, #00H
        MOV   R1, #00H
        MOV   DPTR, #TAB
LOOP1:  MOVC  A, @A + DPTR      ; 查表，得到待显示字符的字形码
        MOV   P1, A             ; 送出去进行显示
        ACALL DELAY
        INC   R1
        MOV   A, R1
        CJNE  R1, #16, LOOP1    ; 显示 16 个字符
        SJMP  MAIN
DELAY:  MOV   R6, #4H
DL1:    MOV   R5, #251;
DL2:    MOV   R4, #248;
DL3:    NOP
        NOP
        DJNZ  R4, DL3
        DJNZ  R5, DL2
        DJNZ  R6, DL1
        RET
TAB:    DB    3FH, 06H, 5BH, 4FH, 66H, 6DH, 7DH, 07H, 7FH, 6FH, 77H,
7CH, 39H, 5EH, 79H, 71H
        END
```

C51 语言实现程序如下：

```c
#include < reg51. h >
#include < intrins. h >
#define uchar unsigned char
#define uint unsigned int
uchar code tab[16] = {0x3f,0x06,0x5b,0x4f,0x66,0x6d,0x7d,0x07,0x7f,0x6f,0x77,
                      0x7c,0x39,0x5e,0x79,0x71};      /* 共阴极字形代码 0 ~ F */
void delay(uint i);                                   /* 函数原型 */
void main()
{
    uchar i;
    while(1)
    {
        for(i = 0;i < 16;i ++)
        {
            P1 = tab[i];                              /* 输出字形码 */
            delay(500);
        }
    }
}
void delay(uint time)                                 /* 延时子程序 */
{
    uint s;
    uchar t = 200;
    for(s = 0;s < time;s ++)
    {
        while( -- t);
    }
}
```

7.4.2　中断服务程序设计

C51 支持在 C 语言源程序中直接编写 8051 单片机的中断服务程序（ISR），从而可以减轻采用汇编语言编写中断服务程序的繁琐程度。为了在 C 语言源程序中直接编写中断服务程序的需要，C51 编译器对函数的定义进行了扩展，增加了一个扩展关键字 interrupt，它是函数定义时的一个选项，加上这个选项即可将一个函数定义成中断服务函数。定义中断服务函数的一般形式为

　　void 中断函数名（）interrupt n [using m]

关键字 interrupt 后面的 n 是中断号，取值范围为 0 ~ 31（有些 51 单片机有多达 32 个中断源），具体的中断号 n 和中断向量取决于单片机芯片型号，[ ] 表示括号内的内容是可选项。

8051 单片机中断号、中断源和中断向量关系见表7-10。

表 7-10 中断号、中断源和中断向量关系

中 断 号	中 断 源	中 断 向 量
0	外部中断0	0003H
1	定时器/计数器0	000BH
2	外部中断1	0013H
3	定时器/计数器1	001BH
4	串行口	0023H
5	定时器/计数器2(52 子系列)	002BH

using m 指明该中断服务程序所使用的工作寄存器组，取值范围是 0 ~ 3。指定工作寄存器组的缺点是，所有被中断调用的过程都必须使用同一个寄存器组，否则参数传递会发生错误。通常不设定 using m，除非能保证中断程序中未调用其他子程序。另外需要注意的是，关键字 using 和 interrupt 后面都不允许跟带运算符的表达式。

使用中断函数时应遵循以下规则：

1）中断函数不能进行参数传递，如果中断函数中包含任何参数声明都将导致编译失败。中断函数也没有返回值，如果定义一个返回值将得到一个不正确的结果。因此，在定义中断函数时应将其定义为 void 类型，以明确说明没有返回值。

2）在任何情况下都不能直接调用中断函数，否则会产生编译错误。因为中断系统的返回是通过 RETI 指令完成的，而 RETI 指令影响单片机的硬件中断系统，如果在没有中断请求的情况下直接调用中断函数，则会产生致命错误。

3）在中断函数中如果调用了其他函数，则被调函数所使用的寄存器必须与中断函数相同，否则会产生不正确的结果，因此，通常不设定 using m。

另外，在使用 C51 编写中断服务程序时，无需像汇编语言那样，对 A、B、DPH、DPL、PSW 等寄存器进行保护，C51 编译器会根据上述寄存器的使用情况在目标代码中自动压栈和出栈。

例 7-7 利用定时器/计数器 T0 的方式 2 对外部信号计数。要求每计满 100 个数，将 P1.0 引脚信号取反。

分析：外部信号由 T0（P3.4）引脚输入，每发生一次负跳变计数器加 1，每输入 100 个负跳变，计数器产生一次中断，在中断服务程序中将 P1.0 引脚信号取反。定时器/计数器 T0 工作于方式 2 计数模式，计数初始值 $X = 256 - 100 = 156 = 9CH$，则 TH0 = TL0 = 9CH，方式控制字设定为 TMOD = 00000110B（06H）。

C51 语言实现程序如下：

```
#include  < reg51. h >          /*包含头文件*/
sbit P10 = P1^0;              /*位定义*/
void main( )
{
    TMOD =  0x06;             /*定时器初始化*/
    TH0 = 0x9C;              /*定时器计数初值*/
```

```
        TL0 = 0x9C;
        EA = 1;                          /* 开总中断 */
        ET0 = 1;                         /* 允许定时器 T0 中断 */
        TR0 = 1;                         /* 启动定时器 T0 */
        while(1)                         /* 等待中断 */
        {
            ;
        }
    }

    void timer_T0(void) interrupt 1      /* 定时器 0 中断服务程序 */
    {
        P10 = ~ P10;                     /* 取反 */
    }
```

例 7-8 如图 7-3 所示电路，设外部中断信号为负脉冲，将该信号引入外部中断 1 引脚。要求每中断一次，从 P1.4 ~ P1.7 输入外部开关状态，然后从 P1.0 ~ P1.3 输出。

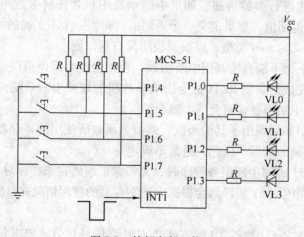

图 7-3 外部中断 1 使用

C51 语言实现程序如下：

```
#include < reg51. h >        /* 包含头文件 */
void main(void)
{
    IT1 = 1;                   /* 设置外部中断 1 为边沿触发 */
    EX1 = 1;                   /* 允许外部中断 1 中断 */
    EA = 1;                    /* 开放总中断 */
    while(1)                   /* 等待 */
    {
        ;
```

```
    }
}
void EX1（void）interrupt 2
{
    P1 = 0xF0;            /*将 P1 的高 4 位置 1,准备读入数据*/
    P1 = P1 >>4;          /*读入 P1 高 4 位引脚状态,右移 4 位后从 P1 低 4 位输出*/
}
```

7.4.3　定时器/计数器 C51 程序设计

例 7-9　利用定时器/计数器定时产生周期信号。要求使用定时器 T0 定时,在 P1.7 引脚上输出频率为 50Hz 的方波,设晶振频率为 12MHz。

按题意分析可得,方波周期 $T = 1/50Hz = 20ms$,可用定时器 0 工作于方式 1 定时 10ms,使 P1.7 每隔 10ms 取反一次,即可得到周期为 20ms（50Hz）的方波。

初值计算:$f_{osc} = 12MHz$,则机器周期为 $1\mu s$,初值 $X = 2^{16} - f_{osc}t/12 = 55536 = 0xd8f0$;即有 TH0 = 0xd8, TL0 = 0xf0。

采用中断法,C51 程序如下:

```
#include < reg51. h >        /*包含头文件*/
sbit P17 = P1^7;             /*位定义*/
void main（void）
{
    TMOD = 0x01;
    TH0 = 0xd8;
    TL0 = 0xf0;
    ET0 = 1;                 /*允许定时器 0 中断*/
    EA = 1;                  /*开放总中断*/
    TR0 = 1;                 /*启动定时器*/
    while(1)                 /*等待*/
    {
        ;
    }
}
void timer_T0（void）interrupt 1
{
    TH0 = 0xd8;              /*重装初值*/
    TL0 = 0xf0;
    P17 = ~ P17;             /*P1.7 取反输出方波*/
}
```

采用查询法,C51 程序如下:

```
#include < reg51. h >        /*包含头文件*/
```

```
sbit P17 = P1^7;              /* 位定义 */
void main(void)
{
    TMOD = 0x01;
    TH0 = 0xd8;
    TL0 = 0xf0;
    TR0 = 1;                  /* 启动定时器 */
    while(1)                  /* 等待 */
    {
        if (TF0)             /* 查询 TF0 */
        {
        TF0 = 0;
        TH0 = 0xd8;
        TL0 = 0xf0;
        P17 = ~ P17;
        }
    }
}
```

　　另外需要说明的是，在使用 C51 语言的时候，如果在编译程序的时候遇到"error C231：'PXX'：redefinition"这样的问题，则说明在头文件 reg51. h 已包含有所使用的 I/O 引脚的位定义，用户在程序中无需再进行定义；如果头文件没有进行相应的位定义，则用户既可以在程序中来进行位定义，也可以将位定义程序置于头文件中。

　　8032/8052 单片机增加了一个定时器/计数器 2，定时器/计数器 2 可以设置成定时器，也可以设置成外部事件计数器，并具有三种工作方式：16 位自动重装载定时器/计数器方式、捕捉方式和串行口波特率发生器方式。

　　例 7-10　利用定时器/计数器 T2 定时产生周期信号。要求定时器 T2 定时，在 P1. 7 引脚上输出周期为 1s 的方波，设晶振频率为 12MHz。

　　程序如下：

```
#include < reg52. h >        /* 包含头文件,注意,这里应该是" reg52 " */
sbit P17 = P1^7;
unsigned char count;
void main()
{
    count = 0;
    T2CON = 0x04;            /* T2 工作在 16 位自动重装载方式 */
    TH2 = 0x3C;              /* 定时/计数初始值定时 50ms */
    TL2 = 0xB0;
    RCAP2H = 0x3C;           /* 初值寄存器 */
    RCAP2L = 0xB0;
```

```
    ET2 = 1;
    EA  = 1;
    TR2 = 1;                    /*启动定时器*/
    while(1)
    {
        ;                       /*等待*/
    }
}
void timer2 (void) interrupt 5    /*定时器/计数器 2 中断*/
{
    EA  = 0;                     /*关中断*/
    TF2 = 0;                     /*注意 T2 的溢出标志位必须软件清零*/
    count ++;
     if (count == 10)           /*500ms 到*/
    {
        count = 0;
        P17  = ~P17;
    }
    EA = 1;                      /*开中断*/
}
```

例 7-11 利用定时器/计数器 T2 的捕捉方式，对脉冲周期进行测量。

解 由题意分析，外部脉冲由 P1.1 引脚输入，可设 T2 工作于捕捉工作方式，计数初值为 0，T2 在脉冲信号下降沿进行捕捉，如图 7-4 所示。利用信号两下降沿计时时间之差即可计算出被测脉冲的周期，采用中断方式。

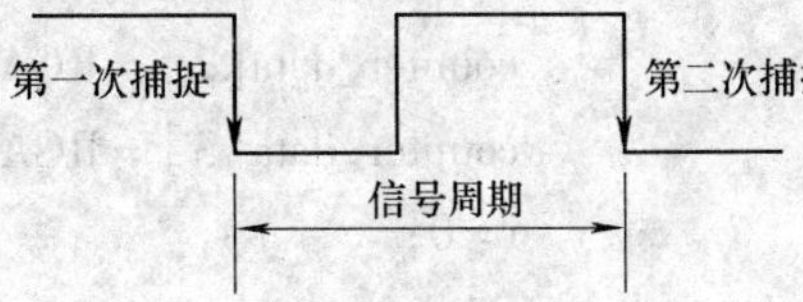

图 7-4 捕捉示意图

工作控制字为 T2CON = 0x09；计数初值 TH2 = TL2 = 0x00。

C51 程序如下：

```
#include  <reg52. h>                  /*52/32 系列头文件*/
#define uint unsigned int
#define uchar unsigned char
uchar i = 0;
uchar counter_data[4] = {0x00,0x00,0x00,0x00};    /*存放两次捕捉值*/
void main()
{
    T2CON = 0x09;                     /*T2 工作于捕捉工作方式*/
    TL2 = 0x00;
    TH2 = 0x00;
    EA = 1;                           /*开中断*/
```

```
    ET2 = 1;                                /* 允许 T2 中断 */
    TR2 = 1;                                /* 启动 T2 */
    while(1)
    {
    …数据处理
    }
}
void timer2 ( ) interrupt 5                 /* T2 中断服务程序 */
{
    TF2 = 0;                                /* 注意 T2 的溢出标志位必须软件
                                               清零 */

    while(EXF2 == 1)                        /* 只响应 EXF2 引起的中断 */
    {
        if(i == 0)                          /* 第一次捕捉 */
        {
            counter_data[0] = RCAP2L;       /* 存放计数值的低字节 */
            counter_data[1] = RCAP2H;       /* 存放计数值的高字节 */
            i ++ ;
        }
        else if(i == 1)                     /* 第二次捕捉 */
        {
            counter_data[2] = RCAP2L;
            counter_data[3] = RCAP2H;
            i = 0;
        }
    }
}
```

7.4.4 串行接口 C51 程序设计举例

（1）串行口方式 1 用于点对点的异步通信（单工方式）

例 7-12 如图 7-5 所示，A 机发送，B 机接收，波特率为 2400bit/s，晶振为 6MHz，T1 作为波特率发生器，串行口工作在方式 1，A 机送出内部 RAM50H 开始的 16B 数据，B 机接收数据存放在外部 RAM3000H ~ 300FH 单元中。

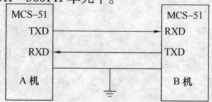

图 7-5　异步通信硬件连接

采用查询方式，A 机发送程序如下：

```c
#include  < reg51. h >
#include  < absacc. h >
void main( void)
{
    unsigned char data * dp;          /* 定义一个指向 data 区的指针 dp */
    dp = 0x50;                        /* 指针赋值,使其指向 data 区的50H 单元 */
    TMOD = 0x20;                      /* 设置波特率为 2400bit/s */
    PCON = 0x80;
    TH1 = 0xf3; TL1 = 0xf3;
    TR1 = 1;                          /* 启动定时器 1 */
    ET1 = 0;
    SCON = 0x50;                      /* 设置串行口为工作方式 1 */
    while(1)
        {    for( i = 0; i < 16; i ++ )
            {
                SBUF = * ( dp + i);
                while( TI == 0); TI = 0;
            }
        }
}
```

采用查询方式,B 机接收程序如下：

```c
#include  < reg51. h >
#include  < absacc. h >
void main( void)
{
    unsigned char xdata * dp;         /* 定义一个指向 xdata 区的指针 dp */
    dp = 0x3000;                      /* 指针赋值,使其指向 xdata 区的3000H 单元 */
    TMOD = 0x20;                      /* 设置波特率为 2400bit/s */
    PCON = 0x80;
    TH1 = 0xf3; TL1 = 0xf3;
    TR1 = 1;                          /* 启动定时器 1 */
    ET1 = 0;
    SCON = 0x50;                      /* 设置串行口为工作方式 1 */
    while(1)
        {    for( i = 0; i < 16; i ++ )
            {
                * ( dp + i) = SBUF;
                while( RI == 0); RI = 0;
```

```
        }
      }
    }
```

（2）串行口方式 1 用于点对点的异步通信（双工方式）

例 7-13　异步通信硬件连接如图 7-5 所示,将 A 机的片内 RAM 中 30H～37H 的 8 个单字节数据发送到 B 机的片内 RAM 中的 30H～37H 单元。为了保证通信的畅通与准确,在通信中作如下约定:通信开始时,A 机发送一个信号 01H,B 机接收到一个正确信号后回答 FFH,表示同意接收;A 机收到 FFH 后,就可以发送后续数据,数据发送完后发送一个校验和;B 机接收到数据后,用已接收的数据产生校验和并与接收到的检验和比较,如相同,表示接收无误,B 机发送 00H,表示接收正确,否则,B 机发送 BBH,请求 A 机重发。

A 机程序如下:

```c
#include < reg51. h >
#define ADDR 0x01
#define ACK 0xFF
unsigned char data * dp;          /*定义一个指向 data 区的指针 dp*/
unsigned char check;
void main( )
{
  unsigned char temp,i;
  SCON  = 0x50;                  /*串口工作方式*/
  dp = 0x30;
  TMOD = 0x20;                   /*定时器 1 工作于方式 2*/
  TH1 = 0xFD;                    /*在晶振 11.059MHz 时,波特率为 9600bit/s*/
  TL1 = 0xFD;
  TR1 = 1;                       /*启动定时器 1*/
  do
  {
    SBUF = ADDR;
    while( ! TI);                /*等待发送完毕*/
    TI = 0;
    while( ! RI);                /*接收*/
    RI = 0;
  }while(( SBUF^0xff) ! = 0);    /*B 机未准备好,继续联络
  do
  {
  for( i = 0;i < 8;i ++ )
    {
      SBUF = * ( dp + i);
      check += * ( dp + i);
```

```
        while( TI ==0) ;
        TI =0;
        while( RI ==0) ;
        RI =0;
    } while( SBUF! =0) ;              /* 出错则重发 */
  }
}
```

B 机程序如下：

```
#include < reg51. h >
#define ACK 0xFF
unsigned char data  * dp;          /* 定义一个指向 data 区的指针 dp */
unsigned char check;
void main  ( )
{
  unsigned char i;
  SCON =0x50;                      /* 串口工作方式 */
  dp =0x30;
  TMOD  = 0x20;                    /* 定时器 1 工作于方式 2 */
  TH1 =0xFD;                       /* 在晶振 11. 059MHz 时，波特率为 9600bit/s */
  TL1 =0xFD;
  TR1 =1;                          /* 启动定时器 1 */
  do
  {
    while  ( ! RI) ;
    RI =0;
  } while ((SBUF^0x01)! =0);
  SBUF = ACK;
  while ( ! TI) ;
  TI =0;
  while (1)
  {
    for ( i =0; i <8; i ++ )
      {
      while( RI ==0) ;
      RI =0;
      *(dp + i) = SBUF;
      check += *(dp + i);
      }
    while( RI! =0) ;
```

```
RI = 0;
if((SBUF^check) == 0)
    {
        SBUF = 0x00;
        break;
    }
else
    {
        SBUF = 0xbb;
        while(TI! = 0);
        TI = 0;
    }
}
}
```

本 章 小 结

本章主要介绍了 C51 的基本数据类型、存储类型以及 C51 语言的特点、C51 语言的编程基础、C51 语言程序设计方法以及 C51 程序设计应用举例。

C51 是一种专为 51 系列单片机设计的高级语言，其很多语法、使用规则与 ANSI C 相同，因此掌握 C 语言是学习 C51 的一个基本条件。另外，结合单片机的硬件资源，了解并熟悉头文件的内容对于掌握 C51 程序设计方法也至关重要。

本章还对 8051 单片机的内部资源如 I/O 口、定时器/计数器、串行口、中断系统等的 C51 程序设计进行了举例，说明了片内资源 C51 程序设计的基本方法。在学习中，可结合相应的汇编语言程序，从而更快地掌握单片机 C51 程序设计。

在实际应用中，经常会遇到位变量定义的问题。在头文件 reg51. h 或 reg52. h 中，对大部分的位变量进行了定义。但是，头文件没有包含 P0、P1、P2、P3 口的位定义。因此，如果要使用这些 I/O 口的某些位时，就需要进行位定义，位定义可放在用户程序中进行，也可直接在头文件 reg51. h 或 reg52. h 里进行定义。

思考题与习题

7-1　为了加快程序的运行速度，C51 中频繁操作的变量应定义在哪个存储区？

7-2　试说明关键字 sfr、sfr16、using、sbit、interrupt 的功能。

7-3　如何访问绝对地址？

7-4　写出完成下列要求的 C51 程序。

（1）将地址为 2000H 的片外数据存储器单元内容，送到地址为 40H 的片内数据存储器单元中。

（2）将地址为 2000H 的片外数据存储器单元内容，送到地址为 3000H 的片外数据存储器单元中。

7-5　设 8051 的 P1 口接发光二极管，分别用 C51 和汇编语言编程实现轮流点亮发光二极管。

7-6　片外 RAM 30H 单元存放着一个 0～5 的数，利用 C51 编程，采用查表法，求出该数的二次方值并放入内部 RAM 30H 单元。

7-7　分析下列程序的执行结果：

(1)　void main（）
```
{int sum = 0, i;
    do
    { sum += I;
      i ++;
    }
    while（i <= 10）;
}
```

(2)　void main（）
```
{
    int sum = 0, i;
    for（i = 0, i < 10; i ++）
    sun += i;
}
```

7-8　用 P1.0 输出 1kHz 和 500Hz 的音频信号驱动扬声器，作报警信号，要求 1kHz 信号响 100ms，500Hz 信号响 200ms，交替进行，P1.7 接一开关进行控制，当开关合上，响报警信号，当开关断开时报警信号停止。编写 C51 程序。

7-9　在 P1.7 引脚接一个发光二极管，要求利用定时器控制使发光二极管亮 1s 灭 1s 周而复始，设系统晶振频率为 12MHz。编写 C51 程序。

7-10　如何定义 C51 的中断函数？

第8章　单片机系统总线与资源扩展

MCS-51 单片机内部集成了存储器、I/O 口、定时器/计数器等功能部件，特别是增强型的芯片，其内部硬件资源较丰富，选择合适的芯片就能满足一般应用系统的要求。但在实际应用中，有时内部资源不能满足各种复杂的应用系统的要求，常常需要在单片机外部扩展存储器和 I/O 功能部件（也称 I/O 接口部件），这就是通常所说的 MCS-51 单片机的系统扩展问题。本章将介绍 MCS-51 单片机的存储器和 I/O 接口部件的扩展方法，并对单片机系统扩展的一些典型实例进行分析。

8.1　单片机系统扩展的一般方法

8.1.1　系统扩展的基本内容与意义

在一个单片机应用系统中通常包含有信息输入与输出、数据的存储与处理等。人机对话接口可实现现场参数输入、微机控制信息输出等功能。程序存储器存放应用程序，数据存储器存放被控对象检测的数据。虽然 MCS-51 单片机自身具有存储器和 I/O 接口部件，但是当其应用于控制功能强大或特殊的工业测控系统时，却往往显得资源不足，不能满足需要。

因此，MCS-51 单片机在产品设计上考虑到这方面的因素，为用户提供了易于实现的系统扩展方案，以实现外部存储器（包含外部程序存储器和外部数据存储器）和 I/O 接口部件的扩展。系统扩展可分为并行扩展和串行扩展两种方式。由于并行传输速度较快，因此并行扩展是主要的系统扩展方式，占主导地位；但随着集成电路芯片集成度和结构的发展，串行扩展技术以其体积小、器件连接简单等优势逐渐受到越来越广泛的应用。

8.1.2　系统并行扩展的三总线构造

MCS-51 单片机系统并行扩展结构如图 8-1 所示。

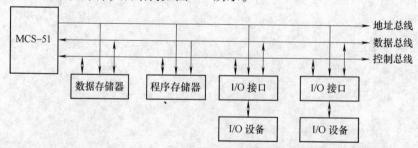

图 8-1　MCS-51 单片机系统并行扩展结构

由图 8-1 可见，整个系统扩展以 MCS-51 单片机为核心，通过系统总线把各扩展部件连接起来。总线结构的优点是接线简单，各部件以并联的方式连接在总线上，形式统一，任何外扩的芯片都只需直接挂在总线上即可。因此单片机系统扩展的首要问题就是构造系统总线，然后再往总线上"挂"存储器芯片或 I/O 接口芯片，实现存储器扩展和 I/O 接口部件的扩展。

MCS-51 单片机受引脚数量的限制，没有独立的总线，其总线与 I/O 引脚复用，信息进行分时传递，因此，掌握单片机各信号线间的时序分配对构造系统总线是十分必要的。

MCS-51 单片机的时序按扩展功能分为两大类：程序存储器扩展时序和数据存储器扩展时序。I/O 接口和其他功能部件及专用接口的扩展都属于数据存储器扩展一类。

1. 外部程序存储器读时序

MCS-51 单片机对外部程序存储器读工作时序如图 8-2 所示。分析图 8-2，P0 口在 ALE 出现下降沿之前输出地址的低 8 位 A0～A7，此时 P2 输出地址高 8 位 A8～A15，当 ALE 出现下降沿后即 $\overline{\text{PSEN}}$ 出现低电平时，P0 口将传送程序存储器的数据（即指令代码）到内部指令寄存器。P0 口的分时传送地址/数据信息控制由 ALE 及 $\overline{\text{PSEN}}$ 实现。根据 ALE、$\overline{\text{PSEN}}$ 的用途，称 ALE 为地址锁存信号，称 $\overline{\text{PSEN}}$ 为取指信号。

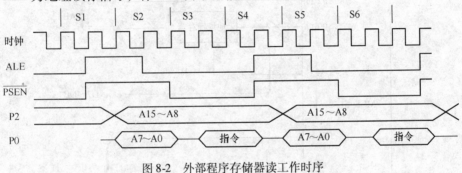

图 8-2　外部程序存储器读工作时序

2. 外部数据存储器的读/写时序

MCS-51 单片机对外部数据存储器写工作时序如图 8-3 所示。

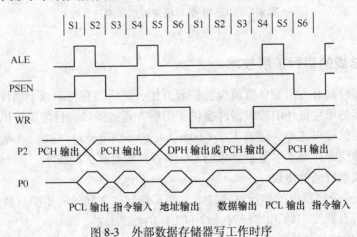

图 8-3　外部数据存储器写工作时序

对外部数据存储器的读指令是 MOVX A，@Ri 和 MOVX A，@DPTR，写指令是 MOVX @Ri，A 和 MOVX@DPTR，A。虽然这些指令都是单字节指令，但由于要完成取指令、指令译码及读/写指定地址单元（RAM）中的数据，因此完成这些操作都需要两个机器周期，第一个机器周期完成取指、指令译码、数据地址的锁存（由 ALE、$\overline{PSEN}$ 信号控制）；第二个机器周期完成数据的读、写（由 $\overline{RD}$、$\overline{WR}$ 信号控制）。

从时序分析可知 MCS-51 单片机的三总线分别是 P0 口提供数据总线 D0 ~ D7（Data Bus，DB），P2、P0 口提供地址总线 A0 ~ A15（Address Bus，AB），ALE、$\overline{PSEN}$、$\overline{RD}$、$\overline{WR}$ 组成控制总线（Control Bus，CB）。由于 $\overline{PSEN}$ 用于访问程序存储器的操作，$\overline{RD}$、$\overline{WR}$ 用于访问数据存储器的操作，因此，MCS-51 单片机外部存储器分成了两个独立的存储空间，满足了哈佛结构，且地址由 16 位二进制数组成，范围都是 0000H ~ FFFFH。

从 MCS-51 单片机的三总线构成不难看出，P0 口是地址/数据复用口。为了将 P0 口的地址和数据信息分离，需要在 P0 口的输出端增加一个地址锁存器，使它与 P2 口及 CPU 的控制线一起构成 MCS-51 单片机并行扩展用的三总线，如图 8-4 所示。地址锁存器一般选用 74LS373、74LS573、8282 等芯片。

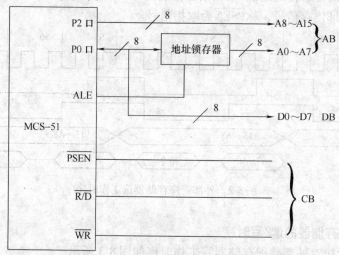

图 8-4　MCS-51 单片机并行扩展的三总线

8.1.3　I^2C 总线的串行扩展技术

由于串行接口具有占用 I/O 资源少、扩展方便、灵活，有利于减小器件体积等特点，因此现在越来越多的单片机外围接口器件提供了串行方式的接口。目前单片机常用的串行接口除了异步串行通信接口之外，还有 I^2C（Inter Integrated Circuit）总线、I-Wire 总线、SPI 串行总线及串行移位寄存等。本节主要介绍 I^2C 串行总线及其扩展技术。

1. I^2C 总线串行通信协议

I^2C 是 Philips 公司推出的串行总线技术，能实现器件之间的同步串行数据传输，是一种具有两线（串行数据线 SDA 和串行时钟线 SCL）的标准总线。

（1）I^2C 传输接口的特性

I^2C 接口的 SDA 和 SCL 两条线均为双向 I/O 口，通过上拉电阻连至电源的正极。当 I^2C 总线空闲时，SDA 和 SCL 必须保持高电平。I^2C 总线接口的输出端必须是集电极或漏极开路，即具有线"与"功能。

I^2C 总线是一个半双工、多主器件的总线，即总线上可以连接多个能控制总线的器件。总线上发送数据的发送器（也叫主器件）与接收数据的接收器（也叫从器件）的关系不是固定的，它取决于当时数据传送的方向。当一个器件发送数据时，其他被寻址器件均为接收器。

I^2C 总线进行数据传送时，每一位数据都与时钟脉冲相对应。在时钟线 SCL 为高电平期间，数据线 SDA 上必须保持稳定的逻辑电平；只有在 SCL 为低电平时，才允许 SDA 上的电平发生变化。

（2）I^2C 总线的时序

一次完整的 I^2C 总线时序过程由起始信号、器件地址信号、应答信号、数据字节信号和停止信号部分组成。由于 I^2C 总线为同步传输总线，因此总线信号完全与时钟同步，I^2C 总线上的起始信号（S）、停止信号（P）、应答信号（A）以及数据字节传送信号如图 8-5 所示。

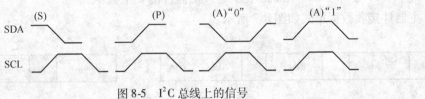

图 8-5　I^2C 总线上的信号

1）起始信号（S）：在时钟 SCL 为高电平时，数据线 SDA 出现由高到低的电平变化，启动 I^2C 总线数据传送；

2）停止信号（P）：在时钟 SCL 为高电平时，数据线 SDA 出现由低到高的电平变化，停止 I^2C 总线数据传送；

3）应答信号（A）：I^2C 总线上第 9 个时钟脉冲对应于应答位。相应 SDA 上低电平时为"应答"信号（A），高电平时为"非应答"信号（$\overline{A}$）；

4）数据字节信号：在 I^2C 启动后或应答信号后的第 1～8 个时钟脉冲对应于一个字节的 8 位数据传送。SCL 高电平期间，数据串行传送；SCL 低电平期间为数据准备，允许 SDA 上数据电平变换。

此外，I^2C 总线上的每一个器件均有一个唯一的地址。每次发送器发出起始信号后，必须接着发出一个字节的地址信息（寻址字节 SAL），以选取挂在总线上的某一从机。器件地址信号用"从器件地址 + $R/\overline{W}$"表示。从器件地址是 7 位的器件地址编码，占用字节的高 7 位（D7～D1），$R/\overline{W}$ 表示数据的传送方向，占用 D0 位。$R/\overline{W} = 0$，表示主器件向从器件写数据（发送）；$R/\overline{W} = 1$ 表示主器件从器件读取数据（接收）。

从器件寻址字节由固定部分和可编程部分组成。固定部分为器件的标识，表明器件类型，出厂时设置；可编程部分为器件的地址，由硬件连线决定，用以区分连接在同一 I^2C 总线上的同类器件。例如，EEPROM 器件 AT24C02 的寻址字节格式如下：

D7	D6	D5	D4	D3	D2	D1	D0
1	0	1	0	A_2	A_1	A_0	$R/\overline{W}$

其中，高 4 位 1010 为 EEPROM 器件标识类型。A2～A0 位引脚地址，对应于该芯片引

脚 A2～A0 的连线，当 A2～A0 引脚均接低电平时，该器件的地址为 0x0A0H 或 0x0A1H，如果是前者表示写数据到该器件，后者表示从该器件读数据。

综上所述，I^2C 总线上一次完整的数据操作包括起始（S）、发送寻址字节（SLA R/$\overline{W}$）、应答、发送数据、应答……直到中止（P）。但对于不同方式下的操作略有不同，主器件发送数据格式如图 8-6 所示。

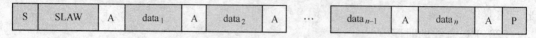

图 8-6　主器件发送数据格式

其中，▨ 表示主器件发送、从器件接收；▢ 表示主器件接收、从器件发送；SLAW 表示寻址字节（写）；data1～datan 表示写入从器件的 n 个数据。

主器件接收数据格式如图 8-7 所示。

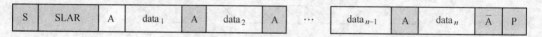

图 8-7　主器件接收数据格式

其中，SLAR 表示寻址字节。在主接收中第一个应答位是从器件接收到寻址字节 SLAR 后发回的应答位，其余的应答位都是由主控器在接收到数据后向从器件发出的应答位。

2. I^2C 总线在单片机系统中的应用

图 8-8 所示为单片机的 I^2C 总线外围扩展示意图。

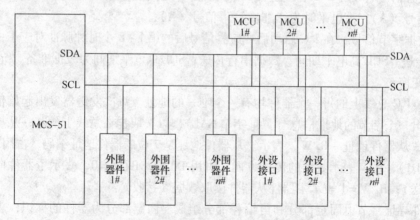

图 8-8　I^2C 总线外围扩展示意图

由图 8-8 可见，I^2C 总线的串行数据线 SDA 和串行时钟线 SCL 上可挂接单片机（MCU）、外围器件（如 I/O 口、日历时钟、ADC、DAC、存储器等）和外设接口（如键盘、显示器、打印机等）。所有挂接在 I^2C 总线上的器件和接口电路都应具有 I^2C 接口，通过总线寻址，而且所有的 SDA/SCL 同名端相连。

新近推出的高性能单片机大都片内自带标准 I²C 总线接口，只需将外部 I²C 器件对应连接到该总线上即可。但 MCS-51 系列单片机片内无 I²C 总线接口，则需要使用 I²C 总线的虚拟技术。例如，可用 P3.2 引脚作为模拟串行时钟线 SCL，P3.3 引脚作为模拟串行数据线 SDA，通过软件模拟 I²C 总线的通信时序。有关 51 单片机 I²C 总线扩展的应用举例详见本章 8.4 节。

8.2　程序存储器的扩展

程序存储器是用以存放单片机执行程序的，虽然现今的单片机片内基本都有程序存储器，但是，当程序量超过单片机片内的程序存储器存储容量时，就需要在单片机外部进行扩展，扩展的程序存储器通常可采用 EPROM、EEPROM、Flash 等存储器芯片。

可擦除可编程只读存储器（EPROM）是用紫外线光照擦除的只读存储器，掉电后芯片内部的程序保持不变。通过专用编程器可将程序固化在该存储器芯片中，并可反复多次擦除及编程。常用的 EPROM 芯片有 2764（8K × 8bit）、27128（16K × 8bit）、27256（32K × 8bit）、27512（64K × 8bit）等。

电可擦除可编程只读存储器（EEPROM）是在线用电擦除和再编程的存储器，所存的数据在常温下至少可以保存十年，擦除/写入寿命可以有 10 万次。它兼具了 EPROM 程序掉电不丢和 RAM 随机读/写数据的优点，只是写的过程时间较长。EEPROM 芯片按接口可分为并行接口芯片和串行接口芯片两类。前者适用于程序存储器，一般容量较大、读取速度快、读/写操作方便、功耗大、价格贵；后者则常被用作单片机系统的非易失性数据存储器，体积小、功耗低、占用系统的信号线少、电路简单、工作速度慢。常用的并行接口 EEPROM 芯片有 2816（2K × 8bit）、2817（2K × 8bit）、2864（8K × 8bit）等，常用的串行 EEPROM 芯片有 24WCXX 系列（二线制 I²C）、93LCXX 系列（三线制）、59CXX 系列（四线制）、5LCXXX 系列（SPI 总线）。

Flash 存储器（闪速存储器）是可快速擦写的非易失性存储器。Flash 存储器的出现使得 ROM 和 RAM 的定义和划分已失去意义。因为从原理上它属于 ROM 型存储器，但它又可以随时改写信息，相当于 RAM，且掉电后片内信息不变。常用的 Flash 存储器有 K9F2808（16K × 8bit）、K9F5608（32K × 8bit）、AT29LV020（256K × 8bit）、SST28SF040（512K × 8bit）、SST29SF040A（512K × 8bit）等芯片。

8.2.1　程序存储器扩展的基本方法

MCS-51 系列单片机外部可扩展 64KB 程序存储器。由于大规模集成电路的发展，单片存储器的存储容量越来越大，因此，在扩展程序存储器时，一般采用一片芯片就够了，非常简单。

由于单片机的 EA 引脚决定了单片机是否访问片内程序存储器，因此当使用单片机片内程序存储器时，应将 EA 引脚接 +5V，此时 CPU 先从内部程序存储器取指令，当 PC 值大于片内存储器容量时才读取片外程序存储器的指令；如果只使用单片机外部的程序存储器，则 EA 引脚应接地，此时 CPU 只读取外部程序存储器的指令，外部程序存储器从 0000H 地址开始。

　　单片机的并行扩展采用三总线结构，如图 8-4 所示，因此程序存储器的扩展方法就是将程序存储器芯片的地址、数据和控制线与单片机的三总线一一对应连接即可（其中，程序存储器芯片的允许输出控制线 $\overline{\text{OE}}$ 与单片机的程序存储器读选通控制线 $\overline{\text{PSEN}}$ 连接）。当芯片的三总线连接完后，单片机地址总线剩下的高位地址线就可作为片选信号，实现片选。

8.2.2　程序存储器扩展实例分析

　　Intel 公司的常用 27 系列 EPROM 不同型号芯片（2764、27128、27256、27512）引脚有一定的兼容性，在单片机系统扩展中常常被采用。图 8-9 所示为 27 系列芯片的引脚图，它们的主要差别只是地址线的增减。27 系列芯片主要引脚有：

　　1）地址线 A0 ~ A15，2764（A0 ~ A12），27128（A0 ~ A13），27256（A0 ~ A14），27512（A0 ~ A15）；

　　2）数据线 O0 ~ O7；

　　3）控制线 $\overline{\text{OE}}$/Vpp，输出使能信号/编程电压；正常操作时，低电平允许数据输出，通常与单片机的 $\overline{\text{PSEN}}$ 信号相连，固化程序时，此引脚接编程电压；

　　4）片选线 $\overline{\text{CE}}$，低电平允许芯片工作，高电平禁止工作。

引脚	27512	27256	27128	2764
1	A15	Vpp	Vpp	Vpp
2	A12	A12	A12	A12
3	A7	A7	A7	A7
4	A6	A6	A6	A6
5	A5	A5	A5	A5
6	A4	A4	A4	A4
7	A3	A3	A3	A3
8	A2	A2	A2	A2
9	A1	A1	A1	A1
10	A0	A0	A0	A0
11	O0	O0	O0	O0
12	O1	O1	O1	O1
13	O2	O2	O2	O2
14	GND	GND	GND	GND

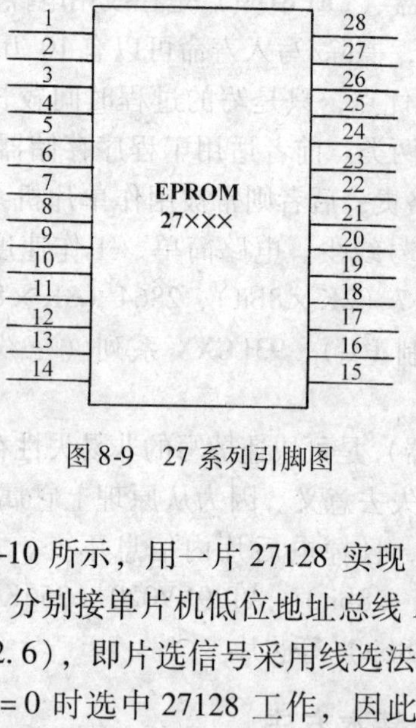

引脚	27512	27256	27128	2764
28	Vcc	Vcc	Vcc	Vcc
27	A14	A14	/PGM	/PGM
26	A13	A13	A13	NC
25	A8	A8	A8	A8
24	A9	A9	A9	A9
23	A11	A11	A11	A11
22	$\overline{\text{OE}}$/Vpp	$\overline{\text{OE}}$	$\overline{\text{OE}}$	$\overline{\text{OE}}$
21	A10	A10	A10	A10
20	$\overline{\text{CE}}$	$\overline{\text{CE}}$	$\overline{\text{CE}}$	$\overline{\text{CE}}$
19	O7	O7	O7	O7
18	O6	O6	O6	O6
17	O5	O5	O5	O5
16	O4	O4	O4	O4
15	O3	O3	O3	O3

图 8-9　27 系列引脚图

　　程序存储器扩展实例如图 8-10 所示，用一片 27128 实现 16KB 单片机程序存储器扩展。图中，27128 的地址线 A0 ~ A13 分别接单片机低位地址总线 A0 ~ A13，片选线 $\overline{\text{CE}}$ 直接接单片机剩下的高位地址线 A14（P2.6），即片选信号采用线选法。为了使程序存储器从 0000H 地址开始，设 A15 = 0，当 A14 = 0 时选中 27128 工作，因此，27128 的地址范围 0000H ~ 3FFFH；如果取 A15 = 1，则 8000H ~ FFFFH 也是图 8-10 中 27128 的有效地址范围。可见采用线选法时，存储器的地址不是唯一的，存在地址重叠现象。值得注意的问题是程序存储器首地址必须是 0000H，否则单片机程序无法执行。此处的片选线也可接 A15（P2.7），或直接接地，但地址范围会有不同，读者可自行思考写出。

　　随着超大规模集成电路的迅速发展，现今 MCS-51 内核的 CPU 芯片片内程序存储器容量越来越大，内含大容量 Flash 存储器单片机（4KB、8KB、16KB、32KB、64KB 等）的出现，一般情况下，不需要进行程序存储器的扩展，因此读者应及时关注芯片发展动态，应用时选用合适的芯片。

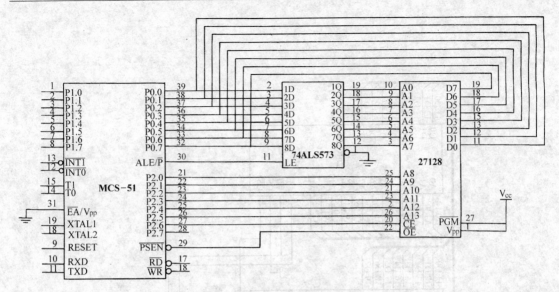

图 8-10　程序存储器扩展实例

8.3　数据存储器的扩展

单片机系统中常需要存放大量的系统参数和现场数据，并提供外部设备的输入（Input）、输出（Output）接口，即同时需要多种集成电路芯片与单片机连接。MCS-51 单片机中没有独立的 I/O 指令，外部数据存储器与 I/O 接口统一编址，都属于数据存储器的 64KB 空间内。因此，在系统扩展时经常需要多种类型芯片一起使用，为了使每个芯片能独立工作，在实际设计扩展电路时首先考虑各个芯片的地址编址问题。即考虑存储器和 I/O 接口芯片的地址及片选线与单片机地址总线的连接问题。一般片选信号的产生有三种方法，即线选法、部分译码法、全译码法。

8.3.1　数据存储器扩展的基本方法

单片机系统常用的数据存储器是静态随机存储器（SRAM），其具有访问速度快，读写时间短（20～200ns），数据输入和输出引脚公用，输出具有三态（0、1、高阻态），采用单一电源 +5V 供电，输入、输出电平直接与 TTL 兼容，功耗较低等特点。典型的 SRAM 芯片有 6264（8K × 8bit）、62256（32K × 8bit）。

为了使 CPU 访问的每个存储单元具有唯一性，各存储芯片应具有独立的地址范围或地址，也就是对每个芯片的片选信号能独立控制。下面分别阐述两种控制片选的方法。

1. 线选法

线选法是利用单片机高位没有用到的地址线直接作扩展芯片的片选信号。此法结构简单，易理解。在确定地址时，只要将接至该芯片的片选位取 "0"，其他高位任取即可。由此可见，由于高位（无关位）可取 "0" 或 "1"，因此这种方法得到各个芯片的地址是不唯一的，且也可能不连续。

采用线选法扩展的数据存储器如图 8-11 所示。单片机的高位地址线 A13（P2.5）接 1# RAM 的片选，A14（P2.6）接 2# RAM 的片选。在确定地址时，1#RAM 取 A13 为 0，A14、

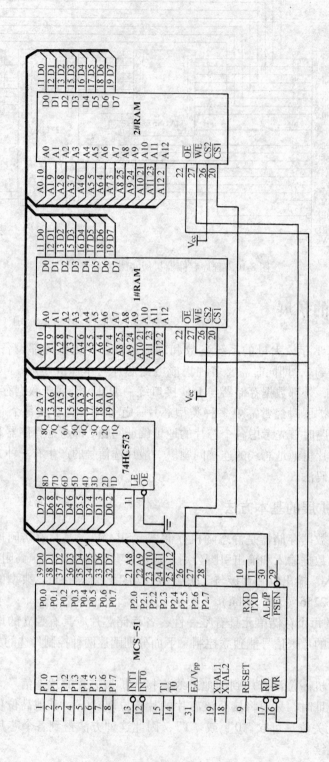

图 8-11　采用线选法扩展的数据存储器

A15 任取，2#RAM 取 A14 为 0，A13、A15 任取，各芯片的地址范围请读者分析。

2. 译码法

译码法是指利用单片机高位没有用到的地址线经过译码器译码后与扩展芯片的片选连接的方法，分为部分译码法和全译码法。全译码法将全部多余的地址线参与译码，而部分译码法是用部分多余的地址线参与译码。因此，译码法比线选法多用了一个译码器。常用的译码器芯片有 74LS139（2-4 译码器）、74LS138（3-8 译码器）、74LS154（4-16 译码器）等。

译码法可提高地址线的利用率，因此，对于需要扩展芯片较多的单片机系统一般采用译码法。

8.3.2　数据存储器扩展举例

HM6264B 是 8K × 8bit 的 SRAM，其引脚如图 8-12 所示，引脚功能见表 8-1。

表 8-1　6264 的引脚功能

引脚名	功　能
A0 ~ A12	地址输入线
I/O0 ~ I/O7	数据线
$\overline{WE}$	写允许
$\overline{OE}$	输出允许
$\overline{CE1}$	片选 1
CE2	片选 2

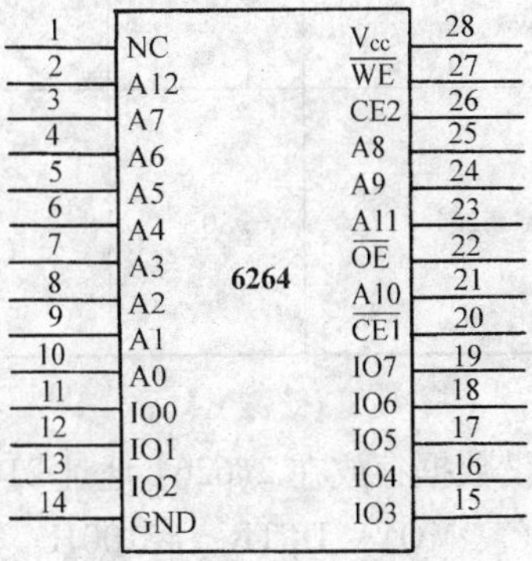

图 8-12　6264 引脚图

例 8-1　图 8-13 所示是某单片机系统扩展的数据存储器部分原理图。试求：

（1）确定各个 6264 的地址范围？

（2）编写将单片机片内 RAM 40H 开始的 10B 的数据存放在 2#6264 中的汇编程序。

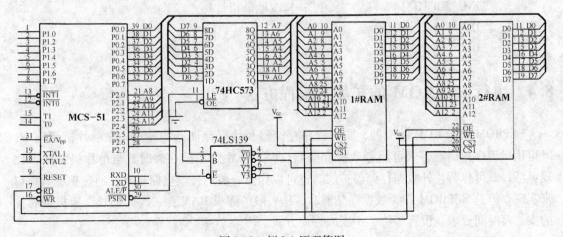

图 8-13　例 8-1 原理简图

　　解　图 8-13 采用了 74LS139 译码器，并且用单片机的 P2.5、P2.6、P2.7 作为译码器的输入信号，根据 74LS139 的工作原理，当 P2.7 = 0 时，74LS139 译码输出，译码输出端为低电平，其他端输出为高电平。因此，任何时候只有一片 6264 选中。根据上述分析，各 6264 芯片的地址见表 8-2。经分析可得：

　　1）1#6264 的地址范围是 0000H ~ 1FFFH，2#6264 的地址范围是 2000H ~ 3FFFH。

表 8-2　各 6264 芯片的地址表

单片机地址线	A15	A14 A13	A12　A11　…　A1　A0				地址值
74LS139	$\overline{G}$	B　A					
6264	片选 $\overline{CE}$ = 0						
1#　6264	0	0　0 ($\overline{Y_0}$)	0　0　…　0　0 0　0　…　0　1 ⋮ 1　1　…　1　1				0000H 0001H ⋮ 1FFFH
2#　6264	0	0　1 ($\overline{Y_1}$)	0　0　…　0　0 0　0　…　0　1 ⋮ 1　1　…　1　1				2000H 2001H ⋮ 3FFFH

　　2）设数据存放在 2#6264 地址 2100H ~ 2109H 中，则程序段如下：

```
        MOV   DPTR, #2100H      ;2#6264 地址
        MOV   R0, #40H          ;R0 存放内部 RAM 地址
        MOV   R2, #0AH          ;十个数
LOOP：  MOV   A, @R0            ;取数
        MOVX  @DPTR, A          ;存入外部 RAM
        INC   R0               ;修改地址指针
        INC   DPTR             ;修改地址指针
        DJNZ  R2, LOOP
        RET
```

8.4　串行 EEPROM 的扩展与编程方法

　　EEPROM 属于 ROM 的一种，兼有程序存储器和数据存储器的特点，在单片机系统中，既可用做程序存储器，又可用做数据存储器。EEPROM 做数据存储时，与单片机的接口比较灵活，既可作为片外数据存储器扩展，也可以作为一般的外设电路扩展，通过扩展 I/O 口来实现。但是 EEPROM 作为数据存储器时，比一般的随机 RAM 擦、写时间长，要根据芯片的擦、写时间要求，设置等待、中断或查询方式。

　　串行 EEPROM 芯片具有体积小、成本低、电路连接简单、占用系统地址线和数据线少的优点。为节约硬件资源，在单片机应用系统中，较少扩展并行 EEPROM 做数据存储，而

经常通过 I/O 扩展串行 EEPROM 用作少量重要数据保存。一般在以下三种情形时扩展串行 EEPROM：

1）需要经常修改数据，又要在掉电后保持。

2）需要设定某些初值，但这些初值并非每次变化。

3）防止系统受干扰而丢失关键数据，在程序飞走后需要恢复数据。

8.4.1　虚拟 I^2C 总线扩展串行 EEPROM 的方法

Microchip 公司生产的 AT24C×× 系列是应用比较广泛的串行 EEPROM 存储器，它带有 I^2C 总线接口，51 单片机可用此类芯片实现串行 EEPROM 扩展。下面就以 AT24C02 为例，说明 51 单片机通过虚拟 I^2C 总线扩展串行 EEPROM 的方法。

1. AT24C02 概述

（1）AT24C02 引脚

AT24C02 芯片为 256×8 的 EEPROM，采用 8 脚 DIP，其引脚如图 8-14 所示。其中，V_{cc}、GND 为电源引脚，SCL、SDA 为 I^2C 总线引脚，A0~A2 为地址引脚，TEST 为测试端，系统中可接地处理。

（2）AT24C02 结构

AT24C02 内部由输入缓冲器和 EEPROM 阵列组成，结构如图 8-15 所示。由于 EEPROM 的半导体工艺特性，写入时间通常为 5~10ms，如果从外部直接写入 EEPROM，每写一个字节都要等候 5~10ms，无法连续写入成批数据。为此，EEPROM 内部常设有一定容量的输入缓冲器，对 EEPROM 的写入就变成对输入缓冲器的装载，装载完后启动一个自动写入逻辑将缓冲器中的全部数据一次写入 EEPROM 阵列中。对缓冲器的输入称为页写，缓冲器的容量称为页写字节数。AT24C02 的页写字节数为 8，占用最低 3 位地址，只要从最低 3 位零地址开始写入，不超过页写字节数时，对 EEPROM 器件的写入操作与对缓冲器的操作相同。若超过页写字节数时，应等候 5~10ms 后再启动一次写操作。

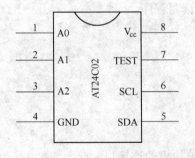

图 8-14　AT24C02 引脚图

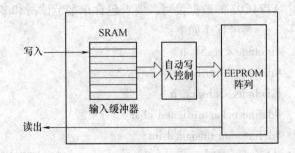

图 8-15　AT24C02 内部结构示意图

（3）AT24C02 数据操作格式

对 AT24C02 内部存储单元读/写时，除了要寻址该器件的节点地址外，还需指定存储器读/写的子地址（SUBADR）。因此，参照图 8-6 和图 8-7 I^2C 主器件发送和接收数据格式，AT24C02 读/写 n 个字节的数据操作格式如图 8-16 所示。

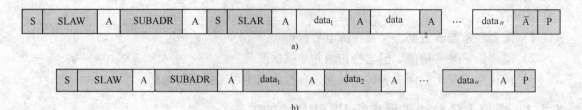

图 8-16　AT24C02 读/写 n 个字节的数据操作格式

a) 读 n 个字节的数据格式　　b) 写 n 个字节的数据格式

2. 单片机 I/O 口模拟 I²C 总线扩展 AT24C02

8051 单片机 I/O 口模拟 I²C 总线与 AT24C02 的接口电路如图 8-17 所示。

由图 8-17 可见，使用单片机 I/O 口模拟 I²C 总线的硬件连接非常简单，只需两根 I/O 线即可，在软件中分别定义成 SCL 和 SDA。电路中单片机的 P3.2 引脚作为串行时钟线 SCL，P3.3 引脚作为串行数据线 SDA，只需通过软件模拟 I²C 串行总线的通信时序即可。AT24C02 发送和接收的数据格式参见图 8-16 所示，其中起始、停止、应答等信号时序参见图 8-5 所示。

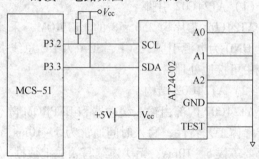

图 8-17　8051 单片机 I/O 口模拟 I²C 总线与 AT24C02 的接口电路图

8.4.2　串行 EEPROM 扩展举例

例 8-2　用图 8-17 所示的电路，用 C51 编程实现 8051 通过模拟 I²C 总线接口对 AT24C02 的数据读写，要求包含单字节读写和多字节读写程序。

参考程序如下：

```
#include < reg51. h >
#include < intrins. h >
#include  < absacc. h >
#define uchar unsigned char
#define uint unsigned int
sbit scl = P3^2 ;                        /* AT24C02 与单片机的连接口 */
sbit sda = P3^3 ;
/*************************** AT24C02 初始化程序 ***************************/
    void Init_24C02( )
    {
        scl = 1 ;
        _nop_( ) ;                       /* 等待一个指令周期 */
```

```
        sda = 1;
        _nop_( );
    }
```

/ *************************** 启动 I²C 总线 ******************************** /

```
    void start( )
    {
        sda = 1;
        _nop_( );
        scl = 1;
        _nop_( );
        sda = 0;
        _nop_( );
        scl = 0;
        _nop_( );
    }
```

/ *********************** 停止 I²C 总线 ********************************** /

```
    void stop( )
    {
        sda = 0;
        _nop_( );
        scl = 1;
        _nop_( );
        sda = 1;
        _nop_( );
    }
```

/ ******************** 写一个字节数据到 AT24C02 当前地址 ****************** /

```
    void Write_Byte_24C02( uchar j)
    {
        uchar i, temp;
        temp = j;
        for ( i = 0; i < 8; i ++ )
        {
            temp = temp << 1;
            scl = 0;
            _nop_( );
            sda = CY;
            _nop_( );
            scl = 1;
            _nop_( );
```

```
            }
        scl = 0;
        _nop_();
        sda = 1;
        _nop_();
    }
```

/ ****************** 从 AT24C02 当前地址读取一个字节数据 ********************** /

```
    uchar Read_Byte_24C02()
    {
        uchar i,j,k = 0;
        scl = 0;
        _nop_();
        sda = 1;
        for(i = 0;i < 8;i ++)
            {
                _nop_();
                scl = 1;
                _nop_();
                if(sda == 1) j = 1;
                else j = 0;
                k = (k << 1)|j;
                scl = 0;
            }
        _nop_();
        return(k);
    }
```

/ ************************* I^{2}C 总线时钟 ************************************ /

```
    void clock()
    {
        uchar i = 0;
        scl = 1;
        _nop_();
        while((sda == 1)&&(i < 255))i ++ ;
        scl = 0;
        _nop_();
    }
```

/ ****************** 从 AT24C02 指定地址中读取一个字节数据 ******************** /

```
    uchar Read_24C02(uchar address)
    {
```

```
        uchar i;
        start();
        Write_Byte_24C02(0xa0);
        clock();
        Write_Byte_24C02(address);
        clock();
        start();
    Write_Byte_24C02(0xa1);
        clock();
        i = Read_Byte_24C02();
        stop();
        Delay(10);
        return(i);
    }
/ ***************** 向 AT24C02 指定地址中写入一个字节数据 ***************** /
    void Write_24C02(uchar address,uchar data)
    {
        EA = 0;
        start();
        Write_Byte_24C02(0xa0);
        clock();
        Write_Byte_24C02(address);
        clock();
        Write_Byte_24C02(data);
        clock();
        stop();
        EA = 1;
        Delay(50);
    }
void main(void)
    {
        uchar uchar my_data,myarray[8];
        uchar i;
        init_24C02();                    / * 初始化 AT24C02 * /
        Write_24C02(10,5);               / * 将数据 5 写到 AT24C02 的 0x0A 地址处 * /
        my_data = Read_24C02(10)         / * 将 0x0A 地址处的数据读出 * /
        for(i = 0;i < 8;i ++)
        {
            Write_24C02(i,i);            / * 将数据 0 ~ 7 分别写到地址 0x00 ~ 0x7 * /
```

```
    myarray[i] = Read_24C02(i);  /*将地址 0x00～0x7 数据读出并存放入数组中*/
    }
}
```

8.5　I/O 口的扩展

8.5.1　单片机系统 I/O 口扩展的基本概念

单片机系统的 I/O 口是单片机与外界进行信息交换的桥梁。单片机本身的 I/O 口虽然能实现简单的数据 I/O 操作，但其功能只有基本的数据锁存和缓冲功能，没有控制功能；另外，由于引脚的限制，系统扩展时已占用了 P0 口、P2 口和 P3 口，所以剩下来真正能作为数据 I/O 使用的就只有 P1 了。而单片机控制应用中外部设备的种类繁多，输入输出的信息可以是数字量、模拟量或是开关量，信息传输的速度也不一定相同，因此，在实际应用中常要使用扩展的方法，增强 I/O 口的功能，增加 I/O 口的数量。

1. 单片机系统接口的功能

单片机系统的 I/O 口要完成单片机与外设的可靠通信，使外设正常工作，必须进行接口电路的设计和相应软件的编制。因此单片机的 I/O 口应具有以下功能：

（1）数据的寄存和缓冲功能

由于外部设备（如打印机等）的工作速度与主机相差甚远，因此为了充分发挥 CPU 的工作效率，实现外设与主机的良好速度匹配，为主机与外设的批量数据传输创造条件，接口内需设置有数据寄存器或者数据缓冲区。

（2）地址译码和设备选择功能

由于系统中可能带有多个外设，而 CPU 在同一时间里只能与一个外设交换信息，因此必须通过接口的地址译码来完成外设的选择。

（3）信号转换功能

由于外部设备种类繁多，因此接口必须提供信号转换功能以实现单片机与外设信号的顺利通信。这种转换可能是电平转换，也可能是数据格式、位数的转换，还可能是传送方式的并—串或者串—并转换等。

（4）对外设的控制和联络功能

接口在实施对外部设备的控制与管理时，一方面要能接收 CPU 送来的命令字或控制信号，另一方面外部设备的工作状况也能通过接口返回状态字或应答信号给 CPU，以"握手联络"过程来保证主机与外设输入/输出操作的同步。

（5）中断管理功能

为了满足实时性和主机与外设并行工作的要求常需要采用中断传送的方式，因此要求接口有产生中断请求的能力以及中断管理的能力。

（6）可编程功能

为了增加接口的灵活性和可扩充性，使接口向智能化方向发展，现在的接口芯片大多数都是可编程的，在不改变硬件的情况下，只需修改程序即可改变接口的工作方式。

实际系统中，并不是所有接口都需具备上述全部功能。不同的外设，其接口复杂程度可能相差甚远，但最基本的功能是，输入接口主要是解决数据输入的缓冲（设备选择）问题；输出接口主要是解决数据保持（数据锁存）问题。

2. 单片机与 I/O 设备之间的接口信息

单片机与 I/O 设备之间传送的信息通常包括数据信息、状态信息和控制信息。

数据（Data）信息是指单片机与 I/O 设备之间传送的数据，主要包括数字量、模拟量、开关量三种基本类型。

状态（Status）信息是指 I/O 设备当前的状态信息。如输入时 CPU 常要先查询输入设备的信息是否准备好（Ready），准备好才传送；输出时 CPU 常要查询输出装置是否有空闲（Empty），数据寄存器中数据是否已全部输出，若输出装置正在输出信息，则以忙（Busy）指示，CPU 不能输出新的数据。

控制（Control）信息是指控制 I/O 设备的信息，例如控制 I/O 设备启动或停止等信息。

由此可见，I/O 口要完成单片机与外部 I/O 设备间的信息传送，其实质也就是要完成数据、状态和控制信息的传送，而这些信息传送是通过接口中的端口（Port）来完成的。

端口是接口中 CPU 可以用 I/O 指令对其直接访问的寄存器，一个典型的 I/O口如图 8-18 所示。一个接口电路通常占有三个 I/O 地址（亦称端口地址），分别对应数据端口、状态端口和控制端口。其中数据端口是双向的，而状态端口和控制端口是单向的，状态端口只作输入操作，控制端口只作输出操作。注意单片机 CPU寻址的是端口，而不是笼统的外部设备。

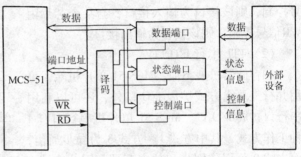

图 8-18 典型的 I/O 口

当然，接口电路中端口的具体安排，与外设和传送控制方式有关。

3. I/O 信息传递方式

尽管单片机内的数据总线是并行的，但有时为了减少 I/O 口线，或者为了长距离传递信息的需要，I/O 的数据传送除了并行方式外还有串行方式。这两种方式各有特点，适用于不同场合。

（1）并行 I/O

数据的并行 I/O，以字节（或字）为单位，其中的各位同步收发。这种方式的接口数据通道宽（例如 8 位），硬件需求量大，但传送速度高，适用于较近距离。

（2）串行 I/O

将每个字节（或字）按顺序以位（bit）为单位来进行传送，称为串行 I/O。串行接口的数据通道窄，硬件需求量小，但传送的速度较低，适合于远距离使用。许多异步通信设备都使用这种方式。

8.5.2 一般 I/O 口的扩展

MCS-51 系列单片机虽然有 32 根 I/O 线，但是当单片机扩展片外存储器后，P0 口和 P2口已被用作地址数据总线，P3 口的 P3.6、P3.7 也被用作控制信号线，因此提供用户作为 I/O 线的只有 P1 口及 P3 口的 P3.0 ~ P3.5，对于需要较多 I/O 线的单片机系统就不够用了，此时需要扩展 I/O。本节主要介绍用小规模集成芯片扩展 I/O 口及可编程 I/O 口的扩展。

1. 简单 I/O 扩展

（1）TTL 并行 I/O 口

采用 TTL 电路或 CMOS 电路扩展 I/O 口是一种最常见的微机 I/O 扩展手段。常用的输入接口芯片有 74LS244，74LS245 等，输出接口芯片有 74LS273 、74LS373 等。

MCS-51 单片机扩展 I/O 和外部 RAM 统一编址，每个扩展的 I/O 口当做外部 RAM 的一个存储单元，访问 I/O 就像访问外部 RAM 一样，因此在扩展 I/O 接口时，与扩展外部 RAM 一样，硬件连线要用到$\overline{RD}$或$\overline{WR}$控制信号，同样还需要片选信号。由于 TTL 接口电路控制信号脚较少，往往只有一个控制脚，因此在扩展时，可将单片机的两种控制信号经过逻辑门电路组合后再送至接口控制端，如采用或门将$\overline{WR}$和 A15 组合后接输出接口如图 8-19 所示，当 A15、$\overline{WR}$同时为"0"时，或门输出由高变低，74LS273 将 D1 ~ D8 送至 Q1 ~ Q8 输出，当 A15 及$\overline{WR}$只要一个为"1"时，74LS273 输出锁存。

在单片机系统中，当某个接口芯片由$\overline{RD}$信号控制，则该接口为输入接口，当某个芯片由$\overline{WR}$信号控制，则该接口为输出接口。

（2）TTL 串行 I/O 口

和存储器扩展类似，MCS-51 单片机除了可用并行三总线方式扩展 I/O 口外，还可以利用串行口扩展 I/O 口。MCS-51 单片机串行口有 4 种工作方式，其中方式 1 ~ 方式 3 为异步通信，而方式 0 可用作同步移位寄存器，因此方式 0 即可用作 I/O 扩展。

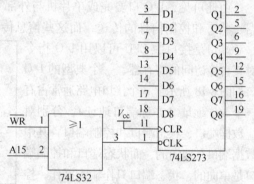

图 8-19　74LS273 输出电路

MCS-51 单片机串行口扩展时，必须采用串行输入/并行输出的移位寄存器，由它再接外部设备，常用的芯片有 74LS164；或者采用并行输入/串行输出的移位寄存器，将外部信号移入单片机串行口缓冲器，常用的芯片有 4014，4094 等。

图 8-20 给出了用两片 74LS164 扩展 16 位输出口的扩展实例。图中，RXD（P3.0）为串

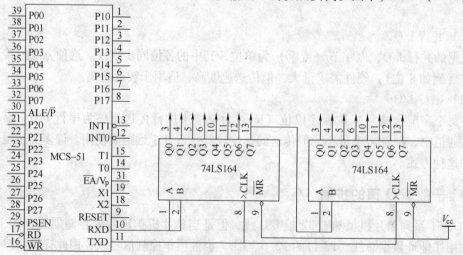

图 8-20　单片机串行口扩展输出接口

行输出数据口，TXD（P3.1）为同步移位信号，右边的 74LS164 的数据由左边的 74LS164 的 13 脚输出口移入。TXD 每输出一个由低到高的信号，两片 74LS164 的数据（Q0～Q7）向右移一位。当连续发出 16 个同步信号后，两片 74LS164 输出一组新的数据。串行 I/O 接口数据输出程序编程有两种方法，一种是利用单片机串行移位寄存器输出，P3.0（RXD）数据输出口，P3.1（TXD）同步信号输出；另一种是利用位操作指令模拟串行数据输出方式编程，可适用于任意单片机端口。

例 8-3　试编程将内部 RAM 30H、31H 的内容由图 8-20 输出，30H 单元先送。

解　程序 1：采用串行口移位输出

```
        MOV   R2, #2
        MOV   R0, #30H        ; R0 地址指针
LOOP:   MOV   SBUF, @R0       ; 串口输出
        JNB   TI, $           ; 等待输出结束
        CLR   TI              ; 清除标志
        INC   R0              ; 地址指针 + 1
        DJNZ  R2, LOOP;
        SJMP  $
```

程序 2：采用位操作模拟串行数据输出

```
        MOV   R2, #2
        MOV   R0, #30H        ; R0 地址指针
LOOP:   MOV   R3, #8          ; R3 8 位输出控制
        MOV   A, @R0          ; 取数
LOOP1:  RRC   A              ; 移出一位
        MOV   P3.0, C         ; 送数据输出口
        SETB  P3.1            ; 产生移位脉冲
        CLR   P3.1
        DJNZ  R3, LOOP1       ; 8 位移完?
        INC   R0              ; 地址指针 + 1
        DJNZ  R2, LOOP
        RET
```

2. 可编程 I/O 的扩展

可编程 I/O 口的特点是通过程序设置引脚不同的工作方式，CPU 不需要其他的硬件，一片芯片可扩展较多的 I/O 接口，使用灵活方便，通用性强。

8255A 是一个典型的可编程通用并行接口芯片，它具有三个 8 位的并行口，有三种工作方式，可作为单片机与各种外设连接的接口电路。

（1）8255A 的内部结构

8255A 内部结构如图 8-21 所示，由三部分电路组成。

1）与 CPU 的接口电路。与 CPU 的接口电路由数据总线缓冲器和读/写控制逻辑组成。数据总线缓冲器构成 CPU 与 8255A 之间的信息传送通道，读/写控制逻辑电路用于控制 8255A 内部寄存器的读/写操作和复位操作。

2）内部控制逻辑电路。内部控制逻辑电路包括 A 组控制与 B 组控制两部分。A 组控制部件用来控制 A 口 PA7～PA0 和 C 口的高 4 位 PC7～PC4；B 组控制部件用来控制 B 口 PB7～PB0 和 C 口的低 4 位 PC3～PC0。它们接收 CPU 发来的控制命令，对 A、B、C 三个端口的输入/输出方式进行控制。

3）输入输出接口电路。8255A 有 A、B、C 三个 8 位并行端口，A 口和 B 口分别有一个 8 位的数据输出锁存/缓冲器和一个 8 位数据输入锁存器，C 口有一个 8 位数据输出锁存/缓冲器和一个 8 位数据输入缓冲器，用于存放 CPU 与外设交换的数据。

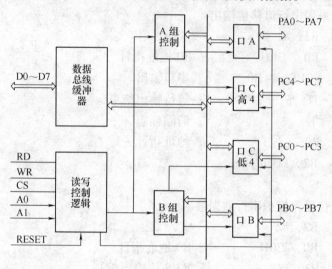

图 8-21　8255A 内部结构图

（2）8255A 的引脚信号

8255A 的外部引脚如图 8-22 所示，共有 40 个引脚，其引脚按功能分为三类。

1）数据输入、输出引脚。D0～D7 用于传送数据和控制字，双向传送。

2）I/O 口线。PA0～PA7 为 A 口的输入、输出线，可由软件编程设置为输入还是输出。PB0～PB7 为 B 口的输入、输出线，可由软件编程设置为输入还是输出。PC0～PC7 为 C 口的输入、输出线，根据工作方式可分为两组独立工作，可由软件编程设置为输入还是输出。

3）控制及地址线。$\overline{RD}$ 为读信号线，低电平有效。$\overline{WR}$ 为写信号线，低电平有效。$\overline{CS}$ 为片选信号线，低电平有效，只有当 $\overline{CS}=0$ 时，才可对本片 8255A 进行读或写的操作。A0、A1 为端口地址选择信号，由于 8255A 包括 3 个 I/O 口以及一个命令寄存器，因此需要 4 个端口地址。

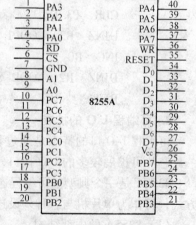

图 8-22　8255A 的外部引脚

A0、A1 位由 8255 内部译码产生 4 个有效地址，具体规定见表 8-3。在实际使用中，8255A 的端口地址通常由 $\overline{CS}$、A0、A1 一起确定。RESET 为复位输入信号。高电平时使 8255A 复位，复位后 8255A 的 PA、PB、PC 口均为输入状态。

表 8-3　8255A 端口选择

$\overline{CS}$	A1　A0	选　择	$\overline{CS}$	A1　A0	选　择
0	0　0	PA 口	0	1　0	PC 口
0	0　1	PB 口	0	1　1	方式控制字/状态寄存器

（3）8255A 的工作方式

8255A 是一种可编程器件，通过软件编程的方法选择 8255A 的工作方式。

8255A 有 3 种基本的工作方式：方式 0，方式 1，方式 2。其中 PA 口可以工作在 3 种方式，PB 口可工作在方式 0 和方式 1，PC 口只能工作在方式 0。下面对 3 种工作方式进行分析。

1）方式 0 为基本输入/输出方式。这种方式下，PA、PB 口各 8 位均定义为输入或输出，PC 口的低 4 位及高 4 位可独立定义为输入或输出。定义为输出口均有锁存数据的能力，而定义为输入口无锁存能力。

方式 0 适合于无条件传送方式，CPU 直接执行输入输出指令。

2）方式 1 又称选通的输入输出方式。在这种方式下，PA 口、PB 口可作为数据的输入或输出口，但数据的输入输出要在选通信号控制下来完成，这些选通信号来自于 PC 口的某些位提供的。在方式 1 输入/输出情况下，PC 口的 8 位的定义见表 8-4。

表 8-4　8255A 方式 1 下 PC 口各位功能表

PC 口	方式 1 输出	方式 1 输入	PC 口	方式 1 输出	方式 1 输入
PC0	$INTR_B$	$INTR_B$	PC4	I/O	$\overline{STB}_A$
PC1	$\overline{OBF}_B$	IBF_B	PC5	I/O	IBF_A
PC2	$\overline{ACK}_B$	$\overline{STB}_B$	PC6	$\overline{ACK}_A$	I/O
PC3	$INTR_A$	$INTR_A$	PC7	$\overline{OBF}_A$	I/O

①工作方式 1 输入时各控制联络信号的功能如下：

$\overline{STB}$：选通输入信号（输入），低电平有效，由外设提供。当 $\overline{STB}$ 信号有效时，外设把数据输入 PA 口和 PB 口。

IBF：输入缓冲器满信号（输出），高电平有效，由 8255A 输出给外设。当 IBF 有效时，表示 8255 的输入缓冲器发生数据变化尚未被 CPU 取走，由此可通知外设暂不要输入数据。

INTR：中断请求信号（输出），高电平有效，由 8255A 发出，向 CPU 请求中断。

②工作方式 1 输出时各控制联络信号的功能如下：

$\overline{OBF}$：输出缓冲器满信号（输出），低电平有效，由 8255A 输出给外设。该信号通知外设，在外设端口上已有一个有效数据，外设可以从端口读取数据。

$\overline{ACK}$：外设响应信号（输入），低电平有效，表示外设已取走数据。

INTR：中断请求信号（输出），高电平有效，由 8255A 发出，向 CPU 请求中断。

在方式 1 下，8255 的 PA 口和 PB 口可以同时为输入或输出，也可一个为输入，另一个为输出，也可两端口处于不同的工作方式，这些都可通过编程灵活地实现。

3）方式 2 又称为双向传输方式，只适用于 PA 口。方式 2 中 8255A 的 PA 口能利用 8 位数据线与 CPU 进行双向通信，既能发送数据，也能接收数据。因此 PC 口的 5 根线用来提供双向传输所需的控制信号。PC 口的各位联络控制信号如图 8-23 所示。各位的含义与方式 1 相同。剩余的 PC0~PC2 可作 I/O 使用或用作 PB 口的方式 1 的控制线。

（4）方式控制字及状态字

8255A 三个端口的工作方式选择，由 CPU 写入的方式控制字确定。8255A 的方式控制字由 8 位二进数组成，其格式如图 8-24 所示。

由控制字可知 PA、PB、PC 端口可以选择不同的工作方式，也可以设定输入端口或输出端口。由于 8255A 的输入/输出结构非常灵活，因此能够和多种输入/输出设备接口。

PC 口有一特殊控制方式，可以通过写入控制字进行位操作控制，可按位置位（置 1）或复位（清零）。PC 口位操作控制字如图 8-25 所示。

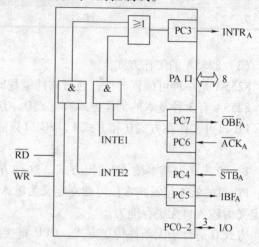

图 8-23　8255A 方式 2 联络信号

PC 口控制字与方式控制字输入在同一个地址中，由最高标志符识别，最高位为"0"，区别于方式控制字"1"。

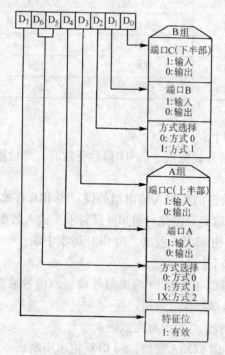

图 8-24　8255A 方式控制字

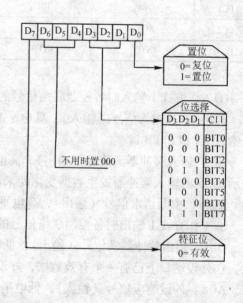

图 8-25　PC 口位操作控制字

（5）8255A 的应用

1) 8255A 与 MCS-51 单片机和外设的连接。8255A 与 MCS-51 单片机的连接引脚见表 8-5，而 PA、PB、PC 口与外部设备信号连接。

表 8-5 8255A 与 MCS-51 单片机的连接引脚

MCS-51 单片机引脚	8255A 引脚	MCS-51 单片机引脚	8255A 引脚
P0.0 ~ P0.7	D0 ~ D7	低位地址 2 位	A0、A1
P3.6($\overline{WR}$)	$\overline{WR}$	地址译码信号	$\overline{CS}$
P3.7($\overline{RD}$)	$\overline{RD}$		

2) 8255A 初始化编程。8255A 与单片机连接及 PA 口、PB 口、PC 口与输入/输出设备连接确定后，8255A 在使用之前必须进行初始化编程，即合适地选择方式控制字写入 8255A 的控制寄存器中。下面给出 8255A 几种应用的初始化程序例子。

例 8-4 设 8255A 控制字寄存器地址为 8003H，PA、PB、PC 口全部用作输入，且工作方式 0。试对 8255A 初始化编程。

解 首先根据题意确定 8255A 的方式控制字。按图 8-24 所示的方式控制字格式，本题的方式控制字为 10011011B，则初始化程序如下：

```
MOV   DPTR, #8003H        ; 控制字寄存器地址
MOV   A, #9BH             ; 方式控制字
MOVX  @ DPTR, A           ; 写入 8255A
```

如果全部输出，则方式控制字为 10000000B = 80H。

例 8-5 已知 8255A 的 PA 口输出，工作在方式 0，PB 口输入，工作在方式 0，8255A 的控制字地址 9FFFH，试编程实现 PB 口输入的数据通过 PA 口输出。

解 由于 PA 口工作在方式 0 且输出，PB 口工作在方式 1 且输入，因此控制字为 10000010B = 82H。程序如下：

```
MOV   DPTR, #9FFFH        ; 控制字寄存器地址
MOV   A, #82H             ; 方式控制字
MOVX  @ DPTR, A           ; 写入 8255A
MOV   DPTR, #9FFDH        ; PB 口地址
MOVX  A, @ DPTR           ; 读取 PB 口数据
DEC   DPL                 ; 指向 PA 口地址
MOVX  @ DPTR, A           ; 将 PB 口数据通过 PA 口输出
```

3) 8255A 应用举例。

例 8-6 如图 8-26 所示，由 PA 口输出点亮 8 段数码管，PC 口接 8 个开关用作输入信号。当某开关闭合时显示相应的开关号，即 S1 合显示"1"，S2 合显示"2"，依此类推。试编程实现。

解 首先确定方式控制字，PA 口应该工作在方式 0 且输出，PB 口没有用，PC 口输入，则方式控制字是 10001001B。由图 8-26 与表 8-3 不难确定 8255A 的 4 个地址分别为（无关位取 1）PA 口 7CFFH，PB 口 7DFFH，PC 口 7EFFH，控制字寄存器地址 7FFFH。

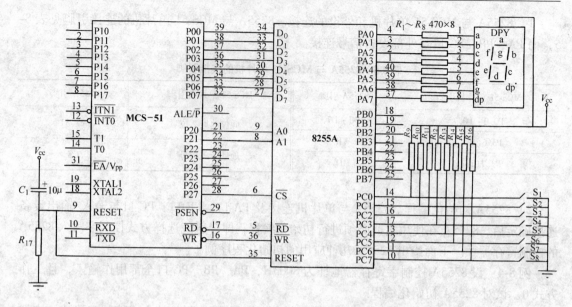

图 8-26 例 8-6 电路原理图

程序流程图如图 8-27 所示。

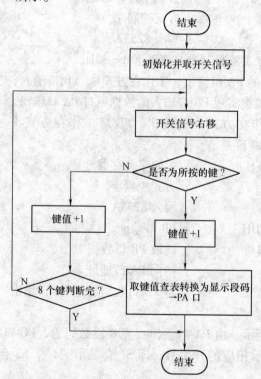

图 8-27 例 8-6 程序流程图

应用子程序如下：

EX8255：MOV　DPTR，#7FFFH　　　　　　　　　　　　；8255A 初始化

```
        MOV   A, #89H
        MOVX  @ DPTR, A
        MOV   DPTR, #7EFFH          ; 取开关信号
        MOVX  A, @ DPTR
        MOV   R3, #0                ; 开关号单元清零
        MOV   R2, #8                ; 8 个键
EX82_ 1: RRC   A                    ; 移出一位信号
        JC    EX82_ 2               ; 判断开关断转跳
        INC   R3                    ; 键号 +1
        MOV   A, R3                 ; 显示值转换显示码
        MOV   DPTR, #DIRTAB         ; 7 段数码管显示段码表首地址
        MOVC  A, @ A + DPTR         ; 查表
        MOV   DPTR, #7CFFH          ; 送 PA 口显示
        MOVX  @ DPTR, A
        RET
EX82_ 2: INC   R3                   ; 键号 +1
        DJNZ  R2, EX82_ 1           ; 8 个键判完?
        RET
DIRTAB: DB   0C0H, 0F9H, 0A4H, 0B0H ; 定义段码 0, 1, 2, 3
        DB   99H, 92H, 82H, 0F8H    ; 4, 5, 6, 7
        DB   80H, 98H, 88H, 83H     ; 8, 9, A, B
        DB   0C6H, 0A1H, 86H, 8EH   ; C, D, E, F
```

本 章 小 结

　　本章阐述了 MCS-51 单片机的存储器和 I/O 口部件的扩展方法,并对单片机系统扩展的一些典型实例进行分析。

　　单片机系统的扩展可分为并行扩展和串行扩展两种方式,占主导地位的是并行三总线扩展方式。本章在分析三总线构成的基础上,讲述了外部程序存储器与数据存储器（含 I/O口）的总线扩展方法,分别介绍了片选信号的两种产生办法,即线选法和译码法,扩展芯片较少时采用线选法,而芯片较多情况下通常采用译码法。此外,本章还以 EEPROM 扩展为例,特别介绍了 I^2C 总线串行扩展及编程方法。

　　随着单片机的发展,在单片机片内包含容量越来越多的 EEPROM、Flash RAM。一般单片机系统所用的各种存储器利用片内的存储器就足够了,并且存放的程序可进行加密保护,保障知识产权不被他人剽窃。这使得单片机系统资源的扩展更多的是 I/O 口的扩展。由于接口种类较多,本章只对开关量信号的输入、输出的部分接口作了介绍,重点介绍了可编程输入输出接口芯片 8255A,其他接口在以后的章节中介绍。

思考题与习题

8-1　MCS-51 单片机存储器为什么分为程序存储器空间和数据存储器空间? I/O 口扩展属于哪个空间?

8-2 MCS-51 单片机系统采用 27128 扩展程序存储器，用线选法在 16 根地址线内最多可扩展几片？此时程序存储器的容量是多少？

8-3 MCS-51 单片机的控制线有哪些信号线？它们的作用是什么？

8-4 MCS-51 单片机 P0 口作地址总线时为什么用锁存器？

8-5 某单片机系统需要 32KB 数据存储器，试求：

（1）选用合适的芯片设计原理图；

（2）确定数据存储器的地址范围。

8-6 简述利用 I^2C 总线串行通信的特点。

8-7 I^2C 总线的起始和停止条件是什么？

8-8 什么是单片机系统 I/O 口？I/O 口应具有哪些功能？

8-9 什么是接口电路中的端口？为什么说 MCS-51 的 I/O 编址是统一方式而非独立方式？

8-10 在单片机中，使用哪三种控制方式实现数据的 I/O 传送？试说明各种方式的特点。

8-11 某 8255A 工作在 PB 口选通输入、PA 口输出、PC 口高 4 位输出，试确定 8255A 的方式控制字。

8-12 某单片机系统扩展 8255A 作 I/O 口，硬件连接采用单片机的 A0、A1 分别接 8255A 的 A0、A1，单片机的 P2.6 接 8255A 的 $\overline{CS}$，试画出单片机系统的原理图并确定 8255A 各端口的地址。

第9章 单片机系统人机接口技术

接口（Interface）是 CPU 和外界进行信息交换的桥梁，包括 CPU 和外存储器接口、输入/输出（I/O）接口、通信接口、过程控制接口和智能仪器接口等。单片机系统人机接口技术是研究单片机如何与外界进行连接与匹配以实现单片机与外界高效、可靠的信息交换的一门技术，它要采用硬件电路设计和软件程序编制相结合的方式。

本章主要讨论 MCS-51 单片机系统人机接口技术，包括键盘接口技术、显示器接口技术、遥控输入键盘接口技术等。其中，I/O 接口的扩展方法在第 8 章已作介绍，这里不再赘述。

9.1 单片机系统显示器接口技术

显示器作为计算机系统重要的输出设备，常用于直观地显示数字系统的运行状态和工作数据。单片机系统中常用的显示器，按其材料及生产工艺分有 LED 显示器和 LCD 显示器；按其显示形式分有分段式、点阵式、条图（光柱）式显示器，可用于数字、符号、文字、图形、光柱显示。本节主要介绍 LED 和 LCD 显示器的原理、控制方法以及与单片机的接口技术。

9.1.1 单片机应用系统中常用的显示器

1. LED 显示器

LED（Light Emitting Diode）显示器是一种外加电压在发光二极管上产生可见光的器件。它具有体积小、质量轻、工作电压低、稳定、寿命长、响应时间短（一般不超过 $0.1\mu s$）、发光均匀、清晰、亮度高等优点，与 LCD 显示器相比，更适于在光线暗的环境中使用。它的主要缺点是工作电流较大。

2. LCD 显示器

LCD（Liquid Crystal Display）显示器是一种采用液晶控制透光度技术来实现色彩的显示器。它具有体积小、质量轻、低电压、微功耗、抗干扰能力强等优点，因此被广泛应用于各种便携式电子信息产品，如笔记本电脑、手机、计算器、数字式仪表上。

9.1.2 LED 显示器及其接口设计

1. LED 显示器的结构与工作原理

常用的 LED 显示器由 8 个发光二极管组成，也称 8 段 LED 显示器，其排列形状如图 9-1 所示。它由 7 个字符段和一个小数点段组成，其中字符段发光二极管亮暗的不同组合可以显示多种数字、字母以及其他符号，小数点段 dp 用于显示小数点。LED 显示器中的发光二极管共有两种连接方法：共阳极接法和共阴极接法。

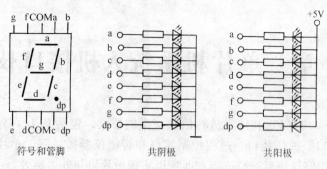

图 9-1　LED 显示器

为了使 LED 显示器显示不同的数字或符号，就要把不同段的发光二极管点亮，这样就要为 LED 显示器提供显示字形代码。这些代码可使 LED 相应的段发光，从而显示不同字形，称为段码（或称为字形码）。LED 显示器的显示段与段码位的对应关系第 7 章已给出。按照这种对应关系，LED 显示器十六进制数的段码见表 9-1。

表 9-1　LED 显示器十六进制数的段码表

字形	段　　　　　　　g f e d c b a		共阳极代码	共阴极代码	字形	段　　　　　　　g f e d c b a		共阳极代码	共阴极代码
0	暗 亮 亮 亮 亮 亮 亮		C0H	3FH	9	亮 亮 暗 亮 亮 亮 亮		90H	6FH
1	暗 暗 暗 暗 亮 亮 暗		F9H	06H	A	亮 亮 亮 暗 亮 亮 亮		88H	77H
2	亮 暗 亮 亮 暗 亮 亮		A4H	5BH	b	亮 亮 亮 亮 亮 暗 暗		83H	7CH
3	亮 暗 暗 亮 亮 亮 亮		B0H	4FH	C	暗 亮 亮 暗 暗 暗 亮		C6H	39H
4	亮 亮 暗 暗 亮 亮 暗		99H	66H	d	亮 暗 亮 亮 亮 亮 暗		A1H	5EH
5	亮 亮 暗 亮 亮 暗 亮		92H	6DH	E	亮 亮 亮 亮 暗 暗 亮		86H	79H
6	亮 亮 亮 亮 亮 暗 亮		82H	7DH	F	亮 亮 亮 暗 暗 暗 亮		8EH	71H
7	暗 暗 暗 暗 亮 亮 亮		F8H	07H	全灭	暗 暗 暗 暗 暗 暗 暗		FFH	00H
8	亮 亮 亮 亮 亮 亮 亮		80H	7FH					

段码的显示可用硬件译码和软件查表方法实现。使用 LED 显示器时要注意区分这两种不同方法所适用的硬件译码器件或软件译码的代码。

2. LED 显示器显示方式及接口设计

LED 显示器显示接口按驱动方式可分成静态显示和动态显示两种方式，按 CPU 向显示器接口传送数据的方式则可分成并行传送和串行传送两种显示数据传送方式。

（1）静态显示

所谓静态显示，就是数码管的各笔画段都由具有锁存能力的 I/O 口引脚直接驱动，CPU 将段码写入锁存器后，每个数码管都由锁存器持续驱动，直到下一次 CPU 更新锁存器存储的段码之前，数码管的显示保持不变。也就是说，静态显示时，除变更显示数据期间外，各显示器均处于通电显示状态，每个显示器通电占空比约为 100%。因此，静态显示的优点是显示稳定，亮度高；但缺点是占用硬件电路（如 I/O 口、驱动器等）多，N 个显示器共占用 N 个显示数据驱动器。

　　静态显示器可以采用 CPU 的并行 I/O 口（如 P1 口）、8155、8255A 芯片的扩展口等实现；也可以由单片机串行口扩展串入/并出移位寄存器来实现，如 74LS164、74LS47 等。下面举例说明 51 单片机利用硬件译码实现静态显示功能。

　　常用的 LED 静态驱动接口器件有：驱动共阴极 LED，可选用 CD4511、CD4513、CD14495；驱动共阳极 LED，可选用 74LS74、74LS274。

　　CD4513 是 BCD/译码器/驱动器，可与单片机的数据总线相连，由硬件实现 BCD 码到 7 位显示段码的转换，并提供足够的功率去驱动发光二极管，其引脚及内部结构如图 9-2 所示。74LS138 是 3-8 译码器，用于选择 CD4513。例如，用 CD4513 驱动 4 位共阴极 LED 静态显示，接口电路如图 9-3 所示，4 位显示端口地址为 90H~93H。

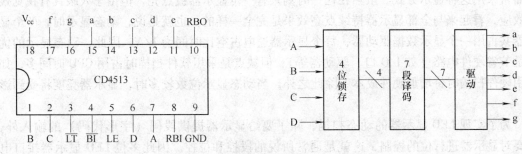

图 9-2　CD4513 引脚及内部结构图

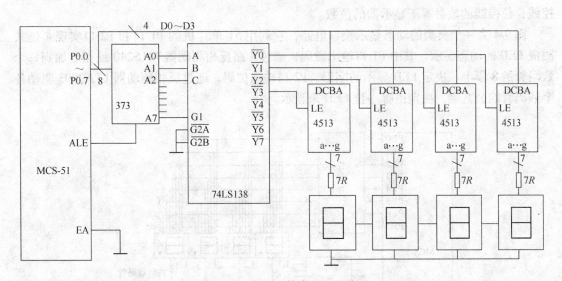

图 9-3　4 位 LED 静态显示电路图

　　把内存 RAM 40H~43H 单元中四个非压缩 BCD 码送显示器，程序段如下：

```
        MOV   R0, #90H
        MOV   R1, #40H
        MOV   R2, #04H
DISP:   MOV   A, @R1
        MOVX  @R0, A
```

```
INC    R1
INC    R0
DJNZ   R2，DISP
RET
```

可见，使用这种接口方法，虽然软件简单，但使用硬件却比较多，且硬件译码缺乏灵活性（如 4513 只能用 BCD 码译码且显示字形不能改变）。因此，在实际应用中使用较为普遍的是以软件来代替硬件译码。

（2）动态显示

所谓动态显示，是采用动态扫描的方法逐个地循环点亮各位显示器，对于多位 LED 显示器常采用这种显示方式。虽然在任一时刻只有一位显示器被点亮，但由于人眼具有视觉残留效应，看起来与全部显示器持续点亮效果是完全一样的。也就是说，动态显示时，N 个显示器共占用一个显示数据驱动器，每个显示器通电占空比时间为 $1/N$。因此，动态显示的优点是节省硬件电路（如 I/O 口、驱动器等）；但缺点是采用软件扫描时占用 CPU 时间多，如采用硬件扫描时将增加硬件成本，除此之外，当动态显示位数较多时，显示器亮度将受到影响。

为了实现 LED 显示器的动态扫描，除了要给显示器提供段码（字形代码）的输入外，还要对显示器进行位的控制，这就是通常所说的段控和位控。因此多位 LED 显示器接口电路需要有两个输出口，其中一个用于输出 8 条段控线（有小数点显示）；另一个用于输出位控线，位控线的数目等于显示器的位数。

图 9-4 为一个典型的动态显示接口电路，它利用 51 单片机的 P1 口和 P2 口实现 4 位共阴极 LED 的动态显示。其中 P1 口输出段码，通过 8 路反相驱动器 74LS240 反相后加到每个数码管的 8 段上，决定 LED 显示的字形，P2 口输出位码，通过反相驱动器 ULN2003 驱动各个数码管的公共端，决定由哪一位 LED 来显示。

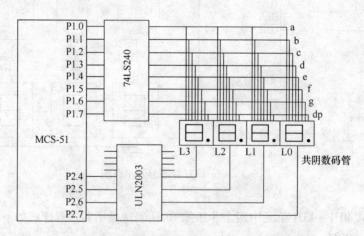

图 9-4　用单片机 I/O 口扩展的 4 位 LED 动态显示电路

例 9-1　根据图 9-4 所示的 LED 动态显示电路图，编写显示子程序，控制 LED 自左向右依次显示缓冲区中已存放好的 4 个 0 ~ 9 的数。

解　显示子程序的流程如图 9-5 所示。

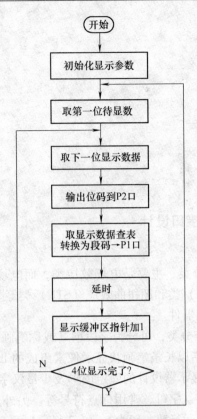

图 9-5　显示子程序流程图

子程序如下：

```c
#include < reg51. h >
unsigned char code led_code[ ] = {0xc0, 0xf9, 0xa4, 0xb0, 0x99, 0x92, 0x82, 0xf8, 0x80,0x90};
                                                    /* 共阳字形段码表 */
Unsigned char code buf[ ] = {0x01,0x02, 0x03, 0x04};      /* 显示 1234 */
Unsigned char code led_bit[ ] = {0x10,0x20,0x40,0x80};
void main( )
{
    unsigned char i, k;
    P2 = 0x00;                                        /* 关所有位显示 */
    while(1)
    {
        for ( i = 0;i < 4;i ++ )
        {
            P2 = led_bit[ i];                          /* 位码送入 P2 口 */
            k = buf[ i];
            P1 = led_code[ k];                         /* 段码送入 P1 口 */
            delay(20);                                 /* 显示延时 */
```

```
                }
            }
        }
    void delay( int x)
    {
        int i,j;
        for( i = 0 ; i < x ; i ++ )
        for( j = 0 ; j < 120 ; j ++ );
    }
```

9.1.3　LCD 显示器及其接口设计

1. LCD 显示器分类

　　LCD 显示器按电光效应分类，主要是电场效应类，而电场效应类可以分为扭曲向列效应（TN）类、宾主效应（GH）类和超扭曲效应（STN）类等。目前在单片微机系统中广泛应用的是 TN 型和 STN 型液晶器件。

　　LCD 显示器件按显示内容分类，可分为字段型（或称笔画型）、点阵字符型和点阵图形三种。字段型 LCD 显示器是指以长条笔画状显示像素组成的 LCD 显示器件，以 7 段显示最为常用，也包括为专用 LCD 显示器设计的固定图形及少量汉字等。点阵字符型 LCD 显示器有 192 种内置字符，包括数字、字母、常用标点符号等。另外用户可自定义 5×7 点阵字符或 5×11 点阵字符若干个，显示行数一般为 1 行、2 行、4 行三种，每行可显示 8 个、16 个、20 个、24 个、32 个和 40 个字符不等。点阵图形 LCD 显示器除可显示字符外，还可显示各种图形信息、汉字等，显示自由度大，常见的模块点阵从 80×32 到 640×480 不等。

2. 点阵字符型 LCD 显示器简介

　　在单片机应用系统中，常使用点阵字符型 LCD 显示器。点阵字符型 LCD 显示器是专门用于显示数字、字母、图形符号及少量自定义符号的显示器。这类显示器把 LCD 控制器、点阵驱动器、字符存储器装配在一块印制电路板（PCB）上，构成便于应用的液晶显示模块。

　　字符型液晶显示模块目前在国际上已经规范化，无论显示屏规格如何变化，其电特性和接口形式基本上是统一的。因此只要设计出一种型号的接口电路，在指令设置上稍加改动即可使用各种规格的字符型液晶显示模块。MDL（S）系列是目前世界上品种齐全的字符型液晶显示模块，它具有 8×1 ~ 40×4（字符×行）各种规格，应用广泛。本节主要介绍 MDL（S）系列点阵字符型液晶显示模块的基本特点，及其与单片机的接口电路与应用程序设计。

　　（1）MDL（S）字符型液晶显示模块简介

　　1）MDL（S）字符型液晶显示模基本特点如下：

　　①液晶显示屏是以若干个 5×8 或 5×11 点阵块组成的显示字符群，每个点阵块为一个字符位，字符间距和行距都为一个点的宽度。

　　②主要控制驱动电路为 HD44780 及其扩展驱动电路 HD44100 或其他公司与其兼容的 IC，另外再加少量电阻、电容元件，结构件等装配在 PCB 上而成。

　　③具有字符发生器 ROM，可显示 192 种字符；

④具有 64B 的自定义字符 RAM，可自定义 8 个 5×8 点阵字符或 4 个 5×11 点阵字符；

⑤具有 80B 的 RAM；

⑥标准的接口特性，适配多种系列 CPU 的操作时序；

⑦模块结构紧凑、轻巧、装配容易；

⑧单 +5V 电源供电（宽温型需要一个 -7V 的驱动电源）；

⑨低功耗、长寿命、高可靠性。

2）点阵字符型液晶显示模块电路框图如图 9-6 所示。

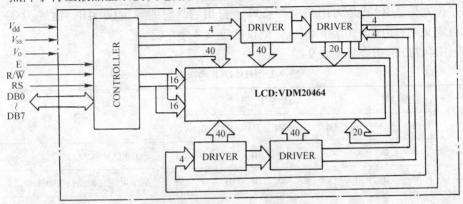

图 9-6　点阵字符型液晶显示模块电路框图

(2) MDL（S）系列模块控制器 HD44780 的结构特点

MDL（S）系列模块的控制器多为 HD44780（HITACHI）及其兼容电路，如 SED1278（SEIKO、EPSON 公司产品）等。HD44780 具有简单而功能较强的指令集，可实现字符移动、闪烁等功能，而且还具有驱动 40×16 点阵液晶像素的能力。与 CPU 的数据传输可采用 8 位并行传输或 4 位并行传输两种方式。

1）HD44780 主要引脚及其与 CPU 的接口信号如下：

①V_{dd}、V_{ss} 分别为电源引脚（5V）和接地。

②V1～V5 为 LCD 驱动电压，0～5V。

③RS 为输入，寄存器选择，"L" 为选指令寄存器，"H" 为选数据寄存器。

④R/$\overline{W}$ 为输入，"H" 为读操作，CPU←组件，"L" 为写作，CPU→组件。

⑤E 为输入，使能信号，R/$\overline{W}$ = "L"，E 下降沿有效，R/$\overline{W}$ = "H"，E = "H" 有效。

⑥DB0～DB7 为数据总线，输入或输出，在与 CPU 进行 8 位传送时 DB0～DB7 全部使用，与 CPU 进行 4 位传送时只用 D4～D7。

2）HD44780 的内部结构。HD44780 的控制电路主要由指令寄存器（IR）、数据寄存器（DR）、忙标志（BF）、地址计数器（AC）、显示数据寄存器（DDRAM）、字符发生器 ROM（CGROM）、字符发生器 RAM（CGRAM）和时序发生器电路构成。

①指令寄存器和数据寄存器用于寄存指令码，例如清显示指令等。IR 只能写入，不能读出；DR 用于寄存数据。DR 的数据由内部操作自动写入 DDRAM 和 CGRAM，或寄存从 DDRAM 和 CGRAM 读出的数据。

②BF = 1 时，表示组件正在进行内部操作，此时组件不接受任何外部指令和数据。

③地址计数器作为 DDRAM 或 CGRAM 的地址指针。如果地址码随指令写入 IR，则 IR 的地址码自动装入 AC，同时选择 DDRAM 或 CGRAM 单元。

AC 具有自动加 1 和自动减 1 的功能，当数据从 DR 送到 DDRAM（CGRAM）或者从 DDRAM（CGRAM）送到 DR 后，AC 自动加 1 或自动减 1。

④显示数据寄存器用于存储显示数据，能存储 80 个字符码。

⑤ 字符发生器 ROM 由 8 位字符码生成 5×7 点阵字符 160 种和 5×10 点阵字符 32 种，8 位字符编码和字符的对应关系，即内藏字符集。

⑥字符发生器 RAM 是为用户编写特殊字符用的，它的容量仅 64B，地址为 00～3FH，若用户自定义字符由 5×10 点阵组成，则仅能定义 4 个字符。

3）HD44780 的指令集见表 9-2。

表 9-2　HD44780 的指令集

指令名称	控制信号		指令代码								功　能
	RS	R/$\overline{W}$	D7	D6	D5	D4	D3	D2	D1	D0	
清屏	0	0	0	0	0	0	0	0	0	1	清 DDRAM 和 AC 值
归 HOME 位	0	0	0	0	0	0	0	0	1	*	AC＝0,光标画面归 HOME 位
设置输入方式	0	0	0	0	0	0	0	1	I/$\overline{D}$	S	I/$\overline{D}$＝1 增量方式,I/$\overline{D}$＝0 减量方式 S＝1 位移,S＝0 不移(数据读/写操作后)
设置显示状态	0	0	0	0	0	0	1	D	C	B	D:显示开关,D＝1 开,D＝0 关 C:光标开关,C＝1 开,C＝0 关 B:闪烁开关,B＝1 开,B＝0 关
光标画面滚动	0	0	0	0	0	1	S/C	R/L	*	*	S/C＝1:画面平移一个字符 S/C＝0:光标平移一个字符 R/$\overline{L}$＝1:右移,R/$\overline{L}$＝0:左移
设置工作方式 (初始化指令)	0	0	0	0	1	DL	N	F	*	*	DL＝1:8 位数据接口,DL＝04 位数据接口 N＝1:2 行显示,N＝0:1 行显示 F＝1:5×10 点阵,F＝0:5×7 点阵
设置 CGRAM 地址	0	0	0	1	A5	A4	A3	A2	A1	A0	CGRAM 地址:A5A4A3A2A1A0＝00～3FH
设置 DDRAM 地址	0	0	1	A6	A5	A4	A3	A2	A1	A0	1 行显示 A6A5A4A3A2A1A0＝00～4FH 2 行显示 A6A5A4A3A2A1A0＝00～27H,40～67H
读标志 BF 及 AC 值	0	1	BF	AC6	AC5	AC4	AC3	AC2	AC1	AC0	BF＝1:忙,BF＝0:准备好
写数据	1	0				数据					
读数据	1	1				数据					

注：* 表示任意。

3. 液晶显示模块与单片机接口及应用程序设计

(1) MDL (S) 模块与 CPU 的接口

MDL (S) 模块与 CPU 的接口如图 9-7 所示。HD44780 的读、写操作是由 R/W 信号与使能信号 E 联合实现的。在读操作情况下，MCS-51 读信号脉冲宽度达 800ns，远大于 HD44780 的最大数据延迟时间 (Tddr) 320ns。在写操作过程中，HD44780 要求在 E 信号结束后，数据线上的数据要保持 10ns 以上的时间，而 MCS-51 的 P0 口在/WR 信号结束后将有 116ns (以 6MHz 晶振计算) 的数据保持时间，足以满足要求。二者的时序配合是没有问题的。

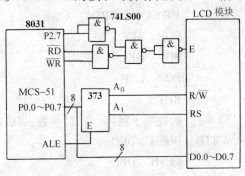

图 9-7 MDL (S) 模块与 CPU 的接口

(2) 应用程序设计

编程时应注意，执行每条指令前应先检查忙标志 (BF)，只有当空闲时，才能执行下一条指令。下面是有关的子程序。

```
COM    EQU 20H          ;指令寄存器
DATA   EQU 21H          ;数据寄存器
CW_ Add   EQU 0000H     ;指令口写地址
CR_ Add   EQU 0001H     ;指令口读地址
DW_ Add   EQU 0002H     ;数据口写地址
DR_ Add   EQU 0003H     ;数据口读地址
```

1) 读 BF 和 AC 值。入口参数：无。出口参数：COM.7 = BF，当 BF = 1 时，忙；BF = 0 时，不忙；COM.6 ~ COM.0 = 地址计数器 (AC) 的值。

```
RDBFAC：PUSH   DPH
        PUSH   DPL
        PUSH   ACC
        MOV   DPTR, #CR_ Add     ;设置指令口读地址
        MOVX  A, @ DPTR          ;读 BF 和 AC 值
        MOV   COM, A             ;存入 COM 单元
        POP   ACC
        POP   DPL
        POP   DPH
        RET
```

2) 写指令代码子程序。入口参数：COM；出口参数：无。

```
WRTC：PUSH   DPH
      PUSH   DPL
      PUSH   ACC
      MOV   DPTR, #CR_ Add      ;设置指令口读地址
WRTC1：MOVX   A, @ DPTR
```

```
        JB   ACC.7, WRTC1          ; 判 BF = 0? 是，则继续
        MOV  A, COM
        MOV  DPTR, #CW_ Add        ; 设置指令口写地址
        MOVX @ DPTR, A             ; 写指令代码
        POP  ACC
        POP  DPL
        POP  DPH
        RET
```

3）写显示数据子程序。入口参数：DATA；出口参数：无。

```
WRTD:   PUSH  DPH
        PUSH  DPL
        PUSH  ACC
        MOV   DPTR, #CR_ Add       ; 设置指令口读地址
WRTD1:  MOVX  A, @ DPTR
        JB   ACC.7, WRTD1          ; 判 BF = 0? 是，则继续
        MOV  A, DATA
        MOV   DPTR, #DW_ Add       ; 设置数据口写地址
        MOVX @ DPTR, A             ; 写数据
        POP  ACC
        POP  DPL
        POP  DPH
        RET
```

4）读显示数据子程序。入口参数：无；出口参数：DATA。

```
RDD:    PUSH  DPH
        PUSH  DPL
        PUSH  ACC
        MOV   DPTR, #CR_ Add       ; 设置指令口读地址
RDD1：  MOVX  A, @ DPTR
        JB   ACC.7, RDD1           ; 判 BF = 0? 是，则继续
        MOV  DPTR, #DR_ Add        ; 设置数据口读地址
        MOVX A, @ DPTR             ; 读数据
        MOV  DATA, A               ; 存入 DAT 单元
        POP  ACC
        POP  DPL
        POP  DPH
        RET
```

5）HD44780 的初始化。HD44780 芯片在电源建立时能自动复位，并对 LCD 模块进行初始化。内部初始化时间应大于 10ms，在这期间忙状态标志保持为 1。内部初始化内容包括功能设定、清屏、设置输入方式、设置显示方式。

应该注意的是，有时系统电源满足不了内部复位电路的要求，为工作可靠起见，建议在软件编程时应首先对 HD44780 进行软件初始化。

工作方式设定：DL = 1（即数据线为 8 位），N = 0（表示模块字符行为 1 行），F = 0（表示字符体为 5 × 7 点阵），指令代码为 00110000B = 30H；如 N = 1（表示模块字符行为 2 行），指令代码为 00111000B = 38H。

清屏：指令代码 00000001B = 01H。

输入方式设定（设置入口模式）：ID = 1（AC 自动加 1，光标右移一个字符位），S = 0（全屏不跟随移动）；指令代码为 00000110B = 06H。

显示状态设置（设置显示开关）：D = 1（开显示），C = 1（光标显示），B = 1（交变闪烁）；指令代码为 00001111B = 0FH。

```
INT:    MOV   A, #30H          ; 初始化指令
        MOV   DPTR, #CW_ Add    ; 指令口地址设置
        MOV   R2, #03H          ; 循环量 = 3，此循环必要，不可删
INT1:   MOVX  @ DPTR, A         ; 写指令代码
        LCALL  DELAY            ; 调延时子程序
        DJNZ  R2, INT1
        MOV   COM, #38H         ; 设置工作方式
        LCALL  WRTC
        MOV   COM, #01H         ; 清屏
        LCALL  WRTC
        MOV   COM, #06H         ; 设置输入方式，ID = 1
        LCALL  WRTC
        MOV   COM, #0FH         ; 设置显示状态 D = 1, C = 1, B = 1
        LCALL  WRTC
        RET
```

9.2　键盘接口技术

9.2.1　键盘接口的特点与监控管理程序的任务

1. 键盘的构成

键盘是单片机系统中最常用的一种输入设备，数据、内存地址、命令及指令地址等都可以通过键盘输入到系统中。键盘接口按不同标准有不同分类方法。

按键盘接口是否进行硬件编码可分成编码键盘和非编码键盘。编码键盘能自动提供对应于被按键的编码信息（如 ASCII 码），并能同时产生一个选通脉冲通知微处理器，还具有处理抖动和多键串键的保护电路。这种键盘的优点是使用方便，但需要较多的硬件，价格较贵。非编码键盘全部工作都靠程序来实现，包括按键的识别、按键代码的产生、消去抖动和防止串键等，所需要的硬件较少，价格也便宜。单片机系统中主要采用非编码键盘方式，本节主要讲述非编码键盘接口技术。

　　此外，按排布方式键盘还可分成独立方式（一组相互独立的按键）和矩阵（以行列组成矩阵）方式；按读入键方式可分成直读方式和扫描方式；按 CPU 响应方式可分成查询方式和中断方式。各种不同方式的键盘适用于不同的系统。当按键较少时，一般采用独立方式，而当按键较多时采用矩阵方式。采用独立方式时，CPU 响应方式可以是查询方式也可以中断方式；采用矩阵方式时，CPU 响应方式一般是查询方式。

　　单片机常用的键盘有独立式和矩阵式两种，在 MCS-51 单片机实现键盘接口的常用方法和接口芯片有：使用单片机芯片本身的并行口、使用单片机芯片本身的串行口、使用通用接口芯片（例如 8255、8155 等）、使用专用接口芯片（例如 8279 、ZLG7289A 等）。

2. 按键引起的弹跳现象

　　常用键盘的按键实际上就是一个机械开关结构，被按下时，由于机械触点的弹性及电压突跳等原因，在触点闭合或断开的瞬间会出现电压弹跳（抖动）。如图 9-8a 所示，当键按下时，按键从开始接上至接触稳定要经过数毫秒的抖动时间，键松开时也同样。这种抖动可能会引起一次按键被读入多次的情况，必须消除。消除抖动有硬件或软件的方法，通常在键数较少时，可用硬件去抖动，如图 9-8b 给出的 RS 触发器，或用最简单的 RC 滤波器等。键数较多时常用软件去抖动，当检测出键闭合后执行一个延时程序产生数毫秒的延时，让前沿抖动消失后再检测键的闭合；当检测到键松开后，也要给数毫秒的延时，待后沿抖动消失后再检测下一次键的闭合。

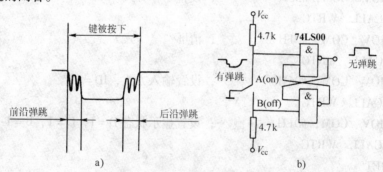

图 9-8　按键弹跳及反弹跳电路
a）按键时的弹跳　b）反弹跳

3. 键盘的确认及接口硬件、软件任务

　　从按键到键的功能被执行主要包括两项工作：一是键的识别，即在键盘中找出被按的是哪个键，二是键功能的实现。第一项工作使用接口电路实现，第二项工作通过执行中断服务程序或子程序来完成。本节只讨论其中的第一项，即按键识别问题。按键识别常是以软硬件结合的方式来完成的，具体哪些由硬件完成哪些由软件完成，要看键盘接口电路的情况。一般来说，硬件复杂软件就简单，硬件简单软件就会复杂一些。

　　键盘接口除了要用一定的方法消除按键抖动外，对于非编码键盘还应包含怎样识别键盘中所按键的含义（键码）等问题，综合起来主要问题如下：

　　1）检测是否有键按下。

　　2）若有键按下，判定是哪一个键。

　　3）确定被按键的含义。

4）反弹跳（去抖动）。

5）不管一次按键持续的时间有多长，仅采用一个数据。

6）防止串键。

串键是指同时有一个以上的键被按下而造成的编码出错，不同的情况有不同的处理办法：

"两键同时按下"时，最简单的处理方法是当只有一个键按下时才读取键盘的输出，并且认为最后仍被按下的键是有效的按键。这种方法常用于软件扫描键盘场合。另一种方法是当第一个键未松开时，按第二个键不起作用。这种方法常借助于硬件来实现。

"n 键同时按下"时，或者不理会所有被按下的键，直至只剩下一个键按下时为止；或者将按键的信息存入内部键盘输入缓冲器，逐个处理，这种方法成本较高。

9.2.2　独立式键盘接口

独立式键盘接口采用直接读入方式工作，直读式键盘接口是一个输入接口，输入接口主要功能是解决数据输入的缓冲（选通）问题。

1. 直接由单片机 I/O 口输入

独立式键盘实际上就是一组相互独立的按键，这些按键一端直接与单片机的 I/O 口连接。图 9-9 所示为使用单片机 P1 口直接输入独立按键的连接图，每个按键独占一条 I/O 口线，单片机的输入口线经电阻接 +5V 电源，键盘的另一端接地，无键按下时，单片机的输入口线状态皆为高电平，当有键按下时，该键对应单片机的输入口变为低电平，即可判定按键的位置。

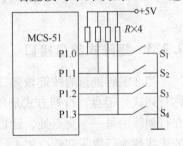

图 9-9　直接输入单片机并行口按键连接图

2. 用 TTL 电路作输入接口

当单片机的 I/O 口不能满足键盘输入需要时，就要进行 I/O 扩展。最简单的 I/O 扩展是使用中小规模集成电路芯片，如图 9-10 所示。按键的识别，可采用查询方式实现，根据按键码，执行相应子程序来完成键功能。

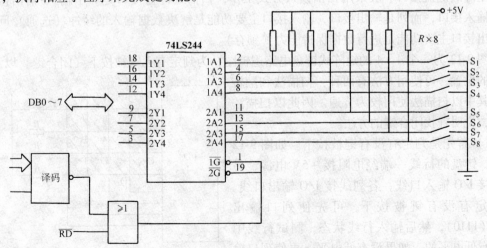

图 9-10　简单的键盘输入接口

若采用中断控制传送方式进行简单的键盘输入口扩展，如图 9-11 所示。当有键按下时，产生中断请求，CPU 响应中断，执行中断服务程序来完成键功能。

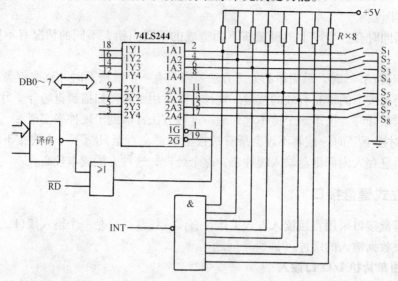

图 9-11　采用中断控制传送方式的键盘输入接口

9.2.3　矩阵式键盘接口

当非编码键盘的按键较多，采用独立式键盘占用 I/O 口线太多时，可采用矩阵式（也称行列式）键盘。行列方式是用 m 条 I/O 线组成行输入口，用 n 条 I/O 线组成列输出口，在行列线的每一个交点处，设置一个按键，组成一个矩阵，如图 9-12 所示。矩阵键盘所需的连线数为行数 + 列数，如 4×4 的 16 键矩阵键盘需要 8 条线与单片机相连。一般键盘的按键越多，这种键盘占 I/O 口线少的优点就越明显，因此，在单片机应用系统较为常见。

1. 矩阵式键盘扫描原理

矩阵式键盘接口一般采用扫描读入方式工作，扫描式键盘接口是一个输入/输出接口，行是输入接口，而列是输出接口，输入接口主要功能是解决数据输入的缓冲（选通）问题，而输出接口主要功能是进行数据保持能力（锁存）。

图 9-12 为一个 4×4 的矩阵式键盘电路逻辑图，为判定有无键被按下（闭合键）以及被按键的位置，可使用方法有两种：扫描法和翻转法，其中以扫描法使用较为普遍。因此以扫描法为例，说明查找闭合键的方法。

1）首先是判定有没有键被按下。如图 9-12 所示，键盘的行线一端经电阻接 +5V 电源，另一端接 I/O 输入口线，各列线接 I/O 输出口线。为判定有没有键被按下，可先使列口输出 0EH（1110），然后输入行线状态，测试行线中是否有低电平的，如果没有低电平，再使列口输出 0DH（1101），再测试行线状态。到列口输出

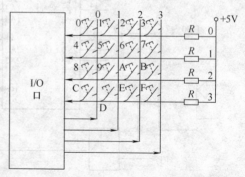

图 9-12　4×4 矩阵式键盘接口

0BH（1011）时，若行线中有状态为低电平者，则闭合键找到，通过此次扫描的列线值和行线值就可以知道闭合键的位置。

　　2）去抖动。经扫描确定有键按下后，紧接着要进行去抖动处理。一般为简单起见多采用软件延时的方法，待行线上状态稳定之后，再确认是否仍有键按下。

　　3）键码计算。按键确定之后，下一步是计算闭合键的键码，并通过散转指令（如 JMP 指令）把程序转到闭合键所对应的子程序，进行字符、数据的输入或命令的处理。若直接使用该闭合键的行、列值组合产生键码，这样做会使各子程序的入口地址比较散乱，给 JMP 指令的使用带来不便。所以通常都是以键的排列顺序安排键号，例如图 9-12 所示的键号是按从左到右从上向下的顺序编排的。这样安排，使键码既可以根据行号列号以查表求得，也可以通过计算得到。按图 9-12 所示的键码编排规律，各行的首键号依次是 00H、04H、08H、0CH，如列号按 0 ~ 3 顺序，则键码的计算公式为键码 = 行首键号 + 列号。

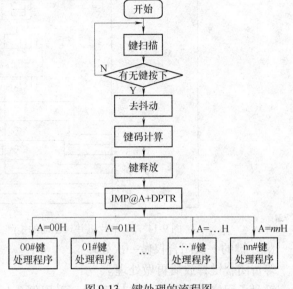

图 9-13　键处理的流程图

　　4）等待键释放。为了保证键的一次闭合仅进行一次处理，计算键码后，延时等待键释放。

　　总结上述内容，键处理的流程如图 9-13 所示。

2. 单片机并行口驱动的矩阵式键盘和 LED 动态显示接口

　　51 单片机并口驱动的矩阵式键盘和 LED 动态显示电路如图 9-14 所示。P2 口高 4 位为输出口，控制键盘列线的扫描，同时也是 4 位共阴极 LED 显示器的位扫描口。P1 口为 LED 显示器的段码口。P2 口低 4 位为键盘行线状态的输入口，称为键输入口。图中 74LS240 和 ULN2003 都为反相驱动器。动态显示子程序设计参见例 9-1，以下主要介绍键盘输入子程序的设计过程，共分以下四步：

　　（1）判定有无闭合键

　　扫描 P2.4 ~ P2.7，输出全为 0，读 P2.0 ~ P2.3，若 P2.0 ~ P2.3 全为 1（键盘上行线为全高电平），则键盘上没有闭合键，若 P2.0 ~ P2.3 不全为 1，则有键处于闭合状态。

　　（2）键盘去抖

　　判断出有键闭合后，延迟一段时间再判断键盘的状态，若仍有键闭合，则确认键盘有键按下，否则则认为是键的抖动。

　　（3）判断闭合键的键号

　　按照前面介绍的键扫描的方法，逐列输出低电平，再读入行值，由此判断所按的键号 N = 行首键号 + 列号。

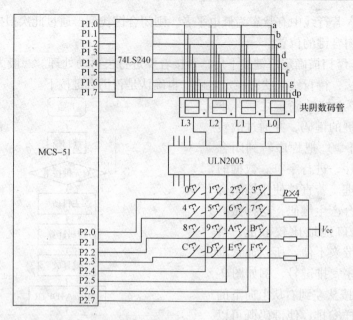

图 9-14　51 单片机并口驱动的矩阵式键盘和 LED 动态显示

（4）键的一次闭合仅做一次处理

等待闭合键释放后再做处理。

键盘子程序的流程如图 9-15 所示。采用例 9-1 的显示子程序作为延迟子程序，其优点

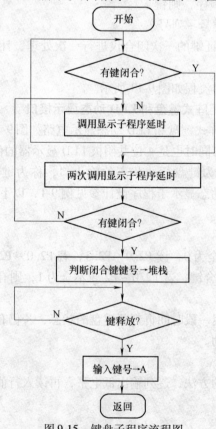

图 9-15　键盘子程序流程图

是在进入键盘子程序后，不影响显示器的显示。

键盘子程序如下：

```
KEYSCAN: LCALL  KS1        ; 调用判断有无键闭合子程序
         JNZ    LK1        ; 有键闭合，跳 LK1
NK:      LCALL  DISP       ; 无键闭合，调用显示子程序，延时后跳 KEYSCAN
         AJMP   KEYSCAN
LK1:     LCALL  DISP       ; 可能有键闭合，延时，软件去抖
         LCALL  DISP
         LCALL  KS1        ; 调用判有无键闭合子程序
         JNZ    LK2        ; 去抖后判断确实有键闭合，跳 LK2 处理
         LCALL  DISP       ; 调用显示子程序，延时
         AJMP   KEYSCAN    ; 抖动引起按键无效，跳回 KEYSCAN 重新扫描
LK2:     MOV    R2, #0F7H  ; 列选码→R2
         MOV    R4, #FFH   ; R4 为列号计数器
         SETB   C;
LK4:     INC    R4
         MOV    A, R2
         RLC    A          ; 准备扫描一列
         JNB    C, KEYSCAN ; 扫描 4 列已完成，准备返回重新扫描
         MOV    P2, A      ; 列选码→P2 口
         MOV    R2, A      ; 保存列选码
         MOV    A, P2      ; 从 P2 低 4 位读行线状态
         JB     ACC.0, LONE ; 第 0 行线为高，无键闭合，跳 LONE，转判第 1 行
         MOV    A, #00H    ; 第 0 行有键闭合，行首键号 0→A
         AJMP   LKP        ; 跳 LKP，计算键号
LONE:    JB     ACC.1, LTW0 ; 第 1 行线为高，无键闭合，跳 LTW0，转判第 2 行
         MOV    A, #08H    ; 第 1 行有键闭合，行首键号 8→A
         AJMP   LKP        ; 跳 LKP，计算键号
LTW0:    JB     ACC.2, LTHR ; 第 2 行线为高，无键闭合，跳 LTHR，转判第 3 行
         MOV    A, #10H    ; 第 2 行有键闭合，行首键号 10H→A
         AJMP   LKP        ; 跳 LKP，计算键号
LTHR:    JB     ACC.3, LK4 ; 第 3 行线为高，无键闭合，扫描下一列
         MOV    A, #18H    ; 第 3 行有键闭合，行首键号 18H→A
LKP:     ADD    A, R4      ; 计算键号，即：首行键号 + 列号 = 键号
         PUSH   ACC        ; 键号进栈保护
LK3:     LCALL  DISP       ; 调用显示子程序，延时
         LCALL  KS1        ; 调用判有无键闭合子程序
         JNZ    LK3        ; 判键是否释放，未释放，则循环
         POP    ACC        ; 键已释放，键号出栈→A
```

```
              RET
·  KS1:        ANL   P2, #0FH        ;判有无键闭合子程序,列线(P2 高 4 位)为低电平
              ORL   P2, #0FH
              MOV   A, P2           ;从 P2 低 4 位读行线的状态
              ORL   A, #0F0H        ;无关高 4 位置 1
              CPL   A               ;行线状态取反,如无键按下,则 A 中内容为零
              RET
```

3. 由 74LS164 和单片机串/并行口组成的矩阵式键盘接口

（1）由 74LS164 和单片机串/并行口组成的矩阵式键盘接口

当单片机并行 I/O 口线较少时,可用单片机串行口替代部分并行 I/O 口线,图 9-16 所示 MCS-51 串行口的方式 0（移位寄存器输入/输出方式）用于键盘的接口,作为键盘列线输出。

图中外接 1 片 8 位串入/并出移位寄存器 74LS164 作为 8 位键盘列线输出,因而减少单片机 I/O 口列线输出。

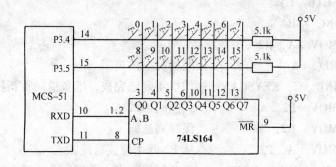

图 9-16　由 74LS164 和单片机组成的矩阵式键盘接口

（2）由 74LS164 和单片机组成的矩阵式键盘接口键盘扫描函数

……

bit0 = P3. 4;

bit1 = P3. 5;

……

unsigned char getkey(void)

{

　　unsigned char idata key_code, col = 0; mask = 0x00;

　　TI = 0;

　　SBUF = mask;　　　　　　 /* 向 164 输出 00H,对键盘扫描 */

　　while (TI == 0);　　　　　 /* 输出完否? */

　　if((bit0&bit1) ! = 0)　　　 /* 是否有键闭合? */

　　　　return (0xff);

　　　　delay();

```
        if(( bit0&bit1 )! =0)              /*不是抖动引起的键闭合*/
            return( 0xff)
            mask =0xfe;                     /*判别是哪一个键被按下*/
        while( col! =8 )
        {
        TI =0;
        SBUF = mask;
        while( TI ==0);
        if(( bit0&bit1 )! =0)
            {
            mask = mask << 1;               /*对列线逐个扫描*/
            mask = mask|0x01;
            col = col + 1;
            continue;
            }
        else break;
        }
        if( col ==8 )
            return( 0xff);
        if( bit0 ==1) key_code = col;       /*若第一排有键按下,返回键值为 col */
            else key_code = 8 + col;        /*若第二排有键按下,返回键值 8 + col */
        while( bit0&bit1 ==0);              /*等待键释放*/
            retrun （ key_code );           /*键释放,返回键值*/
    }
    void delay( void)                       /*延时*/
    {
    unsigned int i =10;
    while （ i -- );
    }
```

综上所述，键盘接口处理的核心内容是测试有无闭合键，对闭合键进行去抖动处理，求得闭合键的键码。使用单片机本身的串/并口或其他的通用接口芯片作键盘接口时，只能为键扫描信号的输出和键状态的输入提供输出/输入口，几乎没有其他功能，有关键闭合的判定、延时去抖动、键位置的确定和键码的计算等工作全由程序完成，这样就使键处理软件比较复杂。若采用专用的键盘接口芯片 8279 或 ZLG72894，可以大大简化软件。

为了使键盘操作功能更可靠，还可以增加一些附加功能，例如多键同时按下功能（有时需要处理多键同时按下功能，如按下 < Ctrl > + < Alt > + < Del > 系统复位，以满足不同要求），可将按键的信息存入键盘输入缓冲器，逐个处理；对于一个键，不管按下多长时间，仅执行一次键处理子程序。

9.3　遥控输入键盘

9.3.1　红外遥控输入键盘的特点

由于单片机系统接口线数目有限，为了减少占用接口线常常采用一键定义多功能，但这增加了软件的复杂性；在按键数目较多时，则大多采用动态扫描的方式构成矩阵键盘，这种键盘虽然结构原理简单，驱动程序易于设计，但是在具体实现时往往需要花很多的时间去设计印制电路板、考虑面板布局，而且在硬件资源比较紧张时，还要考虑扩充 I/O 口，从而使得电路变得越来越复杂。

红外遥控输入键盘可以最大限度地减少对单片机系统的硬件资源要求，仅占用一根接口线，在系统的面板上只需一个小的接收窗，同时驱动程序也易于设计。由于键盘采用无线方式，因此所构成的单片机系统可以方便地应用于一些需要远距离控制及一些特殊场合。例如，单片机系统在一个密封的容器内，通过玻璃小窗进行参数输入或控制；单片机周围环境不适宜用户近距离操作等。

通用红外遥控系统由发射和接收两大部分组成。应用编/解码专用集成电路芯片来进行控制操作，红外线遥控系统框图如图 9-17 所示。发射部分包括键盘矩阵、编码调制、LED红外发送器；接收部分包括光、电转换放大器、解调、解码电路。

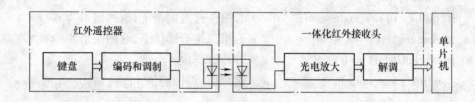

图 9-17　红外线遥控系统框图

9.3.2　遥控键盘数据输入的解码

遥控发射器专用芯片很多，发射的信号由一串 0 和 1 的二进制代码组成，不同的芯片对0 和 1 的编码有所不同。根据编码格式可以分成两大类：脉冲相位编码和脉冲宽度编码。这里以运用比较广泛、解码比较容易的一类来加以说明，现以日本 NEC 的 μPD6121G 组成发射电路为例说明编码原理（一般家庭用的 DVD、VCD、音响都使用这种编码方式）。

1. 编码格式

（1）0 和 1 的编码

当发射器按键按下后，即有遥控码发出，所按的键不同遥控编码也不同。这种遥控码具有以下特征：采用脉宽调制的串行码，以脉宽为 0.565ms、间隔 0.56ms、周期为 1.125ms的组合表示二制的 0；以脉宽为 0.565ms、间隔 1.685ms、周期为 2.25ms 的组合表示二进制的 1，其波形如图 9-18 所示。所有波形为接收端的均与发射相反。

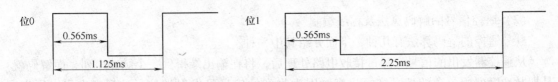

图 9-18　遥控码的 0 和 1

（2）按键的编码

当按下遥控器的按键时，遥控器将发出如图 9-19 所示的一串二进制代码，称它为一帧数据。根据各部分的功能，可将它们分为 5 部分，分别为引导码、用户码、用户码、键数据码、键数据反码。遥控器发射代码时，均是低位在前，高位在后。当单片机接收到引导码时，表示一帧数据的开始，可以准备接收下面的数据。用户码由 8 位二进制组成，共 256 种。图中用户码重发了一次，主要是加强遥控器的可靠性。如果两次用户码不相同，则说明本帧数据有错，应丢弃。不同的设备可以拥有不同的用户码。因此，同种编码的遥控器只要设置用户码不同，也不会相互干扰。在同一个遥控器中，所有按键发出的用户码都是相同的。数据码为 8 位，可编码 256 种状态，代表实际所按下的键。数据码反码是数据码的各位求反，通过比较数据码与数据反码，可判断接收到的数据是否正确。如果数据码与数据反码之间的关系不满足相反的关系，则本次遥控接收有误，数据应丢弃。在同一个遥控器上，所有按键的数据码均不相同。

引导码	8位用户码	8位用户码	8位键数据码	8位键数据反码

图 9-19　μPD6121 的发射帧数据组成

当一个键按下超过 36ms，振荡器使芯片激活，将发射一组 108ms 的编码脉冲，这 108ms 发射代码由一个引导码（13.5ms）、低 8 位用户码（9～18ms）、高 8 位用户码（9～18ms）、8 位数据码（9～18ms）和这 8 位数据的反码（9～18ms）组成。如果键按下超过 108ms 仍未松开，接下来发射的代码（连发码）将仅由引导码（9ms）和结束码（2.25ms）组成。引导码和连发码如图 9-20 所示。

2. 遥控信号的解码方法

（1）单片机遥控接收电路

红外遥控接收采用一体化红外接收头 LT0038，它是塑封一体化红外遥控接收集成电路，外形如图 9-21 所示。

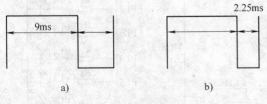

图 9-20　引导码和连发码

a）引导码　b）连发码

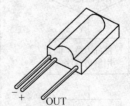

图 9-21　集成一体化红外接收头

它将红外接收二极管、放大、解调、整形等电路做在一起，只有三个引脚，分别是 +5V 电源、地、信号输出。使用时红外接收头的信号输出接单片机的任何一个 I/O 引脚（一般接 INT0 或 INT1 脚），通过软件进行解码。

（2）遥控信号的解码算法及程序编制

红外遥控的解码算法有几种，下面介绍其中一种。

从遥控器发出的信号，经过接收电路处理后，将在输出端得到一个脉冲序列，而解码就是把脉冲序列所包含的信息恢复出来，因为收到的信号是发射端信号的反相电平，所以，μPD6121的编码在经过一体化红外接收 LT0038 后，LT0038 接收头输出的信号如图 9-22 所示。

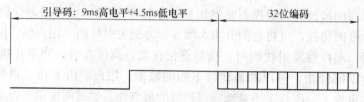

图 9-22　LT0038 接收头输出的信号

当遥控器无键按下时，红外发射二极管不发出信号，遥控接收头输出信号 1。有键按下时，0 和 1 编码的高电平经遥控头倒相后会输出信号 0。由于与单片机的中断脚相连，将会引起单片机中断（单片机预先设定为下降沿产生中断）。单片机在中断服务程序里接收引导码并进行判断，如果引导码正确，则进行解码，否则直接退出中断，等待下一个中断到来。

以接收 μPD6121 遥控器编码为例，解码主程序流程图如图 9-23 所示，中断服务流程图如图 9-24 所示。

例 9-2　红外遥控接收如图 9-25 所示，假设发射器采用 μPD6121，一体化接收头采用 LT0038，编写解码程序并将解码后的数据码在 LED 上显示出来。

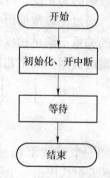

图 9-23　解码主程序流程图

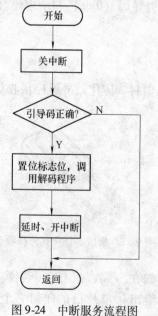

图 9-24　中断服务流程图

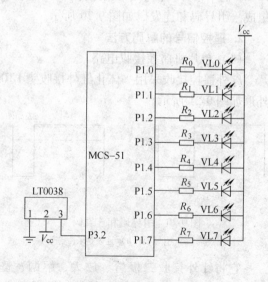

图 9-25　红外遥控接收

程序设计如下：

```
#include < reg51. h >
#define uchar unsigned char
#define uint unsigned int
sbit IR_DATA_OUT = P3^2;          / * 解码芯片数据输出端 */
bit flag = 0;                     / * 红外解码判断标志位,为0则为有效信号,为1则
                                      为无效 */
uchar IR_DATA[4] = {0,0,0,0};     / * IR_DATA 数组存放用户码,数据原码,反码 */
void delay1000( )                 / * 延时 1ms 程子程序 */
{
    uchar i,j;
    i = 5;
    do
    {
        j = 95;
        do{ j -- ;}
        while(j);
        i -- ;
    } while(i);
}
/ *************************** 延时 882μs 子程序 *************************** /
void delay882( )
{
    uchar i,j;
    i = 6;
    do
    {
        j = 71;
        do{ j -- ;}
        while(j);
        i -- ;
    } while(i);
}
/ *********************** 延时 2400μs 程子程序 *********************** /
void delay2400( )
{
    uchar i,j;
    i = 5;
    do{
```

```
        j = 230;
        do{j — ;}
        while(j);
        i — ;
        }while(i);
}
/ ***************************** 红外解码程序 ***************************** /
void IR_decode()
{
    uchar i,j;
    while(IR_DATA_OUT ==0);
    delay2400();
    if(IR_DATA_OUT ==1)                              / * 延时 2.4ms 后如果是高电平则是新
                                                         码 * /

        {
        delay1000();
        delay1000();
        for(i =0;i <4;i ++)
            {
                for(j =0;j <8;j ++)                  / * 接收 32 位二进制码 * /
                    {
                    while(IR_DATA_OUT ==0); / * 等待地址码第 1 位高电平到来 * /
                    delay882();                      / * 延时 882μs 判断此时引脚电平 * /
                    if(IR_DATA_OUT ==0)
                        {
                        IR_DATA[i] >> =1;
                        R_DATA[i] = IR_DATA[i] |0x00;
                        }
                    else if(IR_DATA_OUT ==1)
                        {
                        delay1000();
                        IR_DATA[i] >> =1;
                        IR_DATA[i] = IR_DATA[i] |0x80;
                        }
                    }
                }
            }
}
/ **************** 外部中断 0 程序,用于处理红外遥控键值 **************** /
```

```
void int0( ) interrupt 0
    {
        uchar i;
        flag = 0;
        EX0 = 0;                            /* 检测到有效信号关中断,防止干扰 */
        for( i = 0; i < 9; i ++ )
        {
            delay1000( );
            if( IR_DATA_OUT == 1) {flag = 1;}   /* 引导码首先是 9ms 的低电平,如果
                                                   在此期 */
                                            /* 间出现高电平,则解码错误 */
        }
        if( flag == 0)
        {
            IR_decode( );                   /* 如果接收到的是有效信号,则调用
                                               解码程序 */
            delay2400( );
        }
        EX0 = 1;                            /* 开外部中断,允许响应遥控按键 */
    }
/*********************** 主函数 ***************************/
void main( )
{
    EX0 = 1;                                /* 允许外部中断 0,用于检测红外遥控
                                               器按键 */
    EA = 1;                                 /* 总中断开放 */
    while(1)
    {
        P1 = IR_DATA[2];                    /* 输出键码 */
    }
}
```

3. 遥控代码与键盘码的转换

在应用系统中,带遥控器的仪器设备一般都带按键,而且二者功能相同。将遥控键值转换成标准的按键值后,遥控按键散转表格可以与键盘散转表格复用,转换方法用查表法。通过查表,可使遥控的按键值转换成本机键盘的值。这样既可以使用按键操作,也可以使用遥控操作,而且相应的处理程序非常简单。

本 章 小 结

本章介绍单片机系统人机接口技术,主要介绍了显示器接口技术、键盘接口技术和遥控

输入键盘接口技术等。

　　LED 显示器和 LCD 显示器是单片机应用系统两种常用的显示器件。本章阐述了 LED 数码显示器接口的构成及特点，并举例说明了 LED 显示器静态显示和动态显示两种显示方式，以及并行传送和串行传送两种显示数据传送方式的具体实现过程。LCD 显示器则主要介绍了应用广泛的点阵字符型 LCD 显示模块结构和指令集，以及字符型 LCD 显示模块与单片机接口应用程序设计。

　　单片机系统中的键盘接口技术主要掌握常用非编码键盘接口技术，包括按键的识别、代码的产生、防止串键和消去抖动等问题。

　　最后，本章用一个实例简述了红外遥控输入键盘的特点及其解码技术，供读者参考。

思考题与习题

　　9-1　键盘接口必须解决的问题有哪些？

　　9-2　单片机应用系统中有哪几种键盘类型？为什么这些键盘都是通过 I/O 口扩展？

　　9-3　为给扫描法工作的键盘提供接口电路，在接口电路中需要哪些端口？

　　9-4　单片机应用系统中有哪些常用的显示器？显示器有哪些显示方式？

　　9-5　为了显示数字或符号，应为 8 段 LED 显示器提供什么代码？用什么方法实现？

　　9-6　在动态 LED 显示器接口电路的控制信号中，哪些信号是必不可少的？

　　9-7　利用单片机静态串行口方式，编写程序并设计接口电路，使 6 只共阴极发光二极管显示英文字母"HELLO"。

　　9-8　设计电路并编写 LED 动态扫描显示程序实现以下功能：已知内部数据存储器 30H 和 31H 单元的内容均为十进制数，要求将二者相加并将结果在 LED 显示器的最右边两位显示出来（不考虑进位）。

　　9-9　简述 LCD 显示器件特点和使用场合。

　　9-10　为何要消除开关和键盘的机械抖动？有哪些消除抖动的方法？

第10章　数-模与模-数转换接口

将微型计算机应用于实时控制、在线动态测量等系统时，其控制或测量的对象往往是一些连续变化的模拟量，如温度、压力、流量、位移、速度以及连续变化的电量。当计算机与外部设备直接交流有关物理量方面的信息时，通常需要将检测的模拟量信号转换成数字信号交计算机进行处理，而计算机输出的数字信号又需转换成模拟量信号以便对执行机构进行控制。实现数字量转换为模拟信号转换的电路称为 D-A 转换器（DAC），实现模拟量转换为数字信号转换的电路称为 A-D 转换器（ADC）。

图 10-1 所示为某一以单片机为核心的实时控制系统结构框图，由图可见 A-D 和 D-A 在控制系统中的作用与地位。数-模（D-A）和模-数（A-D）转换是一种专门的接口技术，它包括接口电路的硬件设计和实现转换的应用程序的设计。本章主要讨论单片机应用系统中数-模和模-数转换接口电路设计的一般方法和有关问题。

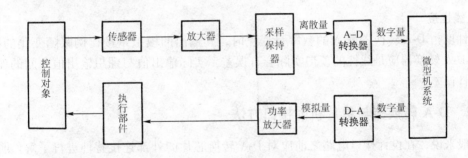

图 10-1　单片机实时控制系统结构框图

10.1　D-A 转换器及其接口电路

D-A 转换器是一种线性器件，将输入的数字量转换为与之成正比的模拟量输出。由于实现这种转换的原理、电路结构和工艺技术等有所不同，并且在不同的应用场合中又有不同的要求，目前在国内、外市场上出现了多种型号的 D-A 转换器芯片，它们在技术性能和使用价值上各有特色。在设计接口电路时应对 D-A 转换器件的技术参数、连接特性进行分析和了解，根据应用要求选择合适的 D-A 转换芯片，采用合理的电路结构，使之在满足技术性能的基础上简单、方便、可靠，并有良好的性价比。

10.1.1　D-A 转换器的主要技术参数

D-A 转换器的技术参数有多项，其中主要的参数有分辨率、转换时间、转换精度、线性度等。

1. 分辨率

分辨率指 D-A 转换器最低有效位（LSB）所对应的输出模拟值，通常用数字量的位数来表示，如 8 位、12 位等。对一个分辨率为 n 位的转换器，能够分辨满量程的 2^{-n}。例如，分辨率为 8 位的 D-A 转换器能给出满量程电压的 1/256（即 $1/2^{-8}$）的分辨能力。

2. 转换时间

转换时间是指数字量在 D-A 转换器输入端发生满刻度变化后，到完成转换并输出达到稳定值所需的时间。一般电流型的 D-A 转换较快，一般在几百纳秒至几微秒之间。电压型的 D-A 转换较慢，与输出运算放大器的响应时间有关。

3. 转换精度

转换精度是指 D-A 转换输出的实际值与理论值之间的误差。它是一个综合性误差，又分为相对误差和绝对误差，包括基准电压的漂移误差、运放漂移误差、比例系数误差以及非线性误差等，同时还与分辨率密切相关。注意，分辨率高不等于精度高，但一定的精度需要相对应的分辨率位数来保证。

然而为了获得高精度的 D-A 转换，单纯选用高分辨率的 D-A 转换器件是不够的，还必须考虑采用高稳定性的 V_{REF} 和低漂移运放。此外，必要时还应考虑动态时的转换误差等。

4. 线性度

线性度指 D-A 转换器输入的数字量变化时，其输出的模拟量按比例跟随变化的程度。理想的 D-A 转换器应是线性的，但实际会有误差，实际输出值与理想输出值之间的偏差称为非线性误差。

10.1.2　D-A 转换器与单片机的接口方法

一般来说，在设计接口电路之前应对 D-A 转换芯片的外部连接特性进行了解，明确接口电路的任务，选择合适的接口电路结构形式，然后进行应用程序的设计。

1. 接口电路的主要任务

接口电路设计时主要考虑 CPU 向 D-A 转换芯片传输数据和数据的缓冲控制，以及用户对模拟量输出的要求等问题。

（1）输入数据缓冲的问题

当 CPU 通过数据总线输出数据到 D-A 转换芯片输入端时，数据在数据线上保持的时间仅仅是在输出指令写操作的瞬间内，该写操作命令撤去后，数据线上的数据即刻消失。为此，许多芯片内设置了输入数据缓冲寄存器，对这种有带数据锁存器的 D-A 转换芯片可与 CPU 的数据总线直接连接；对不带输入缓冲锁存器的 D-A 转换芯片，CPU 不能将数据直接通过数据总线送到 D-A 转换器，而要外加一级或两级缓冲锁存器使 D-A 转换芯片与单片机接口。

（2）芯片的分辨率位数大于数据总线宽度的处理

当 D-A 转换芯片的分辨率位数大于数据总线宽度时，CPU 不能将转换数据一次性直接送入 D-A 转换器，要分两次并通过两级缓冲将数据送入 D-A 转换器进行转换。

（3）控制信号的提供

一般情况下 D-A 转换芯片并不需要专门的转换启动信号，也不需要查询 D-A 转换器的状态是否准备好，只要两次数据传送的时间间隔大于 D-A 的转换时间就能实现正确的转换。但是为了解决上述 CPU 与 D-A 转换器之间的数据缓冲等问题，CPU 必须提供一些对数据缓冲器的控制信号。

（4）输出模拟量的类型与极性

D-A 转换器的输出可以是电流型也可以是电压型，若需要将电流输出转换为电压输出，可采用运算放大器进行线性转换。模拟量的输出还可设计为单极性输出和双极性输出。对一些需要正、负电压控制的应用场合，可选择双极性 D-A 转换器或在输出电路中进行变换。

此外，接口电路的设计中还要考虑抗干扰、隔离、保护等实际应用中的一些问题。

2. 接口电路的结构形式

D-A 转换器的应用范围很广，应用要求也各不相同。单片机的型号种类也很多，接口电路的设计非常灵活，形式多样。一般有以下几种常用的结构：

1）利用单片机的并行 I/O 口或串行口与 D-A 转换芯片直接连接。

2）用中小规模的逻辑芯片构成接口电路使 D-A 转换芯片与单片机连接。

3）用通用可编程并行 I/O 口实现 D-A 转换芯片与单片机之间的连接。

10.1.3　并行 D-A 转换器接口电路的设计与应用

1. 并行 D-A 转换器 DAC0832 与单片机的接口及应用

（1）DAC0832 的结构与引脚功能

DAC0832 是应用较多的一种 8 位的 D-A 转换芯片，它与单片机的接口方便，使用灵活，编程也很简单。其内部结构框图和引脚功能分别如图 10-2 和图 10-3 所示。

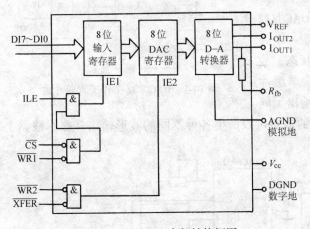

图 10-2　DAC0832 内部结构框图

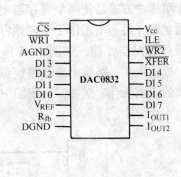

图 10-3　DAC0832 引脚功能

DAC0832 主要由 8 位输入寄存器、DAC 寄存器和 D-A 转换器三大部分组成，采用 CMOS 工艺，双列直插式封装，20 个引脚。DAC0832 共有 20 个引脚，各引脚定义如下：

1）DI7 ~ DI0：8 位数字量输入线，其中 DI0 为最低位，DI7 为最高位，TTL 电平。

2）ILE：数据锁存允许控制，输入，高电平有效。

3）$\overline{CS}$：片选信号，输入，低电平有效。

4）$\overline{WR_1}$：数据写入信号 1，输入，低电平有效。

5）$\overline{XFER}$：数据传送控制信号，输入，低电平有效。用它来控制$\overline{WR_2}$是否起作用，在控制多个 DAC0832 同时输出时特别有用。

6）$\overline{WR_2}$：数据写入信号 2，输入，低电平有效。当$\overline{XFER}$和$\overline{WR_2}$同时有效时，输入寄存器中的数据被装入 DAC 寄存器，并同时启动一次 D-A 转换。

7）I_{OUT1}：电流输出 1。当 DAC 寄存器中全为"1"时，输出电流最大，当 DAC 寄存器中全为"0"时，输出电流最小。

8）I_{OUT2}：电流输出 2。它与I_{OUT1}的关系是 $I_{OUT1} + I_{OUT2} =$ 常数

9）R_{fb}：反馈信号输入端（芯片内已有反馈电阻）。

10）V_{REF}：基准电压输入端。V_{REF}可在 +10 ~ -10V 范围内选择。

11）V_{cc}：器件中数字电路部分的电源电压，可在 +5 ~ +15V 范围内选取。

12）DGND：数字地，工作电源和数字逻辑地。

13）AGND：模拟地，为模拟信号和基准电源的参考地。应用中两种地线在基准电压处一点共地比较恰当。

利用 DAC0832 的两个 8 位寄存器可以使输入的数据实现两级缓冲，通过相应的控制信号可使其工作于三种不同的方式，即单缓冲方式、双缓冲方式和直通方式。

（2）DAC0832 的工作方式

1）DAC0832 工作于直通方式。DAC0832 工作于直通方式时一般将控制信号$\overline{CS}$、$\overline{XFER}$、$\overline{WR_1}$、$\overline{WR_2}$直接接地，ILE 引脚接高电平，则两个寄存器都处于常通状态，寄存器中的数据跟随输入数据的变化而变化，D-A 转换器的输出也同时跟随变化。如图 10-4 所示。

2）DAC0832 工作于单缓冲方式。DAC0832 工作于单缓冲方式是使两个寄存器中任意一个处于直通状态，另一个工作于受控锁存器状态，或两个寄存器同步受控，如图 10-5 所示。单缓冲方式一般适用于一路输出或几路模拟量输出无同步要求的应用场合。例如，采用图 10-5 的电路可以产生各种不同的波形输出并在示波器上显示。

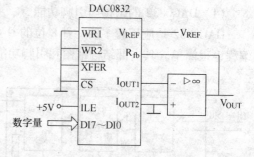

图 10-4　DAC0832 工作于直通方式

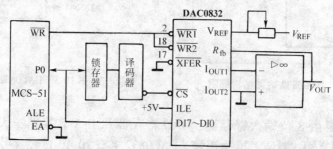

图 10-5　DAC0832 工作于单缓冲方式

例 10-1　设图 10-5 中 DAC0832 的口地址为 FEH，试编程产生锯齿波信号经 D-A 转换输出。

程序段如下：

```
      ORG    0030H
      MOV    R0，#0FEH            ；指向 0832 的端口地址
      MOV    A，#00H
LOOP：MOVX   @R0，A               ；向 0832 输出数据并开始转换
      INC    A
      NOP
      SJMP   LOOP
```

分析以上程序可知，若要改变锯齿波的频率，只要在指令"NOP"处插入延时程序即可。

例 10-2　试编程产生三角波信号经 D-A 转换输出。

程序可修改如下：

```
      ORG    0030H
      MOV    R0，#0FEH            ；指向 0832 的端口地址
      MOV    A，#00H
LP1：MOVX    @R0，A               ；向 0832 输出数据并开始转换
      INC    A
      JNZ    LP1                 ；上升到最大值 FFH
LP2：DEC     A
      MOVX   @R0，A；
      JNZ    LP2                 ；下降到最小值 00H
      SJMP   LP1                 ；重复输出
```

3）DAC0832 工作于双缓冲方式。将 ILE 引脚接高电平，$\overline{WR}_1$ 和 $\overline{WR}_2$ 接 CPU 的写信 $\overline{WR}$，$\overline{CS}$ 和 $\overline{XFER}$ 分别接两个不同的地址译码信号，DAC0832 便可工作于双缓冲方式。CPU 需要执行两次输出指令才可启动 D-A 转换。双缓冲方式的特点是数据接收和启动转换可以异步进行，即在对某数据转换的同时，能进行下一数据的接收，以提高转换速率。双缓冲方式的另一种应用是需要多路模拟量同时输出的场合。

如图 10-6 所示为实现三路 D-A 同步输出的电路，3 片 DAC0832 均接成双缓冲方式，$\overline{WR}_1$ 和 $\overline{WR}_2$ 接 CPU 的写信号 $\overline{WR}$，3 片 D-A 转换芯片的 $\overline{CS}$ 引脚分别接译码器的 3 个片选输出信号 Y0～Y2，并将 3 个 $\overline{XFER}$ 引脚连在一起，接到译码器的第 4 个片选信号上。ILE 引脚则由 P1.1 输出的一个允许信号来控制，该信号为低电平时，禁止将数据写入输入寄存器。

在转换信号为高电平时，先用 3 条输出指令分别将数据写入各个 D-A 转换芯片的输入寄存器；当数据都就绪后，再执行一条输出指令，使 $\overline{XFER}$ 有效，同时选通 3 片 D-A 转换芯片的 DAC 寄存器，并实现同步转换。

例 10-3　设图 10-6 中译码器输出 Y0～Y3 的地址分别为 0FFFH、1FFFH、2FFFH、3FFFH，编程实现将内存 20H～22H 三个单元的内容同步转换输出。

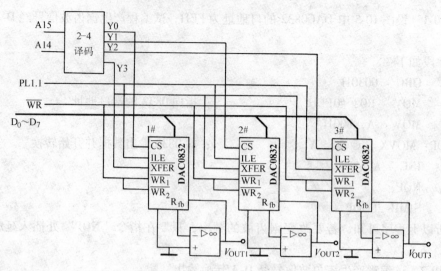

图 10-6　实现三路 D-A 同步转换电路

程序如下：

```
        ORG     0050H
        SETB    P1.1              ; 允许输出
        MOV     R0, #20H          ; 指向内存单元
        MOV     DPTR, #0FFFH      ; 选择 1# 0832
        MOV     A, @R0
        MOVX    @DPTR, A          ; 第一个数写入 1# 0832 输入寄存器
        MOV     DPTR, #1FFFH      ; 选择 2# 0832
        INC     R0
        MOV     A, @R0
        MOVX    @DPTR, A          ; 第二个数写入 2# 0832 输入寄存器
        MOV     DPTR, #2FFFH      ; 选择 3# 0832
        INC     R0
        MOV     A, @R0
        MOVX    @DPTR, A          ; 第三个数写入 1# 0832 输入寄存器
        MOV     DPTR, #3FFFH      ; 选择第二级缓冲口地址
        MOVX    @DPTR, A          ; 三路 D-A 同时启动转换
        ⋮
```

采用 C51 编程如下：

```
#include < absacc. h >            /* 允许用户直接访问 51 单片机的不同存储区 */
#include < reg51. h >
#define  IN      DBYTE[ 0x20]    /* 数字信号在内存存放起始地址 20H */
#define  INPUT1  XBYTE[ 0xFFF]     /* 设置输入寄存器地址 */
#define  INPUT2  XBYTE[ 0x1FFF]
#define  INPUT3  XBYTE[ 0x2FFF]
```

```
#define   DACR    XBYTE[0x3FFF]          /*设置 DAC 寄存器地址*/
#define   uchar   unsigned char
sbit   ILE = P1^1;
void   main( )
{   uchar   data * in _ adr;              /*定义指向片内 RAM 的指针变量*/
    in _ adr = &IN;                       /*指针变量 in _ adr 指向内存地址 20H*/
    ILE = 1;                              /*允许输出*/
    INPUT1 = * in _ adr ++ ;             /*第一个数写入 1# 0832 输入寄存器*/
    INPUT2 = * in _ adr ++ ;             /*第二个数写入 2# 0832 输入寄存器*/
    INPUT3 = * in _ adr;                 /*第三个数写入 3# 0832 输入寄存器*/
    DACR = 0;                            /*三路 D-A 同时启动转换*/
    while(1);
}
```

2. 分辨率位数大于 CPU 数据线宽度的并行 D-A 转换芯片与单片机接口

在许多情况下，应用系统往往要求使用分辨率高于 8 位的 D-A 转换器。为此可以选用
10 位、12 位甚至 16 位的 D-A 转换芯片。当并行 D-A 转换芯片分辨率位数大于单片机数据
线宽度时，D-A 转换器所需数据必须分批、分时输出。例如，对一个 12 位 D-A 转换器来说，
CPU 可将 12 位数据分（如低 8 位、高 4 位）两次输出，并应采用二级缓冲形式，使 12 位数
据同时送入 D-A 转换芯片。下面以 AD7520 为例说明此类芯片与单片机的接口方法。

AD7520 是 10 位的 D-A 转换芯片，电流型输出，并且片内不带有数据输入锁存器。
AD7520 的引脚信号如图 10-7a 所示。D1 ~ D10 为数字量输入端，D1 为高位，D10 为低位。
V_{cc} 为电源电压输入端（5 ~ 15V）；V_R 为参考电压输入端（ - 10 ~ + 10V）；R_F 为反馈输入
端；GND 为数字地；I_{OUT1}、I_{OUT2} 电流输出端。若要将电流输出转换为电压输出，可通过运算
放大器来实现转换，如图 10-7b 所示为 AD7520 单极性输出的电路。

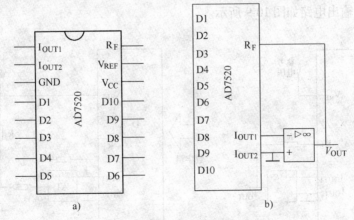

图 10-7　AD7520 的引脚及单极性输出电路

a) AD7520 引脚　b) AD7520 单极性输出电路

AD7520 与单片机二级缓冲的接口如图 10-8 所示，其接口电路占用两个端口地址。低 8
位用 74LS377 锁存，由 P2.6 选通，地址为 0BFFFH，高 2 位用 74LS74 锁存，由 P2.7 选通，

地址为 7FFFH。转换一个数据，需要执行两次 MOVX 指令，第一次输出高 2 位并锁存，第二次输出低 8 位，同时将 10 位数据送 AD7520 的输入端并开始转换。

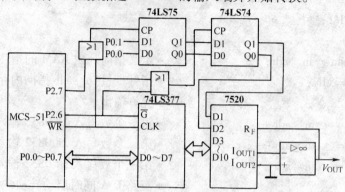

图 10-8　AD7520 与单片机的二级缓冲接口

实现一次 D-A 转换的程序如下：

```
MOV   DPTR，#7FFFH
MOV   A，#dataH          ; 取待转换的高 2 位
MOVX  @DPTR，A           ; 输出高 2 位到地一级缓冲
MOV   DPTR，#0BFFFH
MOV   A，#dataL          ; 取待转换的低 8 位
MOVX  @DPTR，A           ; 输出低 8 位并将 10 位数据同时送 D-A 转换
       ⋮
```

3. 单极性与双极性输出

在实际应用中，有时仅要求输出是单方向的，即单极性输出，其电压通常为 0 ~ + 5V 或 0 ~ + 10V；有时则要求输出是双方向的，即双极性输出，如电压为 ±5V、±10V。单极性输出与双极性输出电路如图 10-9 所示。

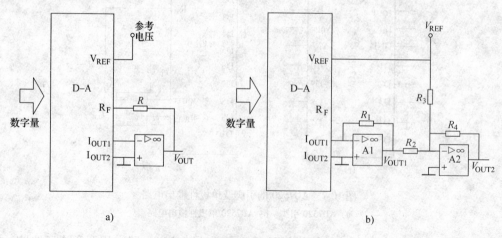

图 10-9　单极性输出与双极性输出

a）单极性输出　b）双极性输出

1）图中用反相比例放大器实现电流到电压的转换，因此输出的模拟量电压极性与参考电压的极性相反，若要获得与 V_{REF} 同相的输出电压可用同相放大器或采用两级反相放大。

2）图中通过运算放大器 A2 将单极性输出转变为双极性输出。由 V_{REF} 为 A2 提供一个偏移电流，该电流方向应与 A1 输出电流方向相反，且选择 $R_4 = R_3 = 2R_2$，使得由 V_{REF} 引入的偏移电流恰为 A1 输出电流的 1/2，因而 A2 的输出将在 A1 输出的基础上产生偏移。双极性输出电压与 V_{REF} 与 A1 输出 V_{OUT1} 的关系为

$$V_{OUT2} = - (2V_{OUT1} + V_{REF})$$

设上述 D-A 转换器为 8 位，则输入数字量与输出模拟量的关系见表 10-1。

表 10-1　8 位 D-A 转换器输入数字量与输出模拟量的关系

输入数字量	输出模拟量	
MS　　LSB	单极性输出 $V_{OUT} = -V_{REF}$	双极性输出 $V_{OUT2} = (数字码 - 128)/128 \times V_{REF}$
1 1 1 1 1 1 1 1	$-V_{REF} \times (255/256)$	$+V_{REF} \times (1 - 2^{-7}) = +V_{REF} \times (127/128)$
1 0 0 0 0 0 0 1	$-V_{REF} \times (129/256)$	$+V_{REF} \times (2^{-7}) = +V_{REF} \times (1/128)$
1 0 0 0 0 0 0 0	$-V_{REF} \times (128/256) = -V_{REF}/2$	0
0 1 1 1 1 1 1 1	$-V_{REF} \times (127/256)$	$-V_{REF} \times (2^{-7}) = -V_{REF} \times (1/128)$
0 0 0 0 0 0 0 1	$-V_{REF} \times (1/256)$	$-V_{REF} \times (1 - 2^{-7}) = -V_{REF} \times (127/128)$
0 0 0 0 0 0 0 0	0	$-V_{REF}$

10.1.4　串行 D-A 转换器与单片机的接口与应用

前面已述及，采用并行 D-A 转换芯片时，分辨率大于 8 位的并行 D-A 转换器与 8 位单片机接口应采用两级缓冲电路，这种接口电路往往比较复杂。在一些实际的控制系统中有时还需要设置强、弱隔离电路（如光电隔离等），隔离电路也会随着 D-A 转换器的位数增多而增加。因此，在转换速度能满足控制要求的前提下可选用串行的 D-A 转换芯片。由于单片机具有很强的 I/O 口位控功能以及丰富 I/O 位操作指令，使串行 D-A 转换芯片与单片机的接口电路十分简单、方便。下面以 TLC5615 串行 D-A 转换器为例，介绍其与单片机的接口方法与应用。

1. 10 位串行 D-A 转换器 TLC5615 简介

TLC5615 是 10 位的具有串行接口的 D-A 转换器，其输出为电压型。TLC5615 的性能价格比高，器件使用简单，数字控制只需通过 3 线串行总线进行，它是 CMOS 兼容的且易于和工业标准微处理器和单片机连接，适用于电池供电的电测仪表、移动电话、数字增益调整以及工业控制等场合。TLC5615 的引脚和工作时序如图 10-10 所示。

（1）TLC5615 的主要性能特点

1）单 5V 电源工作；

2）3 线串行接口；

3）高阻抗基准输入；

4）D-A 转换器最大输出电压是基准电压值的两倍，且单调变化；

5）具有上电复位（Power-On-Rest）功能以确保可重复启动；

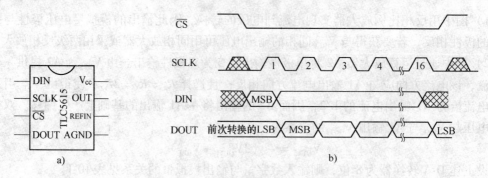

图 10-10　TLC5615 的引脚和工作时序

a) TLC5615 的引脚　b) TLC5615 的工作时序

6）低功耗，在 5V 供电时功耗仅为 1.75mW；

7）数据更新速率为 1.21MHz，典型建立时间为 12.5μs。

（2）引脚功能

TLC5615 为 8 脚小型 D 或 DIP，其引脚功见表 10-2。

表 10-2　TLC5615 引脚功能

引　　　脚		I/O	功　能　引　脚
序　　号	名　　　称		
1	DIN	接入	串行数据输入端
2	SCLK	接入	串行时钟输入端
3	$\overline{CS}$	接入	片选端，低电平有效
4	DOUT	输出	用于级联时的串行数据输出端
5	AGND		模拟地
6	REFIN	接入	基准电压输入端，可取 2～（V_{cc}-2）V 之间，典型值为 2.048V；
7	OUT	输出	D-A 转换器模拟电压输出端
8	V_{cc}		正电源端（4.5～5.5V）

（3）TLC5615 的工作时序

TLC5615 内部有一个 10 位的 D-A 转换器电路，一个 16 位的移位寄存器接受串行移入的二进制数，还有一个级联的数据输出端 DOUT。由图 10-10b 可以看出，当片选 $\overline{CS}$ 为低电平时，输入数据 DIN 由时钟 SCLK 同步输入或输出，而且最高有效位 MSB 在前，低有效位 LSB 在后，SCLK 的上升沿把 DIN 端的数据移入内部的 16 位移位寄存器，SCLK 的下降沿输出串行数据到 DOUT 端。片选 $\overline{CS}$ 的上升沿把 16 位移位寄存的 10 位有效数据传送至 DAC 寄存器。

当片选 $\overline{CS}$ 为高电平时，串行输入数据不能由时钟同步送入移位寄存器；输出数据 DOUT 保持最近的数值不变而不进入高阻状态。由此要想串行输入数据和输出数据必须满足两个条件：第一，时钟 SCLK 的有效跳变；第二，片选 $\overline{CS}$ 为低电平。这里为了使时钟内部干扰最小，当片选 $\overline{CS}$ 为高电平时，输入时钟 SCLK 应当为低电平。注意，$\overline{CS}$ 的上升和下降都必须发生在 SCLK 为低电平期间。

应用中 TLCC5615 的最大串时钟速率近似为 14MHz，即 $f_{SCLK} \approx 14MHz$。

2. TLC5615 与单片机的接口

串行 D-A 转换器 TLC5615 的使用有两种方式，即级联方式和非级联方式。如不使用级联方式，DIN 只需输入 12 位数据。DIN 输入的 12 位数据中，前 10 位为 TLC5615 输入的 D-A 转换数据，且输入时高位在前，低位在后，最后两位必须写入数值零。

D9	D8	D7	D6	D5	D4	D3	D2	D1	D0	0	0

TLC5615 与单片机的接口很简单，一般利用单片机的 3 根 I/O 口线直接与 SCLK、DIN、$\overline{CS}$ 端连接即可。如图 10-11 所示，用 P1.7 作为转换时钟 SLCK，P1.6 作为片选 $\overline{CS}$，待转换的数据从 P1.5 输出到 TLC5615 的 DIN 端。

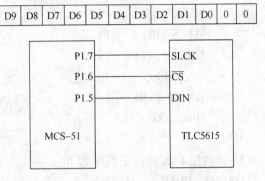

如果使用 TLC5615 的级联功能，来自 DOUT 的数据需要输入 16 位时钟下降沿，因此完成一次数据输入需要 16 个时钟周期，输入的数据也应为 16 位。输入的数据

图 10-11　TLC5615 与单片机的接口

中，前 4 位为高虚拟位，中间 10 位为 D-A 转换数据，低 2 位补零。

3. TLC5615 应用举例

例 10-4　某实际应用中需要对直流发电机的励磁电流实现稳流控制，通过对励磁电流的定时采样和控制运算，输出控制量经 D-A 转换后对主电路的电流进行调节和控制，达到自动稳流的目的。D-A 转换接口及输出控制部分的原理如图 10-12 所示。

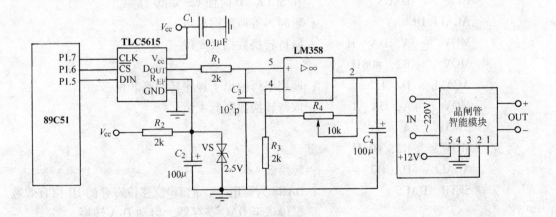

图 10-12　串行 D-A 应用举例

（1）硬件说明

用单片机 P1.7、P1.6、P1.5 与 TLC5615 接口。TLC5615 的基准电压取 2.4V，由一稳压电路提供。因其输出端的电压可为两倍的基准电压，再经一级同相放大后获得 0 ~ 10V 的电压控制晶闸管智能模块。晶闸管智能模块的主电路为单相全控桥式整流电路，其控制部分含同步及移相触发电路，并设有强、弱电隔离功能。当移相控制端从 0 ~ 10V 变化时，可实现

0 ~ 180°的移相控制，即控制智能模块的直流输出以实现稳流。

（2）软件设计

应用程序主要完成系统的初始化和启动定时器定时，在每个采样周期内完成一次电流的采样、控制运算及 D-A 转换输出。实现 D-A 转换的程序如下：

```
        ORG    0000H
        SCLK   BIT    P1.7        ; 定义 I/O 口功能
        DACS   BIT    P1.6
        DIN    BIT    P1.5
        DA_H EQU    30H           ; 定义 D-A 数据区
        DA_L EQU    31H
        ORG    0030H
MAIN:                             ; 主程序（略）
```

12 位数据 D-A 转换子程序如下：

```
DACH1: PHSH    ACC               ; 保护现场
        PUSH    PSW
        SETB    RS1               ; 选择第二组工作寄存器
        CLR     RS0
        ANL     P1, #5FH          ; 使 SCLK = 0, CS = 1, DIN = 0
        NOP
        NOP
        CLR     DACS              ; 在 SCLK = 0 时使 CS 变低
        ACALL DELAY               ; 延时，等待数据稳定
        MOV     A, DA_H           ; 取待转换数据高 8 位
        MOV     R2, #08H
        ACALL   DACH2             ; 调用串行输出子程序转换高 8 位
        MOV     A, DA_L           ; 取待转换数据低 4 位
        SWAP    A
        MOV     R2, #04H
        ACALL   DACH2             ; 转换低 4 位
        SETB    DACS              ; DACS 为高电平，把 16 位移位寄存的 10 位有效数
                                    据传送至 DAC 寄存器，启动 D-A 转换
        POP     PSW               ; 恢复现场
        POP     ACC
        RET
```

串行输出子程序如下：

```
DACH2: RLC     A
        MOV     DIN, C
        NOP
        SETB    SCLK
```

```
        ACALL     DELAY        ;延时，使 SCLK 有一定的脉宽
        CLR       SCLK
        ACALL     DELAY        ;延时，使 SCLK 有一定的脉宽
        DJNZ      R2，DACH2
        RET
DELAY：MOV       R7，#06       ;延时时间可根据需要进行调整
LOOP：  DJNZ      R7，LOOP
        RET
```

若用的 C51 编程，程序如下：

```c
#include    < reg51. h >
#define  uchar  unsigned  char
#define  uint   unsigned   int
sbit    SCLK = P1^7；                 /*定义 I/O 口*/
sbit    DACS = P1^6；
sbit    DIN = P1^5
/ *************************** 主函数 *******************************/
void   main( )
{
    ……………            /*主程序(略)*/
}
/ ********************** TLC5615 D-A 转换函数 **********************/
void TLC5615(uint DA)
{
    uchar i；
    DA <<= 6；                 /*待转换数据为 10 位,左移 6 位,保证输出时高
                                位在前*/
    P1 = 0x5F；                /*使 SCLK = 0,DACS = 1,DIN = 0*/
    _ nop _( )；
    _ nop _( )；
    DACS = 0；                 /*在 SCLK = 0 时使 CS 变低*/
    for (i = 0；i < 12；i ++ )    /*采集高 12 位数据*/
        {
        DIN = (bit)(DA&0x8000)；/*获取最高位*/
        SCLK = 1；
        DA <<= 1；
        SCLK = 0；
        }
    SCLK = 0；
    DACS = 1；
```

```
        for (i = 0; i < 12; i ++);          /＊延时 12 个 _ nop( )_＊/
    }
```

10.2　A-D 转换器及其接口电路

A-D 转换器的功能是将模拟量转换为与其大小成正比的数字量信号。能实现这种转换的原理和方法很多，因此 A-D 转换芯片也很多，用户在选用的时候主要考虑的是 A-D 芯片的技术性能（如分辨率、转换速度）、连接特性等。在设计接口电路时与 D-A 接口类似，也应选择合适的转换芯片，采用合理的电路结构，以满足应用系统的技术性能和使用要求。下面介绍几种常用的 A-D 转换芯片与单片机的接口方法和应用。

10.2.1　A-D 转换器的主要技术参数

A-D 转换器的电路类型不同，编码方法不同，其指标类型也有所区别。如输出数据为 8421 编码的 BCD 码 A-D 芯片和自然二进制数编码的 A-D 芯片，它们的转换精度含义和表示方法也不同。现以输出二进制数编码的 A-D 转换器为例介绍其主要技术指标。

1. 分辨率

分辨率是 A-D 转换器对微小输入量变化敏感程度的描述。即 A-D 转换器最低有效位（LSB）所对应的输入模拟值，对一个分辨率为 n 位的转换器，能够分辨满量程的 2^{-n}。例如，分辨率为 10 位的 A-D 转换器，输入模拟量的满量程为 5V，则它能分辨的最小电压为 $5000mV/1024 = 4.882mV$。

2. 转换时间

转换时间是指 A-D 转换器完成一次转换所需的时间，即从转换启动信号开始到转换结束并得到稳定的数字输出量所需的时间。一般称转换时间小于 $20\mu s$ 为高速 A-D 转换器，转换时间在 $20 \sim 300\mu s$ 之间为中速 A-D 转换器，转换时间大于 $300\mu s$ 为低速 A-D 转换器。并且还有一些转换速度在纳秒级的超高速 A-D 转换芯片。

3. 量程

量程是指 A-D 转换芯片所能转换的模拟输入电压范围，分单极性、双极性两种类型。

同样要注意 A-D 转换的精度也分为绝对精度和相对精度。分辨率和精度是两个不同的概念，不要把两者相混淆，即使分辨率很高，也可能由于温度漂移、线性度等原因，而使其精度不够高。

10.2.2　A-D 转换器与单片机的接口方法

1. A-D 转换器与单片机接口时应考虑的问题

一般 A-D 转换芯片的引脚信号有如下几种：模拟量输入线、数字量输出线、启动转换信号（输入）、转换结束信号（输出），对多路 A-D 转换芯片还有通道地址选择信号等。接口电路设计时主要考虑如下问题。

（1）A-D 转换器的数据线与 CPU 的数据总线之间的缓冲问题

有些 ADC 芯片输出端具有可控的三态输出门，输出端可以直接和微处理器的数据总线相连，由读信号控制三态门，在转换结束后，CPU 通过执行一条输入指令产生读信号，将数据从 A-D 转换器中取出；而有的 ADC 芯片内部有三态输出门，但这种三态门不是受外部控制的，而是由芯片在转换结束时自动接通的；此外，还有一些 ADC 芯片本身没有三态输出电路，这时 A-D 转换芯片的数据输出线不能直接和微处理器的数据总线相连，必须通过三态缓冲电路与之接口。

另外，当并行 A-D 芯片的分辨率位数大于数据总线宽度时，CPU 要分两次读取 A-D 转换数据。

（2）A-D 转换启动控制信号的提供

A-D 转换器要求的启动信号一般有两种形式：电平启动信号和脉冲启动信号。对要求用电平作为启动信号的 A-D 芯片，整个转换过程中都必须保证启动信号有效，如果中途撤走启动信号，就会停止转换而得到错误结果。为此，CPU 一般要通过并行接口来对 A-D 芯片发启动信号，或者用 D 触发器使启动信号在 A-D 转换期间保持住有效电平。

对于用脉冲方式启动 A-D 芯片，通常用 CPU 执行输出指令时发出的片选信号和写信号组合产生启动脉冲。

（3）转换结束信号的处理

A-D 转换结束时，A-D 芯片会输出转换结束信号（EOC 信号），通知 CPU 读取转换数据。如何检测到 EOC 信号并读取转换结果，CPU 一般可以采用程序查询方式、中断方式和固定的延迟等待方式。

此外，由于 A-D 转换器的输入量是随时间连续变化的模拟信号，而输出是随时间断续变化离散的数字信号，因此在 A-D 转换器的转换过程中，还要对模拟信号进行采样、保持后再进行量化。

2. A-D 转换器与单片机接口时的信号连接

与 D-A 转换电路类似，A-D 转换器与单片机的接口电路可根据要求设计多种结构形式。根据以上分析，A-D 转换接口电路主要的连接信号和应完成的主要操作如下：

（1）通道选择信号的连接

通道选择一般是由 CPU 发出模拟量通道的编码，通过多路选择开关，选择对应的模拟量通道进行转换。模拟量通道的编码可通过数据线发出，也可从地址线输出。

（2）转换启动信号的连接

对用电平作为启动信号的 A-D 芯片，启动信号可用某一根并行 I/O 口数据线来产生（如 P1.1）。而需要脉冲信号启动的 ADC 芯片，启动信号一般由单片机执行 "MOVX" 指令时的写信号（$\overline{WR}$）和地址信号共同产生，也可用并行 I/O 口线产生。通常，还可将 A-D 转换器的地址锁存信号与启动信号并在一起。

（3）转换结束信号的处理以及转换数据的读取

A-D 转换结束时，如何检测 EOC 信号，读取转换结果的方式有以下三种：

第一种是程序查询方式，这种方式一般是将 A-D 芯片的 EOC 信号引入单片机的某根 I/O 口线，是在启动 A-D 转换器工作之后，程序不断地读取 A-D 转换结束信号，如果发现结束信号有效，则认为完成一次转换，因而用输入指令读取数据。

第二种是中断方式，采用这种方式时，把转换结束信号作为中断请求信号，送到中断请求输入端，中断响应后，在中断服务程序中读取 A-D 转换数据。

第三种是固定的延迟等待方式，用这种方式时，EOC 信号线可悬空，当 CPU 发出启动命令之后，执行一个固定的延迟程序（延时时间要大于完成一次 A-D 转换所需的时间），等待 A-D 转换结束，再用输入指令读取数据。

（4）时钟信号的连接

A-D 芯片的时钟信号 CLK 一般可根据要求将系统时钟分频后接入。

（5）模拟量的输入

变化缓慢的信号可直接接入；变化较快的信号经采样保持电路后接入。

对于参考电源的连接，在要求高的场合应采用精度高的稳压电源。

关于数据线与 CPU 的连接应考虑数据总线之间的缓冲问题，第 8 章已有详细论述，这里不再赘述。

10.2.3 并行 A-D 转换器接口电路的设计与应用

1. 8 位并行 A-D 转换器与单片机的接口及应用

（1）ADC0809 的逻辑结构及引脚功能

ADC0809 是一种逐次逼近型的 8 位 A-D 转换器件，片内有 8 路模拟开关，可输入 8 个模拟量，单极性，量程为 0 ~ +5V。外接 CLK 为 640kHz 时，典型的转换时间为 100μs。

ADC0809 的逻辑结构框图如图 10-13 所示，主要由 8 路模拟量输入、逐次逼近式 A-D、8 位数字量输出等部分构成。

图 10-14 所示为 ADC0809 的引脚功能图，功能简述如下：

1）IN7 ~ IN0：8 通道模拟量输入信号。

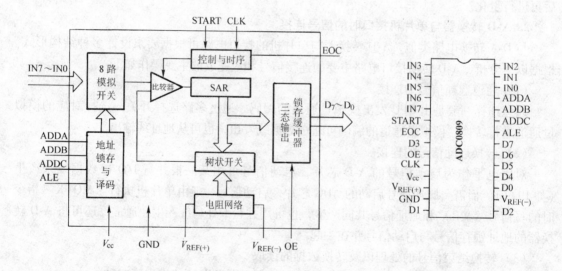

图 10-13　ADC0809 的逻辑结构框图　　　　图 10-14　ADC0809 的引脚功能

2）D7 ~ D0：8 位数据输出端，三态输出。

3）ADDC、ADDB、ADDA：通道号选择信号，其中 ADDA 是 LSB 位，用于选择 8 路输入之一进行 A-D 转换。

4）ALE：地址锁存允许，上升沿将通道选择信号存入地址锁存器。

5) START: 启动 A-D 转换信号,正脉冲有效,当给出一个 START 信号后,转换开始。脉冲宽度要求在 200ns 以上。

6) EOC: 转换结束信号,START 的上升沿使 EOC 变为低电平,A-D 转换完成后,EOC 变为高电平。

7) OE: 输出使能信号,高电平有效,当此信号有效时,打开输出三态门,将转换后的结果送至数据总线。

8) CLK: 外接时钟信号,要求频率范围 10kHz ~ 1.2MHz。

9) V_{cc}、GND: 工作电源,5V;GND 为电源接地端。

10) REF (+)、REF (−): 参考电压输入。

(2) ADC0809 与单片机的接口电路

图 10-15 所示为 ADC0809 与 89C51 单片机的接口电路。ADC0809 的数据线 D7 ~ D0 与单片机的数据总线直接相连,模拟量输入通道地址选择由地址总线 A2 ~ A0 提供。时钟 CLK 由单片机的 ALE 信号分频后取得。START、ALE 和 OE 信号分别由单片机的写信号 $\overline{WR}$ (P3.6)、读信号 $\overline{RD}$ (P3.7) 和 P2.7 经或非门接入,说明单片机可通过地址线 P2.7 和读写信号来控制 A-D 转换器的启动、地址锁存和读入转换数据。图中转换结束信号 (EOC) 经非门接入外部中断 1,转换结束时可向 CPU 申请中断。

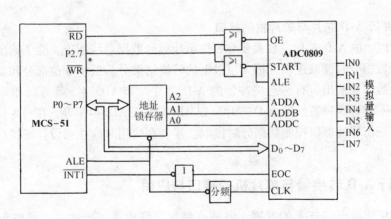

图 10-15 ADC 0809 与 89C51 单片机的接口

例 10-5　设某个数据采集系统中 A-D 转换器与单片机的连接如图 10-15 所示,分别对 8 路模拟量输入信号检测,并将采集的数据存入数组 ad 中。

解　由图分析 ADC0809 各通道地址为 7FF0H ~ 7FF7H,C51 程序如下:

```
#include < absacc. h >
#include < reg51. h >
#define   uchar   unsigned char
#define   IN0    XBYTE[0x7ff0]        /* 设置 AD0809 通道 0 的地址 */
sbit   ad _ busy = P3^3;             /* EOC 状态标志 */
void   ad0809(uchar   idata * x)      /* A-D 采集函数 */
{
```

```
        uchar   i;
        uchar   xdata * ad _ adr;
        ad _ adr = & IN0;
        for( i = 0; i < 8; i ++ )                /* 依次处理 8 个通道 */
            {
                * ad _ adr = 0;                  /* 启动转换 */
                i = i;                           /* 延时等待 EOC 变低 */
                while( ad _ busy == 0 );         /* 查询等待, 转换结束 */
                x[ i ] = * ad _ adr;             /* 存放转换结果 */
                ad _ adr ++ ;                    /* 下一通道 */
            }
        }
    void main( )
    {
        static   uchar   idata ad[ 8 ];
        ad0809( ad );
    }
```

2. 12 位并行 A-D 芯片与单片机的接口

对于 8 位以上的 A-D 芯片, 如果要和 8 位单片机的数据总线相连, 除了输出具有三态控制外, 还要有数据分时读取逻辑, 把 8 位以上的转换结果分为低于 8 位部分和高于 8 位部分两次读取。对数字量输出带有三态缓冲器的 A-D 芯片, 如 AD574, 就可以和 8 位单片机直接相连。对于不具有这种特性的 A-D 芯片, 如 ADC1210、AD574A 等, 在与 8 位单片机连接时, 需要增加三态缓冲器以控制数据分时读取。读者在应用时应注意设计好接口, 并配合软件实现。

10. 2. 4　串行 A-D 转换器与单片机的接口与应用

随着大规模集成电路技术的发展, 各种高精度、低成本、低功耗、可编程的串行 A-D 芯片不断推出, 使仪器仪表和微机测控系统的电路设计更加简洁, 可靠性更高。

1. 12 位串行 A-D 转换器 TLC2543 简介

（1）TLC2543 的基本性能

TLC2543 是有 11 个模拟量输入通道的 12 位开关电容逐次逼近 A-D 转换器, 具有转换速度快、稳定性好、与单片机接口简单, 且性价好等优点。芯片有片选（CS）、输入/输出时钟（CLOCK）和地址输入（DATAI）三个控制输入端, 可通过一个三态的串行输出端与主处理器或其他外围串行口高速传输数据。

该器件片内含有一个 14 通道模拟开关, 可选择 11 路模拟量输入（AIN0 ~ AIN10）中的任意一个或三个内部自测电压（Self-Test）中的一个。片内产生转换时钟并由 CLOCK 同步。在允许的工作温度范围内 A-D 转换时间小于 $10\mu s$。片内还设有采样—保持电路。器件的基准电压由外电路提供。其 A-D 转换输出数据的长度和格式可编程为以下几种方式:

1）单极性或双极性输出（有符号的双极性, 对应于所加基准电压的 1/2）;

2）MSB（D11 位）或 LSB（D0 位）作前导输出；

3）可变输出数据长度（8 位、12 位、16 位）。

（2）TLC2543 的引脚功能

TLC2543 有 20 个引脚，多种封装形式，其中双列直插式的引脚排列如图 10-16 所示。引脚功能及说明如下。

1）AIN0～AIN10：11 个模拟输入端，输入电压范围 0.3V～V_{cc}+0.3V。对 4.1MHz 的 I/O 时钟，驱动源阻抗必须小于或等于 50Ω。

2）$\overline{CS}$：片选端。$\overline{CS}$ 的下降沿，将复位内部计数器，并控制和使用 DATAO、DATAI 和 CLOCK；上升沿，将在一个设置时间内禁止 DATAI 和 CLOCK 信号。

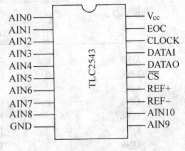

图 10-16　TLC2543 引脚

3）DATAI：串行数据输入端，8 位控制字以 MSB 为前导从该端输入。前 4 位串行地址来选择下一个即将被转换的模拟输入或测试电压。后 4 位用于选择输出数据的长度和格式。

4）DATAO：用于 A-D 转换结果输出的三态串行输出端。DATAO 在 $\overline{CS}$ 为高电平时处于高阻状态，而当 $\overline{CS}$ 为低电平时可输出数据。在 $\overline{CS}$ 有效时，CLOCK 的下降沿将上一次的转换结果的各位从 DATAO 端依次移出。

5）EOC：转换结束信号。在 I/O 周期的最后一个 CLOCK 下降沿后，EOC 从高电平变为低电平，并保持低电平直到转换完成及数据准备传输。

6）CLOCK：输入/输出时钟端。CLOCK 接收串行输入并完成以下功能：在 CLOCK 的前 8 个上升沿，将 8 个输入数据位移入输入数据寄存器，其中前 4 位为模拟通道地址；CLOCK 的第 4 个下降沿开始对所选通道信号进行采样并持续到 CLOCK 的最后一个下降沿；CLOCK 的下降沿将前一次转换的数据的其余位依次移出 DATAO 端；在 I/O 周期 CLOCK 的最后一个下降沿使 EOC 变低并开始 A-D 转换。

7）REF +：正基准电压端。基准电压的正端（通常接 V_{cc}）被加到 REF +。最大的输入电压范围取决于加于本端与加于 REF - 端的电压差。

8）REF -：负基准电压端，即基准电压的低端。

9）V_{cc}：正电源端，通常接 +5V；GND 为电源接地端。

2. TLC2543 的编程格式及工作过程

（1）输入寄存器控制字格式

从应用编程角度看，TLC2543 内部有一个输入数据寄存器和一个输出数据寄存器。前者存放从 DATDI 端移入的控制字，后者存放转换好的数据，以便下一周期从 DATAO 端串行输出。输入的数据为 8 位，包括 4 位模拟量通道地址（D7～D4）、2 位数据长度选择（D3、D2）、1 位输出顺序（D1）选择和 1 位输出极性选择（D0）。其输入控制字的格式与作用见表 10-3。

（2）TLC2543 的工作过程与时序

虽然 TLC2543 的输出数据长度有 8 位、12 位和 16 位几种，但对该器件的应用时采用 8 位意义不大，16 位输出时其有效数据仍为 12 位，一般是为了方便与 16 位串行接口通信采用，所以常用 12 位数据长度。现以 12 位数据长度为例介绍其工作过程。如图 10-17 所示为用 12 位时钟传送并以 MSB 为前导的时序。其工作过程简述如下：

1）初始状态。片选 $\overline{CS}$ 应为高电平，CLOCK 和 DATAI 被禁止，DATAO 为高阻状态。

表 10-3　TLC2543 输入寄存器的控制字格式与作用

功能选择	输入数据字节								备　注
	地址位				L1	L0	LSBF	BIP	D7 = MSB
	D7	D6	D5	D4	D3	D2	D1	D0	D0 = LSB
AIN0	0	0	0	0					
AIN1	0	0	0	1					
AIN2	0	0	1	0					
AIN3	0	0	1	1					
AIN4	0	1	0	0					选择输入
AIN5	0	1	0	1					通道选择
AIN6	0	1	1	0					
AIN7	0	1	1	1					
AIN8	1	0	0	0					
AIN9	1	0	0	1					
AIN10	1	0	1	0					
REF + 与 REF − 差模	1	0	1	1					
REF − 单端	1	1	0	0					内部测试
REF + 单端	1	1	0	1					
软件断电	1	1	1	0					
输出 8 位					0	1			
输出 12 位					X	0			输出数据长度
输出 16 位					1	1			
MSB（高位）先出							0		输出数据格式
LSB（低位）先出							1		
单极性（二进制）								0	输出方式极性
双极性（补码）								1	

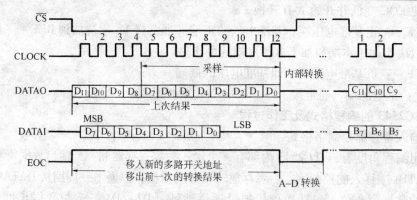

图 10-17　用 12 位时钟传送并以 MSB 为先导的时序

2）I/O 周期的启动 $\overline{CS}$ 端必须由高变低，才能开始一个 I/O 的工作周期，这时 EOC 变为高，CLOCK 和 DATAI 使能，DATAO 脱离高阻态。8 位输入寄存器被置零，输出寄存器的内容为上一次的转换结果。

3）I/O 周期的操作过程。进入 I/O 周期后，时钟信号从 CLOCK 端依次加入，并在时钟的控制下同时进行两种操作：8 位输入控制字从 DATAI 端逐位移入，并存入输入寄存器，其中前 4 位为模拟通道地址，后 4 位选择输出数据的长度和格式（见表 10-3）；另一方面也将上一次的转换结果从 DATAO 端输出。

CLOCK 端输入的时钟长度（8 位、12 位、16 位）取决于输出数据长度的选择，当选择 12 位或 16 位时，在前 8 个 CLOCK 时钟后 DATAI 端的数据无效。

4）模拟量的采样与 A-D 转换。对被转换的模拟量采样开始于 CLOCK 的第 4 个下降沿，保持到 CLOCK 的最后一个下降沿，此时 EOC 变低，并开始 A-D 转换。转换完成后 EOC 再次变为高，并将转换结果存入输出数据寄存器以便在下一个 I/O 周期输出。在转换过程中使 $\overline{CS}$ 为高电平，转换结束后若使 $\overline{CS}$ 变为低电平，则在其下降沿启动一个新的 I/O 周期，重复上述过程。

3. TLC2543 与单片机的接口

12 位分辨率的数据采集系统中用 TLC2543 实现 A-D 转换十分方便。由于单片机独特的 I/O 口操作指令和位处理功能，TLC2543 与单片机的接口非常简单，一般只需要利用 4～5 根 I/O 口线与 TLC2543 的 $\overline{CS}$、DATAI、CLOCK、DATDO 以及 EOC 端直接连接即可，TLC2543 与单片机的连接如图 10-18 所示。虽然通过 EOC 信号可判断 A-D 转换是否结束，但由于 TLC2543 A-D 转换时间约为 $10\mu s$，在一般的系统中数据采集后的处理工作常常大于 $10\mu s$，所以 EOC 信号可以不接。

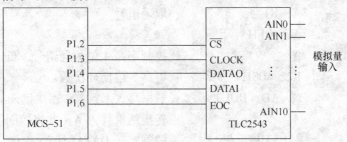

图 10-18　TLC2543 与单片机的连接

设数据长度为 12 位，MSB（高位）先导输出，对一个通道进行 A-D 转换的子程序如下：子程序入口：R0 中为转换结果存内存高 8 位地址，R1 中为待转换的模拟量通道号。子程序出口：@R0、@R0 + 1 单元分别存放上一 I/O 周期 A-D 值的高 8 位和低 4 位。

TLC2543 汇编程序处理流程如图 10-19 所示。

程序如下：

```
      AD _ CS    BIT P1. 2
      AD _ CLK   BIT P1. 3
      AD _ DOUT  BIT P1. 4
      AD _ DIN   BIT P1. 5
AD12: SETB       AD _ CS          ；使CS为高，准备启动一个 I/O 周期
      CLR        AD _ CLK         ；CLOCK =0
      CLR        AD _ CS          ；使CS产生一个由高到低的变化
```

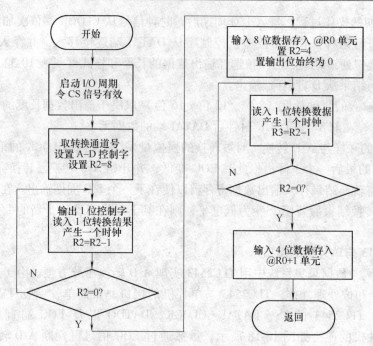

图 10-19　TLC2543 汇编程序处理流程

```
         MOV      A, R1              ; 取通道号
         ANL      A, #0FH
         SWAP     A                  ; 控制字高 4 位为通道号，低 4 位为 0
         MOV      R2, #08H           ; 置高 8 位循环次数
AD8:     MOV      C, AD_DOUT         ; 数据移入 CY 中，逐次读入 A-D 高 8 位
         RLC      A                  ; 转换结果移入 A，并将控制字移出到 CY
         MOV      AD_DIN, C          ; 控制字送 DATAI 线
         SETB     AD_CLK
         NOP
         NOP
         CLR      AD_CLK             ; 产生一个 CLOCK 脉冲
         DJNZ     R2, AD8
         MOV      @R0, A             ; 存上一周期 A-D 高 8 位数据
         MOV      R2, #04H           ; 置低 4 位循环次数
         CLR      C
         MOV      AD_DIN, C          ; 控制字送完，使 DATAI 线保持不变
         MOV      A, #00H
AD4:     MOV      C, AD_DOUT         ; 数据移入 CY 中，逐次读入 A-D 低 4 位
         RLC      A                  ; 转换结果移入 A
         SETB     AD_CLK
         NOP
```

```
        NOP
        CLR        AD _ CLK          ; 产生一个 CLOCK 脉冲
        DJNZ       R2, AD4
        INC        R0
        MOV        @ R0, A           ; 存上一周期 A-D 低 4 位数据
        SETB       AD _ CS           ; 使CS为高, I/O 周期结束, 进入 A-D 转换
        RET
```

例 10-6　编写程序对 0 通道和 1 通道进行数据采集, 采集结果存入数组 ad _ result 中。设数据长度为 12 位, MSB (高位) 前导输出。

C51 程序如下:

```c
#include  < reg51. h >
#include  < intrins. h >
#define uint unsigned int
#define uchar unsigned char
sbit   AD _ CS = P1^2;               /* 2543 片选 */
sbit   AD _ CLK = P1^3;              /* 2543 时钟 */
sbit   AD _ DOUT = P1^4;             /* 2543 输出 */
sbit   AD _ DIN = P1^5;              /* 2543 输入 */
sbit   AD _ EOC = P1^6;              /* 2543 转换结束标志位 */
/ *************************** 延时函数 ************************* /
void  delay( uchar n)
{
        uchar i;
    for( i = 0; i < n; i ++ );
}
/ *********************** TLC2543 驱动程序 *********************** /
uint   read2543( uchar port)
{
    uint ad = 0, i;
    AD _ CS = 0;                     / * 使CS产生一个由高到低的变化 */
    AD _ CLK = 0;
    port <<= 4;
    for( i = 0; i < 8; i ++ )        / * 读高 8 位 */
        {
            if( AD _ DOUT)    ad| = 0x01;
            AD _ DIN = ( bit)( port&0x80);
            AD _ CLK = 1;
            delay( 3);
            AD _ CLK = 0;
```

```
            delay(3);
            port <<= 1;
            ad <<= 1;
        }
    for(i = 8; i < 12; i ++)          /*读低4位*/
        {
            if(AD _ DOUT)    ad| = 0x01;
            AD _ CLK = 1;
            delay(3);
            AD _ CLK = 0;
            delay(3);
            ad <<= 1;
        }
            AD _ CS = 1;
            ad >> = 1;
            return(ad);
}
```

/ ****************************主函数 ****************************/
```
    void main()
{
    uint    idata    ad _ result[2];
    uchar i;
    AD _ EOC = 1;
    AD _ CS = 1;                        /*使CS为高准备启动一个I/O周期*/
    read2543(0);                        /*启动0通道转换,第一次转换结果不准
                                            确,丢弃*/
    while(! AD _ EOC);                  /*等待转换完成*/
    for(i = 0;i < 2;i ++)
    {
        ad _ result [i] = read2543(i + 1);  /*读转换结果,并启动下次转换*/
        while(! AD _ EOC);
    }
}
```

4. TLC2543 应用编程时要注意的几个问题

1) 在 TLC2534 的 I/O 周期中, 从 DATAO 端输出的 12 位数据是前一个工作周期 A-D 转换的数据, 对应着前一周期的输入控制字。而上电后的第一个 I/O 周期从 DATAO 端取出的数据为随机数, 没有意义。因此, 在本例中共调用了 3 次子程序, 第一次调用子程序时读入的数据无效。

2) I/O 周期的前 8 个 CLOCK 时钟从 DATAI 端已将 8 位控制字输入, 因此在 8 个 CLOCK

时钟以后，DATAI 端的状态应保持不变，以减小外部数字噪声的影响。

3）由于CS信号控制着 TLC2543 的转换过程，因此在 I/O 周期内必须保持低电平，在最后一个 CLOCK 周期后应将其置高电平，以便在启动下一个 I/O 时使CS有由高到低的变化。

4）控制字的低 4 位决定输出数据的长度和格式，设定好后在运行过程中一般不要改变，以免使输出数据发生混乱。

5. 应用举例

某热处理用小功率电炉温度控制系统，温度测量范围为 0 ~ 1000℃，要求通过闭环控制实现炉温的自动控制调节。如图 10-20 所示，其测量部分由传感器、信号放大器和 A-D 转换器（TLC2543）组成。温度的检测信号（热电偶传感器）经放大后接入 2543 的模拟量输入端 AIN0，2543 与单片机通过 P1.2 ~ P1.5 接口。

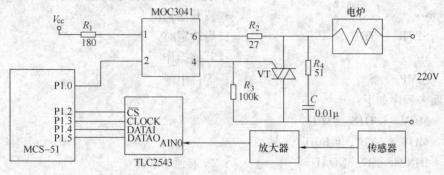

图 10-20 TLC2543 应用举例

主电路用双向晶闸管控制，电炉温度采用调功控制，在给定的控制周期（T_c）内，改变双相晶闸管导通的周波数 n，以达到改变输出加热功率的目的，从而实现温度的控制与调节，因此计算机只要通过 I/O 口输出能控制晶闸管通断时间的脉冲信号即可，对系统的硬、软件设计都带来方便。图中 MOC3041 为带光隔的过零触发器件，由 P1.0 控制。

例 10-7 编程完成对图 10-20 所示温度控制系统的炉温进行检测，并将采样数据（A-D值）存入内存 30H、31H 中，以备温度控制算法程序使用。设系统时钟为 12MHz，要求采样周期为 2s。

解 1）分析：因采样周期为 2s，可用单片机内部定时器定时，并配合软件扩展以实现 2s 的定时，在中断服务程序中进行 A-D 转换。

2）设采用定时器 T1 方式 1 定时 50ms，在服务程序中计数 40 次完成 2s 定时。定时器 T1 方式控制字 TMOD = 0001000H，计数初值 TH1 = 3CH，TL1 = B0H。

相关的主程序段如下：

```
AD _ DATA  EQU  30H
AD _ CS  BIT  P1.2
AD _ CLK  BIT  P1.3
AD _ DOUT  BIT  P1.4
AD _ DIN  BIT  P1.5
OGR  0000H
SJMP  MAIN
```

```
        ORG     001BH                   ; T1 中断入口
        AJMP    TIS
        ORG     0100H
MAIN：MOV      TMOD，#10H               ; 定时器 1 初始化
        MOV     TH1，#3CH
        MOV     TL1，# B0H
        SETB    ET1
        SETB    EA
        MOV     R7，#40                  ; 置定时软件计数初值
        LCALL   AD12                    ; 第一次调用读出无效数据
        …                               ; 置其他初值
        SETB    TR1                     ; 启动定时
        …                               ; 其他操作
        SJMP    $                       ; 等待中断
```

中断服务程序如下：

```
TIS：  MOV      TH1，#3CH
        MOV     TL1，# B0H
        DJNZ    R7，NOAD                 ; 2s 未到不采样
        MOV     R0，# AD _ DATA          ; 取数据单元地址指针
        MOV     R1，#00H                 ; 取通道号
        LCALL   AD12                    ; 调用 A-D 转换子程序
        MOV     R7，#40H                 ; 重取软件计数值
        …                               ; 数据处理
        …                               ; 控制输出
NOAD：RETI
```

对应的 C51 程序如下：

```
#include  < reg51. h >
#include  < intrins. h >
#include  < absacc. h >
#define uint unsigned int
#define uchar unsigned char
#define     AD _ DATA   WORD[0x0030]    /＊定义存放结果内存地址＊/
sbit   AD _ CS = P1^2;                  /＊2543 片选＊/
sbit   AD _ CLK = P1^3;                 /＊2543 时钟＊/
sbit   AD _ DOUT = P1^4;                /＊2543 输出＊/
sbit   AD _ DIN = P1^5;                 /＊2543 输入＊/
void main( )
{
    uchar   count = 0;
```

```
    TMOD = 0x10;                          /* 定时器 1 初始化 */
    TH1 = (65536 - 50000)/256;
    TL1 = (65536 - 50000)%256;
    EA = 1;
    ET1 = 1;
    AD _ CS = 1;                          /* 使CS为高准备启动一个 I/O 周期 */
    read2543(0);                          /* 启动 0 通道转换,第一次转换结果不准
                                             确,丢弃 */
    TR1 = 1;
    while(1);
}
void    timer1( )    interrupt   3
{
    TH1 = (65536 - 50000)/256;   TL1 = (65536 - 50000)%256;
    count ++ ;
    if( count == 40)
    {
        count = 0;
        AD _ DATA = read2543(0);
    }
}
```

由于集成电路技术的发展，D-A 转换器和 A-D 转换器集成芯片的型号日益增多，性能也各有差异。但是它们的基本工作原理都是相同的，只要了解 A-D 和 D-A 芯片的基本性能，掌握了它们与 CPU 接口的一般使用方法，就可以着手设计 A-D 与 D-A 通道。一台微型计算机扩展了模拟通道后，它在实用领域中就如虎添翼了。例如，一单片机系统扩展了 12 位的 A-D 和 D-A 转换器后，用在检测和控制中，精度可达 0.05% 以上，若配上相应的软件，则可作为高性能的测试仪和控制器。

本 章 小 结

本章主要介绍了数-模（D-A）和模-数（A-D）转换的接口电路设计和应用程序的设计方法。在设计接口电路时，根据应用要求选择合适的转换芯片，采用合理的电路结构，使之在满足技术性能的基础上简单、方便、可靠，并有良好的性价比。

D-A 芯片与单片机接口时主要考虑 CPU 向 D-A 芯片传输数据和数据的缓冲控制、用户对模拟量输出的要求等问题。一般 A-D 转换芯片的引脚信号有模拟量输入、数字量输出、启动转换信号（输入）、转换结束信号（输出），对多路 A-D 转换芯片还有通道地址选择信号等。A-D 芯片与单片机接口时接主要考虑的问题是 A-D 转换器的数据线与 CPU 的数据总线之间的缓冲以及各信号的连接和处理等问题。

DAC0832 是应用较多的一种 8 位并行 D-A 转换芯片。利用 DAC0832 的两个 8 位寄存器

可以使输入的数据实现两级缓冲，通过相应的控制信号可使其工作于三种不同的方式。

ADC0809 是一种 8 位的 A/D 转换器件，片内有 8 路模拟开关，可输入 8 个模拟量，输出带有三态缓冲，可与 CPU 数据总线直接连接。

TLC5615 是 10 位的具有串行接口的数-模转换器。TLC5615 的性价比高，应用较广，与单片机的接口很简单，一般利用单片机的 3 根并行 I/O 口线直接与 SCLK、DIN、CS 端连接即可。

TLC2543 是有 11 个模拟量输入通道的 12 位 A-D 转换器，与单片机接口简单，一般只需 4～5 根 I/O 口线与芯片直接相连即可。由于单片机独特的 I/O 操作和控制功能，以及 D-A 和 A-D 芯片良好的性价比、与单片机连接接口简单、编程方便等优点，串行芯片在单片机应用系统中得到了广泛的应用。

思考题与习题

10-1　若用 8255 作 DAC0832 与单片机的接口应如何连接，一般需要用 8255 的几个 I/O 口？使 DAC0832 工作于何种方式？

10-2　试画出三种可能使 DAC0832 工作于单缓冲方式的硬件连线图。

10-3　假设从 2500H 单元开始存放 10 个 10 位数据，数据的高 8 位存放在偶数地址单元，低 2 位存放在奇数地址单元。现要求将它们经串行 D-A 芯片 TLC5615 转换连续输出，硬件连接如图 10-11 所示，试编写出相应的程序。

10-4　在图 10-20 中，若单片机采用中断方式读取 A-D 的转换数据，在硬、软件方面应作怎样的修改？试编写相应的程序。

10-5　在例 10-5 中，若用 8255A 作接口，则应如何将 ADC0809 与 8255A 连接？试画出其连接示意图。若单片机用查询方式读取转换结果，并写出相应的采集程序。

10-6　用 TLC2534 采集数据时，其通道号是如何送入的？在 TLC2534 上电后的第一个 I/O 周期，单片机从 DATAO 端读入的数据有何特点？

10-7　设计一个 TLC2543 与 51 单片机的接口电路，并编程实现对外部输入的 5（AIN0～AIN4）路模拟量进行采样。要求每隔 1s 巡回采样一次，采样数据依次存入内存 40H 开始的单元，以便处理程序使用。

第 11 章　单片机应用系统设计与项目实例

通过前面各章的学习，已经掌握了单片机的工作原理、程序设计方法、系统扩展及接口技术，为单片机应用系统的开发设计奠定了软硬件基础。单片机在智能仪表、工业测控、数据采集、网络控制、家用电器等领域得到了广泛的应用。本章将从实际应用的角度，结合编者的设计经验，通过一个项目实例分析，介绍单片机应用系统的组成、设计步骤、应用系统的软、硬件设计和调试等，使读者对单片机应用系统设计有一个完整的概念。

11.1　单片机应用系统设计概述

单片机应用系统是指以单片机为核心，配以一定的外围电路和软件，能实现某些功能的应用系统。它由硬件部分和软件部分组成。通常，随着系统用途不同，应用系统的硬件和软件结构也不同，但是设计过程方法步骤基本上相同。单片机应用系统的设计过程如图 11-1 所示。

11.1.1　明确任务要求及确定设计方案

在进行具体设计之前，首先要进行可行性调研，目的是分析完成这个项目的可能性。可参考国内外有关资料，看是否有人已进行过类似的工作。分析本项任务当前存在的缺点，有哪些地方可以进一步挖掘、发展、突破。

在进行可行性调研、分析和论证后，如果可以立项，下一步工作就是进行系统总体方案的设计。以设计人员对系统的理解确定本项设计任务可以实现的、性价比高的工程技术方案，可以参考对比国内外同类产品的性能，根据系统的不同部分和要实现的功能，提出合理可行的技术指标，编写设计任务书，方案确定时要求系统简单可靠、人机界面友好，容错性能好等，从而完成系统总体方案设计。

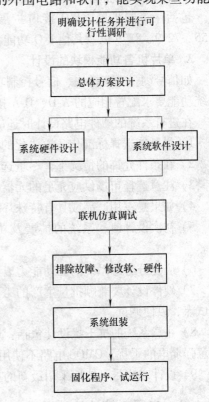

图 11-1　单片机应用系统的设计过程

一旦总体方案确定下来，就进入系统实质性设计阶段，需对软件、硬件功能进行划分，同一种功能既可以用硬件也可以用软件来实现，设计时要综合考虑。在满足实时性的要求前提下一般应考虑用软件实现以便节约成本、系统升级和改造。同时软件设计和硬件设计不能截然分开，硬件设计时应考虑系统资源及软件的实现方法，而软件设计时又要基于硬件的工作原理。在对软、硬件功能进行划分后，则可在进一步确定人员分工、安排工作进度，规定接口参数后，就可以开始硬件、软件的具体设计工作了。

11.1.2　应用系统的硬件设计

从硬件规模来分，单片机应用系统可分为单片机基本系统、扩展系统和系统节点三类。如果单片机内部资源已经能满足系统的硬件要求，则可以设计成一个基本系统。需要扩展程序存储器、数据存储器或 I/O 接口电路的单片机应用系统，称为扩展系统。在分布式计算机系统或计算机网络中，作为系统节点的单片机通常用做下位机，上位机则是系统机或网络工作站。

一般来说，一个单片机应用系统的硬件设计包括 3 部分内容：一是单片机芯片的选择，二是单片机系统的扩展，三是单片机系统的各模块配置。设计时一般应遵循以下原则：

1. 尽可能选用片内资源能满足要求的芯片

优先选用片内有大容量 Flash 存储器的产品，使用此类单片机，可省去扩展程序存储器，从而减小所使用的芯片数量，缩小系统体积。

2. 单片机系统的扩展部分的设计

包括存储器扩展、I/O 接口扩展和功能模块的扩展设计。I/O 接口扩展是指 8255、8155、7279、8279 以及其他 I/O 功能部件的扩展，它们都属于单片机系统扩展的内容。

3. 单片机各功能模块的设计

如信号测量功能模块、信号控制功能模块、人机对话功能模块、通信功能模块等，根据系统功能要求配置相应的 A-D、D-A 接口、键盘、显示器、打印机等外围设备。

在进行系统的硬件电路设计时还应注意以下几个方面：

1）尽可能选择标准化、模块化的典型电路。

2）在条件允许的情况下，尽量选用功能强、集成度高的电路或芯片。

3）注意选择市场供应充足的元器件，如有必要，可向供应商咨询一下。

4）如果是军用产品或具有特殊环境要求的系统，应选择满足要求的芯片。

5）初次设计时，系统的扩展及功能模块的设计应适当留有余地，以便日后修改和扩展。

6）应充分考虑系统的驱动能力以及电源的能力。

7）硬件设计要兼顾批量生产的工艺设计、确保安装、调试和维修方便，最好设置几个测试点，以便调试。

8）注意系统的抗干扰设计包括：切断来自电源、传感器的干扰，抑制噪声及空间干扰，注意强弱电的干扰，CMOS 电路不使用的输入引脚不允许浮空等。

9）设计时应尽可能地采用最新的技术。

11.1.3　应用系统的软件设计

当系统硬件电路设计定型后，软件设计的任务也就明确了。软件设计在系统设计中占有重要的位置。应用软件包括数据采集和处理程序、控制算法实现程序、人机交互程序、数据管理程序等。软件设计通常采用模块化程序设计、自上向下的程序设计方法。

根据设计要求将系统软件分成相应的模块。一般来讲，软件的功能可分为两大类。一类是执行软件，完成各种实质性的功能，如测量、计数、显示、打印、输出控制等；另一类是监控软件，专门用来协调各执行模块和操作者的关系，在系统软件中充当组织调度角色。进行软件设计时应从以下几个方面加以考虑：

1）根据软件功能要求，将软件分成若干个相对独立的功能模块，设计出合理的软件总体结构，使其结构清晰、简捷、流程合理。

2）各功能程序实行模块化、子程序化，既便于调试、链接，又便于修改和移植。

3）确定好算法，绘制程序流程图。这是程序设计的一个重要组成部分，正确的算法，合理的程序结构是决定软件设计成败的关键。从某种意义上讲，多花一点时间来设计程序流程图，就可以节省几倍源程序的编辑调试时间。

4）合理分配系统资源，包括 ROM、RAM、定时器/计数器、中断源等。其中最关键的是片内 RAM 和 Flash 的分配，当 RAM 资源规划好后，可列出一张内存资源分配表，以备编程查用方便。

5）对程序功能进行必要的注释，提高程序的可读性。

6）注意软件的抗干扰设计，提高应用系统可靠性。

软件设计可以使用汇编语言和 C51 语言，编写程序时，应采用标准的符号和格式。

11.2 单片机应用系统设计举例

在许多的单片机系统中，通常要进行一些与时间、温度有关的控制。本节将通过一个带时间显示的数字温度测量系统的设计，将学过的单片机的知识进行综合应用，并以此来说明单片机系统开发的过程。

11.2.1 系统设计要求与方案确定

每一项设计任务都有具体的设计要求，因此每一次设计前都要认真地研究和理解设计要求中的每一项条款，思考如何实现设计要求，并且在满足设计要求的前提下，尽可能地选择一个最佳的设计方案。带时间显示的数字温度测量系统的设计要求如下：

1. 设计要求

以 MCS-51 单片机为核心，设计一个带时间显示的数字温度测量系统。

1）采用液晶显示器显示温度测量值

2）检测的温度范围为 $-55 \sim 125℃$，检测分辨率 $±0.5℃$。

3）温度超过警戒值（警戒值能自行设定并保存）时报警提示。

4）能够随时对当前时间进行调整。

2. 设计思路

根据设计要求，初步思路如下：

1）计时单元由单片机内部的定时器/计数器来实现。

2）时间温度显示功能通过液晶显示器 RTC1602 进行显示。

3）时间和温度警戒值的保存使用 I^2C 总线器件 AT24C02 芯片。

4）时间调整及温度设定，通过接入键盘电路实现。系统共设置 4 个按键，分别定义如下：

①SET 键（调整设置键）：其功能是当该键按下时，进入时间调整/报警温度设置等输

入功能。

②ADD 键（设置键）：其功能是当该键按下时，进行加 1 操作。

③SUB 键：（设置键）：其功能是当该键按下时，进行减 1 操作。

④ALM 键：超温报警键。

5）按键的接入方式有：

①SET 键：通过 P1.0 引脚接入，查询工作方式。

②ADD 键：通过 P1.1 引脚接入，查询工作方式。

③SUB 键：通过 P1.2 引脚接入，查询工作方式。

④ALM 键：通过 P1.3 引脚接入，查询工作方式。

6）超温报警采用发光二极管指示，接入 P2 口的 P2.7 引脚。

3. 硬件电路的设计方案及框图

根据设计要求，确定系统的设计方案。图 11-2 所示为该系统设计方案的硬件电路设计框图。硬件电路由 6 个部分组成，即键盘接口电路、单片机时钟电路、复位电路、LCD 显示电路、存储器电路，超温报警电路。下面将分别对硬件电路的设计和器件的选择做详细介绍。

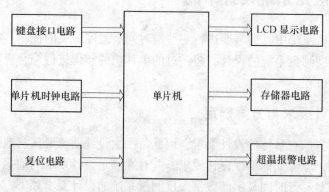

图 11-2　硬件电路设计框图

11.2.2　硬件电路设计与器件选择

1. 单片机的选择

根据初步设计方案的分析，设计这样一个应用系统，可以选择具有以下功能的单片机：

1）片内有 Flash ROM 的单片机，应用程序直接存储在片内，不需再扩展程序存储器，电路可以简化。例如 ATMEL 公司生产的 AT89C×× 系列单片机，宏晶公司的 STC89C5× 系列单片机等。

2）支持在线系统可编程技术（ISP）的单片机，通常进行单片机的实验或开发时，编程器是必不可少的。仿真、调试完的程序需要借助编程器烧写到单片机内部或外接的程序存储器中。选用带有 ISP 技术的单片机，可以省去昂贵的仿真器，只要通过计算机接口和一条下载线就可以直接在目标芯片上编程。

基于以上考虑，本系统选用 STC89C5× 系列单片机。

2. 显示电路设计与器件选择

在第 9 章对显示接口电路已做了详细介绍。系统选用 16 字 ×2 行的字符型液晶显示模块（LCM）RT1602C 来设计系统的显示电路。

（1）RT1602C 的引脚

RT1602C 字符型液晶显示模块是 16 字 ×2 行的采用 5 ×7 点阵图形来显示字符的液晶显示器，采用标准的 16 脚接口，RT1602C 的引脚定义见表 11-1。

表 11-1　RT1602C 的引脚定义

引脚号	引脚名称	说明
1	V_{ss}	电源地
2	V_{dd}	+5V 电源
3	V_L	液晶显示偏压信号
4	RS	数据/命令选择端（H/L）
5	R/$\overline{W}$	读写选择端（H/L）
6	E	使能端，当 E 脚由高电平变为低电平时，液晶执行模块命令
7	D0	8 位双向数据线
8	D1	
9	D2	
10	D3	
11	D4	
12	D5	
13	D6	
14	D7	
15	BLA	背光源正极
16	BLK	背光源负极

（2）RT1602C 与单片机的接口电路设计

RT1602C 的内部结构可以分为三个部分：LCD 控制器、LCD 驱动器和 LCD 显示器。如图 11-3 所示。

RT1602C 的控制器采用 HD44780，在前面章节已有详细介绍。在这里给出 LCM 与单片机的接口电路设计。

LCM 的数据总线与单片机的 P0 口通过一个上拉电阻排相连，LCM 的三条控制线 RS、RW、EN 分别与单片机的 I/O 口（本系统中以 P2.0、P2.1、P2.2）相连，第一、二引脚分别与地、电源相连，第三引脚使用一个 10kΩ 的可调电阻对显示屏的明亮进行调整，如图 11-4 所示。

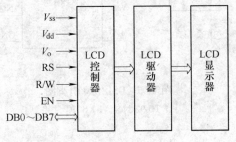

图 11-3　RT1602C 的内部结构

3. 温度传感器的选择与接口电路设计

单片机的接口信号是数字信号，要想利用单片机获取温度、液位、流量这类非电信号的信息，必须使用相应的传感器。温度传感器能将温度信息转换为电流或电压输出。如果转换后的电流或电压输出是模拟信号,那么还必须进行 A-D 转换,以满足单片机接口的需要。

传统的温度检测大多以热敏电阻为温度传感器,但热敏电阻的可靠性差,精度低,而且必须经过专门的接口电路转换为数字信号后才能由单片机进行处理。因此,系统选择了 DALLAS 公司的单总线数字温度传感器 DS18B20。

（1）DS18B20 简介

目前常用的微机与外设之间数据传输的串行总线有 I^2C 总线,SPI 总线等。其中 I^2C 总线采用同步串行双线方式;而 SPI 总线采用同步串行三线或四线方式。这两种总线需要至少两根以上的信号线。DALLAS 公司推出了一项特有的单总线技术,它采用单根信号线,既可传输时钟信号,又可传输数据信号,而且数据传输是双向的。

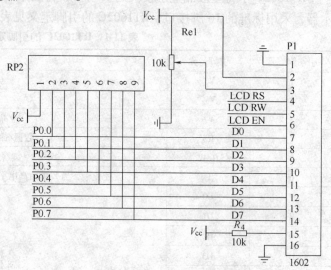

图 11-4　LCD 显示器与单片机的接口电路图

DS18B20 是 DALLAS 公司生产的一种"单总线"（1-Wire）温度传感器,它采用独特的单线接口方式,仅需一个信号线发送或者接收信息,在单片机和 DS18B20 之间仅需一条数据线和一条地线进行接口,用于读写温度和转换温度的电源可以从数据线本身获得,无需外部电源。每个 DS18B20 都有一个唯一的 ROM 序列号,所以可以将多个 DS18B20 同时连在一根单总线上,进行简单的多点分布应用。DS18B20 采用 TO-92 封装或 8 脚 SOIC 封装,如图 11-5 所示各引脚功能见表 11-2。

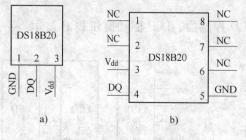

图 11-5　DS18B20 引脚图

a) TO-92 封装　b) SOIC 封装

表 11-2　DS18B20 引脚功能

引脚	功能说明
GND	地
DQ	数据输入/输出
V_{dd}	可供的外部供电电源引脚
NC	空脚

DS18B20 内部有三个主要数字部件:64 位激光 ROM、温度传感器、非易失性温度报警触发器 TH 和 TL。DS18B20 可以采用寄生电源工作方式,从单总线上吸取能量,在信号线处于高电平期间把能量存储在内部电容里,在信号线处于低电平期间消耗电容上的电能工作,直到高电平到来后再给电容充电,DS18B20 也可用外部 $3 \sim 5.5V$ 电源供电。

DS18B20 依靠一个单线端口通信,必须先建立 ROM 操作协议,才能进行存储器和控制操作。因此,主机（MCU）必须先提供表 11-3 中的 5 个 ROM 操作命令之一。

表 11-3 DS18B20 ROM 操作命令

操作代码	说　明
33H	读出 ROM，用于读出 DS18B20 的序列号。
55H	匹配 ROM，用于选中某一特定的 DS18B20 进行操作
F0H	搜索 ROM，用于确定总线上的节点数以及所有节点的序列号
CCH	跳过 ROM，命令发出后将对所有的 DS18B20 进行操作，通常用于启动所有的 DS18B20 转换之前，或系统中仅有一个 DS18B20 时
ECH	报警搜索，主要用于鉴别和定位系统中超出程序设定的报警温度界限的节点

DS18B20 存储器映像如图 11-6 所示。存储器由一个暂存器和一个存储高低温报警触发值 TH 和 TL 的非易失性 EEPROM 组成。当在总线上通信时，暂存器帮助确保数据的完整性。数据先被写入暂存器，并可被读回，数据经过校验后，用一个拷贝暂存器命令会把数据传到非易失性 EE-PROM 中。DS18B20 存储器操作命令见表 11-4。

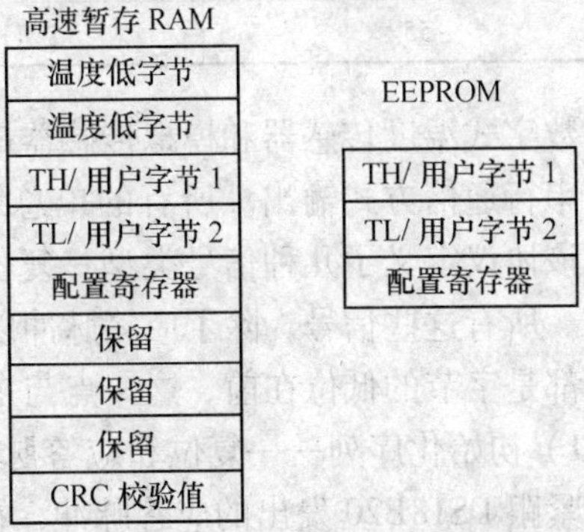

一条温度转换命令启动 DS18B20 完成一次温度测量，测量结果以 16 位带符号位扩展的二进制补码形式存放在高速暂存器中，占用暂存器的字节（LSB）0 和字节 1（MSB），DS18B20 的温度数据格式见表 11-5。

高速暂存 RAM

温度低字节
温度低字节
TH/ 用户字节 1
TL/ 用户字节 2
配置寄存器
保留
保留
保留
CRC 校验值

EEPROM

TH/ 用户字节 1
TL/ 用户字节 2
配置寄存器

图 11-6　DS18B20 存储器映像

表 11-4 DS18B20 存储器操作命令

操作代码	说　明
44H	温度转换命令，用于启动温度测量
BEH	读暂存器命令，用于读取暂存器中内容
4EH	写暂存器命令，用于将数据写入到暂存器的 TH 和 TL 单元
48H	复制暂存器命令，用于将暂存器的内容复制到 DS18B20 的非易失性 EEPROM
B8H	重读 EEPROM 命令，用于将 EEPROM 中的内容重新读入到暂存器中
B4H	读电源命令，用于将 DS18B20 的供电方式信号发送到主机

表 11-5 DS18B20 的温度数据格式

高 8 位	S	S	S	S	S	2^6	2^5	2^4
低 8 位	2^3	2^2	2^1	2^0	2^{-1}	2^{-2}	2^{-3}	2^{-4}

对应的温度计算：当符号位 S = 0 时，表示测得的温度值为正值，可以直接将二进制位转换为十进制；当符号位 S = 1 时，表示测得的温度值为负值，要先将补码变成原码，再计算十进制数值。一部分温度值对应的二进制温度数据见表 11-6。

表 11-6　一部分温度对应的二进制温度数据

温度/℃	二进制表示		十六进制表示
+ 125	0000 0111	1101 0000	07D0H
+ 85	0000 0101	0101 0000	0550H
+ 25. 0625	0000 0001	1001 0000	0191H
+ 10. 125	0000 0000	1010 0001	00A2H
+ 0. 5	0000 0000	0000 0010	0008H
0	0000 0000	0000 1000	0000H
− 0. 5	1111 1111	1111 0000	FFF8H
− 10. 125	1111 1111	0101 1110	FF5EH
− 25. 0625	1111 1110	0110 1111	FE6FH
− 55	1111 1100	1001 0000	FC90H

　　数字式温度传感器和模拟传感器最大的区别，是将温度信号直接转换成数字信号，然后通过串行通信方式输出。所有的单总线器件要求采用严格的通信协议，以保证数据的完整性。该协议定义了几种信号类型：复位脉冲、应答脉冲时隙；写0、写1时隙；读0、读1时隙。所有这些信号，除了应答脉冲以外，都由主机发出同步信号，并且所有发送的命令和数据都是字节的低位在前，这一点与多数串行通信格式不同（多数为字节的高位在前）。

　　1）初始化序列——复位和应答脉冲时隙。每个通信周期起始于主机发出的复位脉冲，其后紧跟 DS18B20 发出的应答脉冲，在写时隙期间，主机向 DS18B20 器件写入数据，而在读时隙期间，主机读入来自 DS18B20 的数据。在每一个时隙，总线只能传输一位数据。复位和应答脉冲时序如图 11-7 所示。

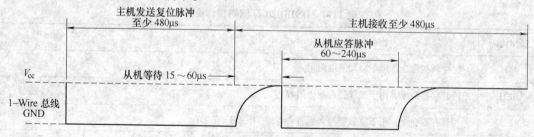

图 11-7　复位和应答脉冲时隙

　　2）写时隙。当主机将单总线 DQ 从逻辑高拉到逻辑低时，即启动一个写时隙，所有的写时隙必须在 60 ~ 120μs 完成，且在每个循环之间至少需要 1μs 的恢复时间。写0和写1时隙如图 11-8a 所示。在写0时隙期间，主机在整个时隙中将总线拉低；而写1时隙期间，主机将总线拉低，然后在时隙起始后 15μs 之释放总线。

　　3）读时隙。DS18B20 器件仅在主机发出读时隙时，才向主机传输数据。所以在主机发出读数据命令后，必须马上产生读时隙，以便 DS18B20 能够传输数据。所有的读时隙至少需要 60μs，且在两次独立的读时隙之间，至少需要 1μs 的恢复时间。每个读时隙都由主机发起，至少拉低总线 1μs。在主机发起读时隙之后，DS18B20 器件才开始在总线上发送0或1，若 DS18B20 发送1，则保持总线为高电平。若发送为0，则拉低总线。当发送0时，

DS18B20 在该时隙结束后，释放总线，由上拉电阻将总线拉回至高电平状态。DS18B20 发出的数据，在起始时隙之后保持有效时间为 15μs。因而主机在读时隙期间，必须释放总线。并且在时隙起始后的 15μs 之内采样总线的状态。读时序图如图 11-8b 所示。

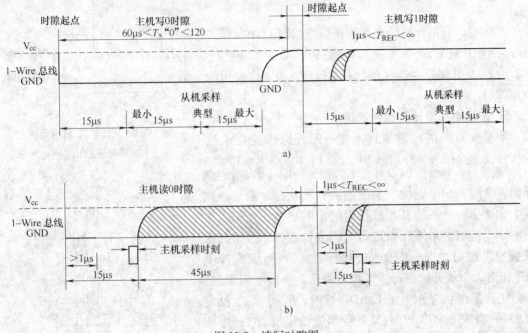

图 11-8　读写时隙图

a）写时隙图　b）读时隙图

（2）DS18B20 与单片机的接口电路设计

在硬件上，DS18B20 与单片机的连接有两种方法：一种是 V_{cc} 接外部电源，GND 接地，DQ 与单片机的 I/O 线相连；另一种是用寄生电源供电，此时，V_{cc}，GND 接地，DQ 接单片机的 I/O 线。无论是内部寄生电源还是外部供电，I/O 口线要接 5kΩ 左右的上拉电阻。

DS18B20 与单片机的连接非常简单，其典型连接电路如图 11-9 所示。单总线 DQ 端接单片机 P1、P2、P3 的任意一个引脚。图中所接电阻 $R3$ 的阻值为 4.7kΩ，这样，单总线 DQ 在闲置状态时为高电平。

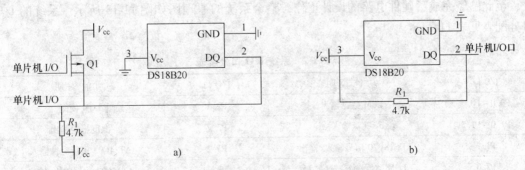

图 11-9　DS18B20 与单片机典型连接电路

a）寄生电源方式　b）外部电源方式

4．串行存储器电路设计与器件选择

系统中需要将报警温度进行保存，因此可选用串行 EEPROM 芯片。关于 I²C 总线器件 AT24C02 的一些特征在第 8 章已有叙述，在此不再赘述。

AT24C02 与单片机的典型连接电路如图 11-10 所示。由于系统中只有一个主机，可将 A0、A1、A2 接地，SCL 与 SDA 引脚分别连到单片机 P1、P2、P3 口未用的引脚即可。

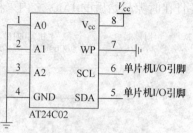

图 11-10　AT24C02 与单片机的典型连接电路

5. 按键电路设计与器件选择

本系统需要的按键数目不多，因此选择独立式键盘。将键盘直接与单片机的 P1 口的 P1.0、P1.1、P1.2、P1.3 连接。4 个按键的设计思路如下：SET 键为功能选择键，当按下 SET 键时，系统进入调整状态，当第一次按下 SET 键时，系统开始进行时间小时调整，当第二次按下 SET 键时，系统开始进行时间分钟调整，当第三次按下 SET 键时，进行时间的秒钟调整，当第四次按下 SET 键时，系统开始进行温度设定调整，再按下 SET 键，返回正常工作状态；当按下 ADD 键时，时间/温度设定值加 1；当按下 SUB 键时，时间/温度设定值减 1；当按下 ALM 键时，如果测量温度大于设定温度，则进行报警。键盘接口电路原理图如图 11-11 所示。

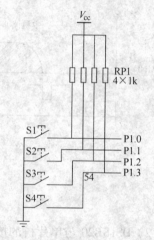

图 11-11　键盘接口电路原理图

6. 超温指示电路

在本系统中，当系统测量温度大于系统设定温度时，系统能进行提示。在此，使用了常用的 LED 来进行指示。

LED 为发光二极管，体积小，功耗低，常被用作微机与数字电路的信号指示。随着通过 LED 的顺行电流的增加，LED 的亮度将更亮，但寿命会缩短。发光二极管指示电路如图 11-12 所示。

图 11-12　发光二极管指示电路

至此已经完成了硬件电路的设计工作，整个系统的原理图如图 11-13 所示。系统的 I/O 口分配表见表 11-7。

表 11-7　系统 I/O 口分配表

I/O 口	功 能 说 明	I/O 口	功 能 说 明
P0.0 ~ P0.7	LCM 数据输出	P2.2	LCM 使能
P1.0 ~ P1.3	键盘输入	P2.7	温度报警输出
P1.7	DS18B20 信号输入/输出	P3.2	AT24C02 串行时钟输入
P2.0	LCM 数据/命令选择信号	P3.3	AT24C02 数据输入/输出
P2.1	LCM 读写选择信号		

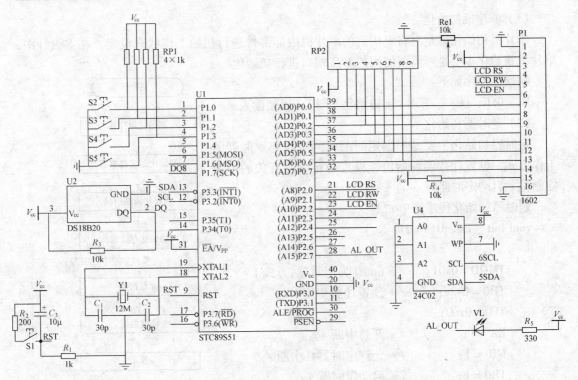

图 11-13　系统硬件原理图

11.2.3　系统软件设计

在单片机应用系统的设计中，软件设计占有重要的位置。软件包括数据采集和处理程序、控制算法实现程序、人机交互程序、数据管理程序。根据功能要求，将软件分成若干个相对独立的部分，设计出合理的软件。依照模块的划分原则，将系统程序划分成 6 个模块，如图 11-14 所示。

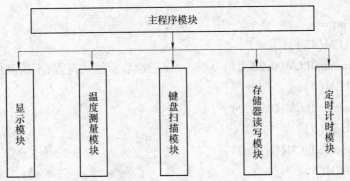

图 11-14　软件设计框图

1. 主程序的设计

主程序的内容一般包括单片机初始化，相关部件的初始化和一些子程序调用等。主程序流程图如图 11-15 所示。

（1）单片机初始化

单片机初始化就是对将要用到的单片机内部部件进行初始工作状态设定。在本设计中，单片机初始化主要是对需要使用的 I/O 端口进行初始化

初始化程序如下：

P1 = 0xff;　　　　　　　　/* 初始化 P1 口，以便读入 */

（2）定时器初始化

定时器初始化主要是根据定时的时间来设定定时器的工作方式，设置计数器初始值，设置与定时器有关的中断控制位、启动定时器等。

定时器初始化程序清单如下：

```
void Init _ Timer0( void )
{
    TMOD = 0x01;      /* time0 为定时器,方式 1 */
    TH0 = 0x3c;       /* 预置计数初值 */
    TL0 = 0xb0;
    EA = 1;           /* 开总中断 */
    ET0 = 1;          /* 允许定时器 0 中断 */
    TR0 = 1;          /* 启动定时器 */
}
```

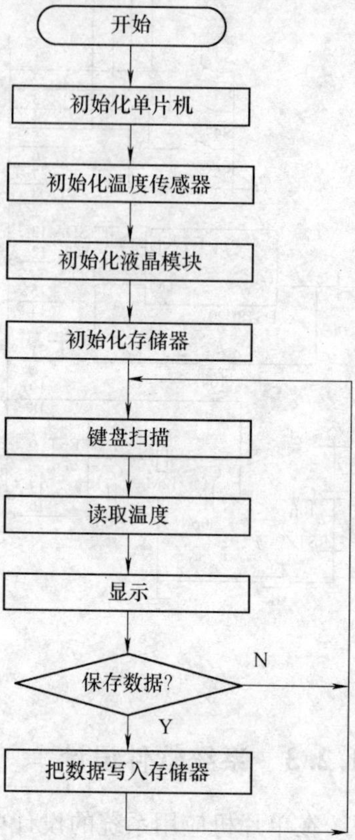

（3）LCD 显示器初始化

在使用 LCD 之前必须对它进行初始化，初始化可通过复位完成，也可在复位后完成，初始化过程包括清屏、功能设置、开关显示设置、输入方式设置等。

LCD 显示器初始化程序清单如下：

```
void Init _ LCM(  )
{
    Data _ Port = 0;
    delay _ LCM(15);
    WriteCommandLCM(0x38,0);      /* 三次显示模式设置,不检测忙信号 */
    delay _ LCM(5);
    WriteCommandLCM(0x38,0);
    delay _ LCM(5);
    WriteCommandLCM(0x38,0);
    delay _ LCM(5);
    WriteCommandLCM(0x38,1);      /* 8 位数据传送,2 行显示,5 * 7 字型,检测忙
                                     信号 */
    WriteCommandLCM(0x08,1);      /* 关闭显示,检测忙信号 */
    WriteCommandLCM(0x01,1);      /* 清屏,检测忙信号 */
    WriteCommandLCM(0x06,1);      /* 显示光标右移设置,检测忙信号 */
```

图 11-15　主程序流程图

```
    WriteCommandLCM(0x0c,1);            /*显示屏打开,光标不显示,不闪烁,检测忙信
                                            号*/
}
```

(4) DS18B20 初始化

初始化过程由主机（单片机）发出的复位脉冲和从机（DS18B20）响应的应答脉冲组成，应答脉冲使主机知道总线上有从机设备，且从机已准备就绪。

初始化程序清单如下：

```
void Init _ 18B20(void)
{
    unsigned char x = 0;
    DQ = 1;                             /*DQ 复位*/
    Delay(8);                           /*延时*/
    DQ = 0;                             /*单片机将 DQ 拉低*/
    Delay(80);                          /*精确延时 大于 480μs*/
    DQ = 1;                             /*拉高总线*/
    Delay(14);
    x = DQ;
    Delay(20);
}
```

主程序在初始化完成后，进行键盘扫描，看是否有按键被按下，进而读取温度值进行显示，每隔 1s 将时间值和温度值保存到存储器 AT24C02 中。

主程序清单如下：

```
void main(void)
{
    P1 = 0xff;           /*初始化 P1 口,以便读入*/
    init _ 24C02();                      /*初始化 24C02*/
    set _ Temperature = Read _ 24C02(2);  /*读出保存在存储器中的温度和时间*/
    second = Read _ 24C02(4);
    minite = Read _ 24C02(6);
    hour = Read _ 24C02(8);
    Delay _ LCM(500);                    /*延时 500ms 启动*/
    Init _ LCM( );                       /*LCD 初始化*/
    Init _ Timer0( );                    /*定时器 0 初始化*/
    Init _ 18B20( );                     /*DS18B20 初始化*/
    DisplayListChar(0,0,str0);
    DisplayListChar(0,1,str1);
    while (1)
    {
        Key _ Scan( );                   /*键盘扫描*/
```

```
        Read _ Temperature( );              / * 读取温度值 * /
        Display( Set _ flag) ;
        Delay _ LCM(1000) ;
        Key _ Scan( );                      / * 相当于延时 * /
        if( ON _ OFF == 1)
        {
            if( Mea _ Temperature > Set _ Temperature)
            Alarm _ Out = 0;
        }
        if( save _ flag == 1)               / * 每秒钟将时间和设定温度值保存一次 * /
        {
            save _ flag = 0;                / * 清零 * /
            Write _ 24C02(8,hour) ;         / * 将当前设定温度/时间保存到24C02 * /
            Delay _ LCM(11) ;
            Write _ 24C02(6,minite) ;
            Delay _ LCM(11) ;
            Write _ 24C02(4,second) ;
            Delay _ LCM(11) ;
            Write _ 24C02(2,Set _ Temperature) ;
        }
    }
}
```

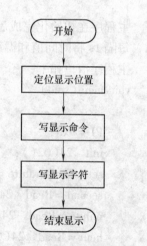

图 11-16　显示程序流程图

2. 显示模块程序的设计

显示程序完成的功能主要有时间值和温度值的显示。模块中包含有两个子函数，一个是显示字符子函数 Display-OneChar（uchar X, uchar Y, uchar DData），其中 X 和 Y 分别是显示字符的坐标，DData 是待显示字符；一个是显示字符串子函数 DisplayListChar（uchar X, uchar Y, uchar code * DData），其中 * DData 是指向待显示字符串的指针变量。两个函数分别完成单个字符和字符串的显示。显示程序流程图如图 11-16 所示。

程序清单如下：

```
/ ************************** 延时函数:约延时 kms ******************** /
void Delay _ LCM( uint k)
{
    uint i,j;
    for( i = 0;i < k;i ++ )
    {
        for( j = 0;j < 60;j ++ )
```

```
                }
            ;
        }
    }
}
```

```
/ ********************** 写指令数据到 LCM *************************** /
void WriteCommandLCM( uchar WCLCM, uchar BusyC)
{
    if( BusyC) ReadyLCM( );
    Data _ Port = WCLCM;
    LCM _ RS = 0;                    / * 选中指令寄存器 * /
    LCM _ RW = 0;                    / * 写模式 * /
    LCM _ EN = 1;
    _ nop _ ( );
    _ nop _ ( );
    _ nop _ ( );
    LCM _ EN = 0;
}
```

```
/ ********************** 写显示数据到 LCM 子函数 ********************** /
void WriteDataLCM( uchar WDLCM)
{
    ReadyLCM( );                    / * 检测忙信号 * /
    Data _ Port = WDLCM;
    LCM _ RS = 1;                    / * 选中数据寄存器 * /
    LCM _ RW = 0;                    / * 写模式 * /
    LCM _ EN = 1;
    _ nop _ ( );
    _ nop _ ( );
    _ nop _ ( );
    LCM _ EN = 0;
}
```

```
/ ********************** 检测 LCM 忙状态函数 ********************** /
void ReadyLCM( void)
{
    Data _ Port = 0xff;
    LCM _ EN = 1;
    LCM _ RS = 0;
    LCM _ RW = 1;
    _ nop _ ( );
```

```
    while(Data _ Port&BUSY)
    {
        LCM _ EN = 0;
        _ nop _ ( );
        _ nop _ ( );
        LCM _ EN = 1;
        _ nop _ ( );
        _ nop _ ( );
    }
    LCM _ EN = 0;
}
```

/ *************************** LCM 初始化函数 *********************** /
```
void Init _ LCM( )
{
    Data _ Port = 0;
    delay _ LCM(15);
    WriteCommandLCM(0x38,0);           / * 三次显示模式设置,不检测忙信号 * /
    delay _ LCM(5);
    WriteCommandLCM(0x38,0);
    delay _ LCM(5);
    WriteCommandLCM(0x38,0);
    delay _ LCM(5);
    WriteCommandLCM(0x38,1);           / * 8 位数据传送,2 行显示,5 * 7 字形,检测忙
                                            信号 * /
    WriteCommandLCM(0x08,1);           / * 关闭显示,检测忙信号 * /
    WriteCommandLCM(0x01,1);           / * 清屏,检测忙信号 * /
    WriteCommandLCM(0x06,1);           / * 显示光标右移设置,检测忙信号 * /
    WriteCommandLCM(0x0c,1);           / * 显示屏打开,光标不显示,不闪烁,检测忙信
                                            号 * /
}
```

/ ********************* 在指定坐标显示一个字符子函数 ******************** /
```
void DisplayOneChar( uchar X, uchar Y, uchar DData)
{
    Y& = 0x1;
    X& = 0x0f;
    if( Y) X| = 0x40;                   / * 若 Y 为 1(显示第二行),地址码 + 0X40 * /
    X| = 0x80;                          / * 指令码为地址码 + 0X80 * /
    WriteCommandLCM( X,0);
    WriteDataLCM( DData);
```

```
}
/ *************** 在指定坐标显示一串字符子函数 *************** /
void DisplayListChar( uchar X , uchar Y , uchar code  * DData)
{
    uchar ListLength = 0 ;
    Y& = 0x01 ;
    X& = 0x0f ;
    while( X < 16 )
    {
        DisplayOneChar( X , Y , DData[ ListLength ] ) ;
        ListLength ++ ;
        X ++ ;
    }
}
```

3. 温度测量模块程序的设计

温度测量程序完成的功能主要是读出数字温度传感器的温度值。要正确读出温度值，必须严格遵守单总线器件的命令序列，否则，单总线器件不会响应主机。单总线器件的命令序列如图 11-17 所示。

温度测量模块程序流程图如图 11-18 所示。

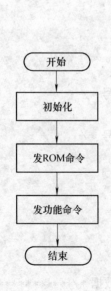

图 11-17　单总线器件的命令序列

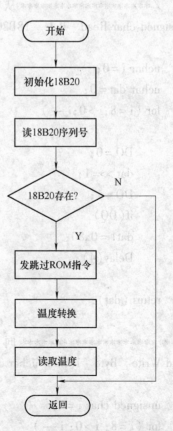

图 11-18　温度测量模块程序流程图

温度测量模块程序清单如下：

```
/ ********************************************************************
                      DS18B20 驱动程序
   ********************************************************************* /
/ ************************* DS18B20 初始化函数 ************************* /
    void Init _ 18B20(void)
    {
        unsigned char x = 0;
        DQ = 1;                          / * DQ 复位 * /
        Delay(8);                        / * 延时 * /
        DQ = 0;                          / * 单片机将 DQ 拉低 * /
        Delay(80);                       / * 精确延时 大于 480μs * /
        DQ = 1;                          / * 拉高总线 * /
        Delay(14);
        x = DQ;
        Delay(20);
    }
    / ***************** 从 DS18B20 读取一个字节数据 ***************** /
unsigned char Read _ Byte _ 18B20(void)
{
    uchar i = 0;
    uchar dat = 0;
    for (i = 8;i > 0;i -- )
    {
        DQ = 0;                          / * 给脉冲信号 * /
        dat >>= 1;
        DQ = 1;                          / * 给脉冲信号 * /
        if(DQ)
        dat | = 0x80;
        Delay(4);
    }
    return(dat);
}
/ ******************** 向 DS18B20 写入一个字节数据 ******************** /
void Write _ Byte _ 18B20(uchar dat)
{
    unsigned char i = 0;
    for (i = 8; i > 0; i -- )
    {
```

```
            DQ = 0;
            DQ = dat&0x01;
            Delay(5);
            DQ = 1;
            dat >>= 1;
        }
}
```

/ ************************* 从 DS18B20 读取温度 *************************/

```
void Read _ Temperature( void )
{
        unsigned char a = 0;
        unsigned char b = 0;
        unsigned char t = 0;
        Init _ 18B20( );
        Write _ Byte _ 18B20(0xCC);            /* 跳过读序列号的操作 */
        Write _ Byte _ 18B20(0x44);            /* 启动温度转换 */
        Delay(100);
        Init _ 18B20( );
        Write _ Byte _ 18B20(0xCC);            /*跳过读序列号的操作 */
        Write _ Byte _ 18B20(0xBE);            /*读取温度寄存器等 */
        Delay(100);
        a = Read _ Byte _ 18B20( );            /*读取温度值低位 */
        b = Read _ Byte _ 18B20( );            /*读取温度值高位 */
        temp1 = b << 4;
        temp1 + = (a&0xf0) >> 4;
        temp2 = a&0x0f;
        Mea _ Temperature = ((b * 256 + a) >> 4);/* 当前采集温度值除 16 得实际
                                                     温度值 */
}
```

4. 键盘扫描模块程序设计

　　系统中使用了 4 个按键,将键盘直接与单片机的 P1 口的 P1.0、P1.1、P1.2、P1.3 连接。4 个按键的设计思路如下:SET 键为功能选择键,当按下 SET 键时,系统进入调整状态。当第一次按下 SET 键时,系统开始进行时间小时调整;当第二次按下 SET 键时,系统开始进行时间分钟调整;当第三次按下 SET 键时,进行时间的秒钟调整,当第四次按下 SET 键时,系统开始进行温度设定调整;再按下 SET 键,返回正常工作状态。当按下 ADD 键时,时间/温度设定值加 1;当按下 SUB 键时,时间/温度设定值减 1;当按下 ALM 键时,如果测量温度大于设定温度,则进行报警。键盘扫描程序流程图如图 11-19 所示。

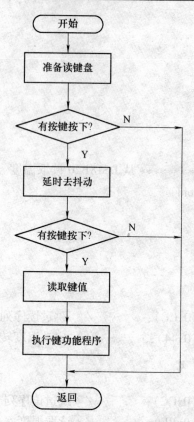

图 11-19　键盘扫描程序流程图

键盘扫描程序清单如下：

```
void Key _ Scan( void)
{
    uchar temp;                           /* 局部变量 */
    P1 = 0xff;
    if( P1！ = 0xff)                       /* 判断是否有键按下 */
    {
        Delay _ LCM( 50);                 /* 延时,去抖动 */
        if( P1！ = 0xff)
        {
            temp = P1;
            switch( temp)                 /* 根据按键状态,调用不同的子函
                                             数 */
            {
                case 0xfe: Set _ Adj( ); break;   /* P1.0 被按下:功能选择 */
                case 0xfd: Inc _ Key( ); break;   /* P1.1 被按下:加 1 键 */
                case 0xfb: Dec _ Key( );  break;  /* P1.2 被按下:减 1 键 */
```

```
        case 0xf7:
        {
            Delay _ LCM (50); ON _ OFF = ! ON _ OFF; while (! BLUE _
    ALARM); }break;
        default:break;
        }
    }
    }
}
/ ********************* 设定工作模式子函数 *************************/
void Set _ Adj(void)
{
    Delay _ LCM(100);
    Set _ flag ++ ; / * Set _ flag =1,设定小时,2 设定分钟,3 设定秒钟,4 设定报警温度 */
    if( Set _ flag >= 5)Set _ flag = 0;
    while(! mode _ set);
}
/ ********************* 加 1 子函数 **************************/
void Inc _ Key(void)
{
    Delay _ LCM(150);      / * 延时 150ms
    switch(Set _ flag)
    {
        case 0:if( P1 == 0xf7){Delay _ LCM(50); ON _ OFF = ! ON _ OFF; } break;
        case 1:hour ++ ;    if( hour > 23) hour = 0; break;
        case 2:minite ++ ; if( minite > 59) minite = 0;break;
        case 3:second ++ ; ;if( second > 59) second = 0;break;
        case 4:Set _ Temperature ++ ;
            if( Set _ Temperature >= 99) Set _ Temperature = 99;   break;
        default:break;
    }
    while(! add _ one);
}
/ *************************** 减 1 子函数 *************************/
void Dec _ Key(void)
{
    Delay _ LCM(150);
    switch(Set _ flag)
    {
```

```
        case 0:if(P1 == 0xf7){Delay _ LCM(50);ON _ OFF = ! ON _ OFF;}break; / *
P1.3 按下则报警 */
                case 1:hour -- ;   if(hour <=0)hour =23;    break;
                case 2:minite -- ;if(minite <=0)minite =0;   break;
                case 3:second -- ;;if(second <=0)second =0; break;
                case 4:Set _ Temperature -- ;
                if(Set _ Temperature <=1)Set _ Temperature =1;   break;
                default:break;
            }
        while(! sub _ one);
    }
```

5. 存储器读写模块程序设计

本例采用 AT24C02 存储器, 其读写模块部分程序在第 8 章已有详细讲述, 在此不再赘述。

6. 定时计时模块程序设计

(1) 定时器 T0 的计数初值计算

设时钟频率为 12MHz, 1 个机器周期 =1μs。T0 定时器产生 50ms 的定时, 可以计算出计数值和计数初值:

计数初值 = 65536 − 50000 = 15536 = 3CB0H, 即有 TH0 = 3CH; TL0 = 0B0H;

工作方式寄存器 TMOD = 0000 0001B = 01H, T0 定时器, 工作方式 1, 定时。

(2) T0 定时器中断服务程序

程序中, 设置了 4 个变量: mstcnt, second, minute, hour。其中变量 mstcnt 每隔 50ms加一。second, minute, hour 分别存放时间的秒, 分和时的数值。

定时器中断程序流程图如图 11-20 所示。

程序清单如下:

```
/ ******** 定时器 T0 中断服务程序 ********************************/
void timer0(void) interrupt 1          / *定时器 0 方式 1,50ms 中断一次 */
{
    TH0 =0x3c;                         / *重置计数初值 */
    TL0 =0xb0;
    mstcnt ++ ;
    if(mstcnt >=20)    {second ++ ; save _ flag =1; mstcnt =0; }  / *定时 1s 时间到 */
    if(second >=60)   {minite ++ ;   second =0;}
    if(minite >=60)   {hour ++ ;     minite =0; }
    if(hour >=24)     {hour =0;}
    Key _ Scan( );                                           / *按键扫描 */
}
```

程序中用到的主要函数如下:

```
Delay _ LCM(unsigned char);                              / *LCD 延时子程序 */
```

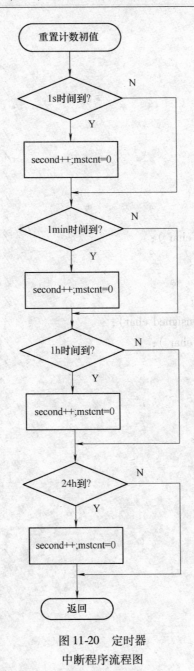

图 11-20 定时器
中断程序流程图

```
Init _ LCM( );                                              /* LCD 初始化子程序 */
ReadyLCM( );                                                /* LCD 检测忙子程序 */
WriteCommandLCM( unsigned char,unsigned char);             /* 写指令到 ICM */
WriteDataLCM( unsigned char);                              /* 写数据到 LCM */
DisplayOneChar( unsigned char,unsigned char,unsigned char); /* 显示指定坐标的一个字符子
                                                              函数 */
DisplayListChar(unsigned char,unsigned char,unsigned char ); /* 显示指定坐标的一串字符子
```

函数 * /

Display( ) ;	/ * 显示子程序 * /
Init _ Timer0( ) ;	/ * 定时器初始化 * /
Key _ Scan( ) ;	/ * 键盘扫描 * /
Set _ Adj( ) ;	/ * 功能设置 * /
Inc _ Key( ) ;	/ * 加 1 * /
Dec _ Key( ) ;	/ * 减 1 * /
Delay(unsigned char) ;	/ * DS1B820 延时程序 * /
Init _ 18B20( ) ;	/ * DS18B20 复位 * /
Read _ Byte _ 18B20( ) ;	/ * 从 DS18B20 读数据 * /
Write _ Byte _ 18B20(unsigned char) ;	/ * 写数据到 DS18B20 * /
Read _ Temperature( ) ;	/ * 读取温度值 * /
Init _ 24C02( ) ;	/ * 初始化 AT24C02 * /
Read _ 24C02(unsigned char) ;	/ * 读 8 位数据 * /
Write _ 24C02(unsigned char , unsigned char) ;	/ * 写入 8 位数据 * /
Write _ Byte _ 24C02(unsigned char) ;	/ * 写一个字节到指定地址 * /
Read _ Byte _ 24C02( ) ;	/ * 从指定地址读取一个字节数据 * /

头文件及变量说明如下:

```
#include < reg51. h >
#include < intrins. h >
#include  < absacc. h >
#define uchar unsigned char
#define uint    unsigned int
#define Data _ Port P0
#define BUSY    0x80
```
/ * 用于检测 LCM 忙标志的标识 * /

```
sbit LCM _ RS = P2^0;
```
/ * 数据/命令端 * /
```
sbit LCM _ RW = P2^1 ;
```
/ * 读/写选择端 * /
```
sbit LCM _ EN = P2^2 ;
sbit DQ = P1^7 ;
```
/ * DS18B20 与单片机的连接口 * /
```
sbit sda = P2^3 ;
```
/ * AT24C02 与单片机的连接口 * /
```
sbit scl = P2^4 ;
sbit Alarm _ Out = P2^7 ;
uchar mstcnt , second , minite , hour;
```
/ * 时钟变量 * /
```
uchar Set _ flag;
```
/ * 时钟/温度参数调整标志 * /
```
uchar Mea _ Temperature , Set _ Temperature
```
/ * 测量温度、设定的温度 * /

bit save _ flag = 0   /＊数据保存标志＊/
extern uchar code str0[ ] = {"---- ： ： ----"};   /＊初始显示字符＊/
extern uchar code str1[ ] = {"SET： C SA： . C "};

11.3 应用系统调试与运行

单片机系统的调试包括硬件调试和软件调试。两者之间不能完全分开，时间进度上硬件调试稍微先于软件调试，但是许多硬件故障是在调试软件时才能发现的，通常是先排除硬件系统中明显的故障后，再与软件结合起来调试，因此硬件和软件要相互融合、匹配，调试时可能发生一些功能交互的问题，这就需要软、硬件之间的协调。

11.3.1 系统硬件制作及硬件调试方法

为便于系统硬件调试，在进行单片机系统硬件制作时，需注意以下一些问题：

1）在元器件的布局方面，应该把相互有关的元器件尽量靠近。

2）ROM、RAM 等关键元器件旁边可安装去耦电容。

3）地线布局应该合理，应将逻辑地和模拟地分开布线，模拟地线应尽量加粗。

4）数据线的宽度应尽可能宽，以减小阻抗。

在进行硬件调试时，经常遇见的硬件故障有：

1）逻辑错误。逻辑错误一般是由于设计错误和加工过程中的工艺错误所造成的。这类错误包括错线、开路、短路等几种，其中短路是最常见的故障，在印制电路板布线密度高的情况下，极易因工艺原因造成短路。

2）元器件失效。元器件失效的原因主要有两种：一是元器件本身已损坏或性能不符合要求；二是由于组装错误造成的元器件失效，如电解电容、二极管的极性错误，集成块安装方向错误等。

3）可靠性差。引起系统不可靠的因素有很多，如金属化孔、接插件接触不良会造成系统时好时坏；内部和外部的干扰、电源纹波系数过大，器件负载过大等造成逻辑电平不稳定，另外，走线和布局的不合理等也会引起系统可靠性差。

4）电源故障。电源故障包括电压值不符合设计要求，电源引出线和插座不对应，电源功率不足、负载能力差等。

排除硬件故障的方法如下：

1）对印制电路板进行质量检查、测试，是否同印制电路图一致，对所使用的元器件进行质量检查，两者无误后进行下一步。

2）按照印制电路板上的元器件名称标识焊接好各个元器件。

3）首先用眼睛或用万用表直接检查电路板各处是否有明显的断路、短路的地方，尤其是要注意电源是否短路、元器件的安装是否正确。

4）完成上述检查后，先空载上电（未插芯片），检查电路板各引脚及插件上的电位是否正常，特别是单片机引脚上的各点电位（若有高压，联机调试时会通过仿真线进入仿真系统，损坏有关元器件）。若一切正常，将芯片插入各管座，再通电检查各点电压是否达到要求，逻辑电平是否符合电路或元器件的逻辑关系。若有问题，断电后再认真检查故障原因，排除明显的硬件故障后，就可以进行联机仿真调试了。

11.3.2 软件调试方法

软件调试方法与所选用的软件结构、程序设计及硬件本身有关。如果采用模块化程序设计方法，则可逐个模块调好之后，再进行系统程序总调试；如果采用实时多任务操作系统，一般是逐个任务进行调试。在这里介绍三种常用的软件调试方法：一是 PC + 在线仿真器 + 编程器；二是 PC + 模拟仿真软件 + 编程器；三是在线编程。

1. PC + 在线仿真器 + 编程器

这种方法一般是初学者或者开发大系统采用的方法，需要 PC、硬件仿真器、编程器。硬件仿真器有完善的硬件资源和监控程序，能实现对用户目标程序的跟踪调试，直观上感觉到每步或过程执行的效果，能及时地侦错和排除错误。

操作方法如下：

把硬件仿真器的一端与 PC 连接，在断电的情况下，把目标系统的单片机取下，然后把硬件仿真器的仿真头插在单片机的相应位置，如图 11-21 所示，然后接通目标系统和硬件仿真器的电源，在 PC 上运行硬件仿真器相应的仿真应用程序，打开单片机应用系统程序，通过跟踪执行，观察目标板的波形或执行现象，及时地发现软件和硬件问题，进行修正。当调试到满足系统要求后，将调试好的生成的 BIN 或者 HEX 文件通过编程器烧写到单片机或 EPROM 中，拔下仿真头，系统调试就完成了。

图 11-21   PC + 在线仿真器 + 编程器

2. PC + 模拟仿真软件 + 编程器

这种方法适合于小型单片机应用系统或熟练的单片机应用系统开发者。

首先用单片机编辑和汇编程序，使用如 WAVE、KEIL μVsion、MedWin 等具有软件模拟仿真功能的软件，把所编制的源程序在 PC 上运行，验证设计思想。符合要求后，通过 PC 使用编程器把生成的 BIN 或者 HEX 文件烧写到单片机中，如图 11-22 所示。然后把单片机插在目标板上，加电独立全速运行，观察执行结果，如不符合设计要求，拔下重新修改程序，再次利用编程器写入单片机运行。反复进行，直至符合设计要求。

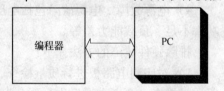

图 11-22   PC + 模拟仿真软件 + 编程器

这种方法需反复插拔及擦写，会影响单片机的使用寿命且没有跟踪调试功能。用户的源程序经过汇编后，生成的目标文件必须经过仿真调试，才能固化到应用系统的程序存储器 ROM 中。

3. 在线编程

通常进行单片机系统开发时，编程器是必不可少的，仿真、调试完的程序，需要借助编程器烧写到单片机内部或者外接的程序存储器中。普通的编程器价格从几百元到几千元不等，对于一般的单片机爱好者，特别是高校学生来说，是一笔不小的开支。

随着单片机技术的发展，出现了可以在线编程的单片机。这种在线编程目前有两种实现方法：在系统编程（In System Programming，ISP）和在应用编程（In Application Programming，IAP）。ISP 是指电路板上的空白器件可以编程写入最终的用户代码，而不需要从电路板上取下器件，已经编程的器件可以用 ISP 擦除或再编程。ISP 技术如图 11-23 所示。

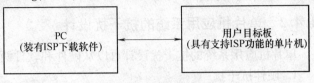

图 11-23　ISP 技术

一般通用做法是内部的存储器可以由 PC 的下载软件通过串行口（USB 或 RS – 232）或并行口来进行改写。对于单片机来说，就可以通过 ISP 技术使用其他的串行接口接收来自于 PC 的数据并写入单片机的片内存储器。我们只需将单片机焊接在电路板上，只要留出与 PC 接口的串行口即可。采用 ISP 技术不需要编程器就可以进行单片机的实验和开发。

11.4　提高单片机应用系统可靠性的方法与措施

单片机应用系统多用于生产现场，因此，容易受到现场各种信号的干扰，直接影响到系统的可靠性。单片机系统的可靠性是由多种因素决定的，其中系统的抗干扰性能的好坏是影响系统可靠性的重要因素。

11.4.1　单片机应用系统中常见的干扰现象及影响

一般把影响单片机应用系统正常工作的信号称为噪声，又称为干扰。干扰会影响系统的正常运行，造成控制事故或控制失灵。干扰主要有电网干扰、传输线干扰、空间干扰和系统内部干扰。由于干扰源不同，产生的影响也不同。

1. 电网干扰

单片机应用系统大多工作于工业现场，大功率设备众多，特别是大感性负载设备的启停会使得电网电压大幅度涨落（浪涌电压），工业电网的欠电压或过电压通常达到额定电压的 ±15% 以上。这种状况持续时间长达几分钟、几小时甚至几天，这些都会影响单片机应用系统的性能指标。

2. 传输线干扰

传输线干扰是指在输入、输出口连接线上形成的干扰，也称为通道干扰。通道干扰又分为前向通道和后向通道干扰，前向通道的干扰会使输入的模拟信号失真、数据采集误差加大、数字信号出错；后向通道受到干扰后，干扰信号会通过输出通道反串控制系统，使系统发生"死锁"，或控制误差加大，严重时会控制失常。

3. 空间干扰

空间干扰来源于系统周围的电气设备，如发射机、中频炉、晶闸管逆变电源等发出的电干扰；广播电台或通信发射台发出的电磁波；空中雷电，甚至地磁场的变化也会引起干扰，这些干扰不仅会严重影响设备的正常工作，还会造成程序失控、控制失灵。

4. 系统内部干扰

系统内部干扰信号包括电磁继电器产生的火花放电、自激振荡、噪声电压等，单片机系统内部受到干扰后，会使总线上的数字信号发生错乱，从而引发一系列无法预料的后果，导致程序失控、死循环。

11.4.2　单片机应用系统的抗干扰设计

单片机应用系统的抗干扰设计可以从硬件和软件两方面来考虑。

1. 硬件抗干扰

设计硬件电路时，可以从电路设计、器件选择、电路板元器件布置与地线设计等方面注意抗干扰问题。首先，电路设计时要注意电平匹配。如 TTL "1" 电平是 $2.4 \sim 5V$，"0" 电平是 $0 \sim 0.4V$，而 CMOS "1" 电平是 $4.99 \sim 5V$，"0" 电平是 $0 \sim 0.01V$。因此，当 CMOS 器件接受 TTL 输出时，其输入端要加电平转换器或上拉电阻，否则，CMOS 器件就会处于不确定状态。其次是模拟地和数字地要分开；强弱电可通过光耦合器进行隔离；另外 CMOS 电路不使用的输入端不允许浮空，否则会引起逻辑电平不正常，易受外界干扰产生误动作。在设计时可根据实际情况，将多余的输入端与正电源或地相连接。

在印制电路板设计中，各元器件的摆放位置要合适，布局设计要将强、弱电路严格分开，尽量不要把它们设计在一块印制电路板上；电源线的走向应尽量与数据传递方向一致；接地线应尽量加粗，在印制电路板的各个关键部位应配置去耦电容。

地线设计是一个不容忽视的问题。在单片机应用系统中，地线结构大致有系统地、机壳地（屏蔽地）、数字地、模拟地等。在设计时，数字地和模拟地要分开，即使是一个芯片上有两种地也要分别接地，然后在一点处把两种地连接起来，否则，数字地通过模拟电路的地线再返回到数字电源，将会对模拟信号产生影响；当系统工作频率小于 1MHz 时，屏蔽线应采用单点接地；频率大于 10MHz 时，采用多点接地；当系统工作频率在 $1 \sim 10MHz$ 时，如采用一点接地，其地线长度不应超过波长的 1/20，否则屏蔽线应采用多点接地。

在单片机应用系统中，为了防止电气干扰信号从前向和后向通道进入系统，通常在通道接口处设置光耦合器，改善单片机应用系统的工作环境，使其工作可靠性大大提高。

常用的光耦合器的隔离作用有三种：一是信号隔离，用于单片机应用系统的前向通道，可防止由输入信号带来的干扰；二是驱动隔离，用于系统的后向通道，尤其是在远距离长线传输数据时常常用到；三是总线隔离，也能够解决输入和输出所带来的干扰。

（1）信号隔离

普通的光耦合器的内部电路如图 11-24a 所示。它由发光二极管和光敏晶体管组成，发光二极管为输入端，光敏晶体管为输出端，可见，输入和输出端之间没有电的联系，因此避免了干扰信号的串入，用于 100kHz 以下的频率信号。如果基级有引出线，则可满足温度补偿、检测和调制的要求。常用的输出端基级没有引出线的光耦合器有东芝公司的 TLP521、TLP621、TLP509 及夏普公司的 PC504、PC829、PC849 等；基级有引出端的光耦合器有东芝公司的 TLP503 及夏普公司的 PC503，JEDEC 公司的 4N25、4N35 等。

常用的高速光耦合器的内部电路如图 11-24b 所示。它的输入端是发光二极管，PN 型光敏二极管和高速开关管组成复合式的输出端，具有较高的响应速度。常见的这种光耦合器有东芝公司的 TLP551、惠普公司的 6N135、6N136 及夏普公司的 PC618 等。光耦合器的应用

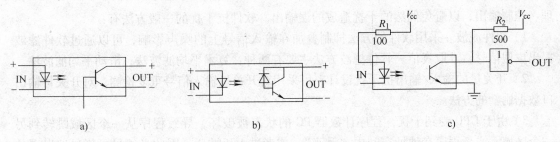

图 11-24　常用光耦合器的内部结构图及应用电路

a) 普通的光耦合器　b) 高速光耦合器　c) 光耦合器的应用电路

电路如图 11-24c 所示。

(2) 具有驱动功能的光耦合器

具有驱动功能的光耦合器也是以发光二极管为输入端，但是在输出端具有达林顿管和晶闸管两种结构类型，其内部电路原理如图 11-25 所示。

图 11-25　具有驱动功能的光偶合器的原理图

a) 输出端具有达林顿管的光耦合器　b) 输出端具有晶闸管的光耦合器

具有达林顿输出的光耦合器可用于驱动低频率的负载，还可用于远距离的光电传输，常见的达林顿光耦合器有东芝公司的 TLP570，惠普公司的 6N138、6N139 及夏普公司的 PC505、PC715 等。

具有晶闸管输出的光耦合器可用于交流大功率隔离驱动，常见的晶闸管输出的光耦合器有东芝公司的 TLP510G、TLP541G 等。

2. 软件的抗干扰设计

软件的抗干扰设计是应用系统抗干扰设计的一个重要组成部分。在实际情况中，针对不同的干扰采取不同的软件对策。在实时数据采集系统中，为了消除传感器通道中的干扰信号，可采用软件数字滤波，如算术平均值法、比较舍取法、中值法、一阶递推数字滤波法等；在开关量控制系统中，为防止干扰进入系统，造成各种控制条件、输出控制失误，可采取软件冗余、设置当前输出状态寄存单元、自检程序等措施；为防止 PC 失控，造成程序"乱飞"而盲目运行，可设置软件监视跟踪定时器来监视程序运行状态，也可在非程序区设置软件陷阱，强行使程序回到复位状态。

在许多情况下，应用系统的抗干扰不可能完全依靠硬件来解决。采用软件抗干扰设计，往往成本低，见效快，起到事半功倍的效果。

对于开关量的输入，在软件上可以采取对比（至少两次）读入的操作，几次读入经比较无误后，再进行确认。开关量输出时，可以对输出量进行回读，经过比较确认无误后再输出。对于按钮及开关，要用软件延时的方法避免机械抖动造成的误读。

在条件控制中，对于条件控制的一次采样、处理、控制输出，应改为循环的采样、处理、控制输出，以避免偶然的干扰造成的误输出。软件抗干扰的一般方法有：

1）软件滤波。采用软件的方法抑制叠加在输入信号上的噪声影响，可以通过软件滤波提出虚假信号，求取真值。软件滤波方法主要有两种：算术平均滤波法，滑动平均滤波法。

2）开关量的输入/输出抗干扰设计。可采用对开关量输入信号重复检测，对开关量输出口数据刷新的方法。

3）由于 CPU 受到干扰，程序计数器 PC 的状态被破坏，导致程序从一个区域跳转到另一个区域，或者程序在地址空间内"乱飞"，或者进入死循环。因此必须尽可能早地发现并采取相应措施，把程序纳入正轨。为使"乱飞"的程序被拦截或程序摆脱死循环，可采取指令冗余、软件陷阱或看门狗技术。

3. 其他提高系统可靠性的方法

为了提高系统的可靠性，可以使用专用的微处理器监控芯片，这些芯片具有如下功能：

1）上电复位；

2）监控系统电压变化；

3）Watchdog 电路；

4）备份电池切换开关。

本 章 小 结

本章介绍了单片机应用系统设计的步骤、方案确定以及应用系统硬件、软件和抗干扰设计中应考虑的问题，并以带时间功能的数字温度测量系统为例，详细地介绍了单片机应用系统的设计方法，其中包括硬件电路设计，单片机、外围器件的选择以及相关参数的确定；应用软件的设计思路，主程序、子程序和中断服务程序的设计。

在应用系统的调试过程中，可利用单片机开发系统，将硬件电路和软件编程相结合进行分块调试，并且采用简单程序调试法分步进行直到通过为止，然后利用编程器或其他工具将程序进行固化。

思考题与习题

11-1　单片机应用系统设计包括哪些内容？

11-2　为了提高单片机应用系统的可靠性，硬件和软件设计中应注意哪些问题？

11-3　定时器 T1 的中断响应时间是多少？它与时间的误差是否有关？

11-4　中断服务程序的执行时间大约是多少？它与时间的误差是否有关？

11-5　常用的以 HD44780 控制器所组成的 LCM 有哪几种显示模式？

11-6　试述 LCM 初始化的步骤。

11-7　比较 1-Wire，I^2C 串行总线的异同点。

11-8　试画出两个 AT24C02 与单片机构成的应用电路。

附　录

附录 A　MCS-51 单片机指令表

一、MCS-51 指令系统所用符号和含义

addrll	11 位地址
addr16	16 位地址
bit	位地址
rel	相对偏移量，为 8 位有符号数（补码形式）
direct	直接地址单元（RAM、SFR、I/O）
#data	立即数
Rn	工作寄存器 R0 ~ R7
A	累加器
Ri	i = 0 或 1，数据地址指针 R0 或 R1
X	片内 RAM 中的直接地址或寄存器
@	间接寻址方式中，表示间址寄存器的符号
(X)	在直接寻址方式中，表示直接地址 X 中内容
	在间接寻址方式中，表示间址寄存器 X 指出的地址单元中的内容
→	数据传送方式
∧	逻辑与
∨	逻辑或
⊕	逻辑异或
√	对标志产生影响

二、影响指标位的指令

指令（标志）	CY	OV	AC	指令（标志）	CY	OV	AC
ADD	√	√	√	SETB　C	1		
ADDC	√	√	√	CLR　C	0		
SBBB	√	√	√	CPL　C	√		
MUL	0	√		ANL C, bit	√		
DIV	0	√		ANL C, /bit	√		
DA	√			ORL C, bit	√		
RRC	√			ORL C, bit	√		
RLC	√			CJNEt	√		

三、数据传送指令

十六进制代码	助记符	功能简述		字节数	机器周期数
E8H ~ EF	MOV A,Rn	(Rn)→(A)	寄存器送 A	1	1
E6H ~ E7	MOV A,@ Ri	((Ri))→(A)	R 间址 RAM 单元送 A	1	1
E5	MOV A,direct	(direct)→(A)	直接地址单元送 A	2	1
74	MOV A,#data	#data→(A)	立即数送 A	2	1
F8H ~ FF	MOV Rn,A	(A)→(Rn)	A 送寄存器	1	1
A8H ~ FF	MOV Rn,direct	(direct)→(Rn)	直接地址单元送寄存器	2	2
78H ~ 7F	MOV Rn,#data	#data→(Rn)	立即数送寄存器	2	1
F5	MOV direct,A	(A)→(direct)	A 送直接地址单元	2	1
88 ~ 8F	MOV direct,Rn	(Rn)→(direct)	寄存器送直接地址单元	2	2
85	MOV direct1,direct2	(direct2)→(direct1)	直接地址单元送直接地址单元	3	2
86,87	MOV direct,@ Ri	((Ri))→(direct)	间址 RAM 单元送直接地址单元	2	2
75	MOV direct,#data	#data→(direct)	立即数送直接地址单元	3	2
F6,F7	MOV @ Ri,A	(A)→((Ri))	A 送间址 RAM 单元	1	1
A6,A7	MOV @ Ri,direct	(direct)→((Ri))	直接地址单元送间址 RAM 单元	2	2
76,77	MOV @ Ri,#data	#data→((Ri))	立即数送间址 RAM 单元	2	1
90	MOV DPTR,#data16	#data16→(DPTR)	16 位立即数送数据指针	3	2
93	MOVC A,@ A + DPTR	((A) + (DPTR))→(A)	DPTR 变址程序 ROM 单元送 A	1	2
83	MOVC A,@ A + PC	((A) + (PC))→(A)	PC 变址程序 ROM 单元送 A	1	2
E2,E3	MOVX A,@ Ri	((Ri))→(A)	Ri 间址外部 RAM 单元送 A	1	2
E0	MOVX A,@ DPTR	((DPTR))→(A)	DPTR 间址外部 RAM 单元送 A	1	2
F2,F3	MOVX @ Ri,A	(A)→((Ri))	Ri 间址外部 RAM 单元送 A	1	2
F0	MOVX @ DPTR,A	(A)→((DPTR))	DPTR 间址外部 RAM 单元送 A	1	2
C0	PUSH direct	(SP) +1→(SP),(direct)→((SP))	直接地址单元内容进栈	2	2
D0	POP direct	((SP))→(direct),(SP) – 1→(SP)	堆栈内容到直接地址单元	2	2
C8 ~ CF	XCH A,Rn	(A)↔(Rn)	A 和寄存器内容交换	1	1
C5	XCH A,direct	(A)↔(direct)	A 和直接地址单元内容交换	2	1
C6,C7	XCH A,@ Ri	(A)↔((Ri))	A 和间址 RAM 单元内容交换	1	1
D6,D7	XCHD A,@ Ri	(A0~3)↔((Ri)0~3)	A 和间址单元低 4 位内容交换	1	1
C4	SWAP A	(A0~3)↔(A4~7)	A 和高 4 位与低 4 位交换	1	1

四、算术运算指令

十六进制代码	助记符		功能简述		字节数	机器周期数
24	ADD	A,#data	(A) + #data→(A)	A 和立即数相加	2	1
25	ADD	A,direct	(A) + (direct)→(A)	A 和直接地址单元相加	2	1
26,27	ADD	A,@Ri	(A) + ((Ri))→(A)	A 和间址 RAM 单元相加	1	1
28~2F	ADD	A,Rn	(A) + (Rn)→(A)	A 和寄存器相加	1	1
34	ADDC	A,#data	(A) + #data + (CY)→(A)	A 和立即数带进位加	2	1
35	ADDC	A,direct	(A) + (direct) + (CY)→(A)	A 和直接地址单元带进位加	2	1
36,37	ADDC	A,@Ri	(A) + ((Ri)) + (CY)→(A)	A 和间址 RAM 单元带进位加	1	1
38~3F	ADDC	A,Rn	加(A) + (Rn) + (CY)→(A)	A 和寄存器带进位加	1	1
98~9F	SUBB	A,Rn	(A) − (Rn) − (CY)→(A)	A 和寄存器带借位减	1	1
95	SUBB	A,direc	(A) − (direct) − (CY)→(A)	A 和直接地址单元带借位减	2	1
96,97	SUBB	A,@Ri	(A) − ((Ri)) − (CY)→(A)	A 和间址 RAM 单元带进位减	1	1
94	SUBB	A,#data	(A) − #data − (CY)→(A)	A 和立即数带进位减	2	1
04	INC	A	(A) + 1→(A)	A 中内容加 1	1	1
08~0F	INC	Rn	(Rn) + 1→(Rn)	寄存器内容加 1	1	1
05	INC	direct	(direct) + 1→(direct)	直接地址单元内容加 1	2	1
06,07	INC	@Ri	((Ri)) + 1→((Ri))	间址 RAM 单元内容加 1	1	1
A3	INC	DPTR	(DPTR) + 1→(DPTR)	数据指针内容加 1	1	2
14	DEC	A	(A) − 1→(A)	A 中内容减 1	1	1
18~1F	DEC	Rn	(Rn) − 1→(Rn)	寄存器内容减 1	1	1
15	DEC	direct	(direct) − 1→(direct)	直接地址单元内容减 1	2	1
16,17	DEC	@Ri	((Ri)) − 1→((Ri))	间址 RAM 单元内容减 1	1	1
A4	MUL	AB	A * B→AB	A 和 B 相乘,结果送 A、B	1	4
84	DIV	AB	A/B→AB	A 除以 B,商送 A,余数送 B	1	4
D4	DA	A		对 A 中内容进行十进制调整	1	1

五、逻辑运算指令

十六进制代码	助记符		功能简述		字节数	机器周期数
58~5F	ANL	A,Rn	(A) ∧ (Rn)→(A)	A 和寄存器相与	1	1
55	ANL	A,direct	(A) ∧ (direct)→(A)	A 和直接地址单元相与	2	1
56,57	ANL	A,@Ri	(A) ∧ ((Ri))→(A)	A 和间址 RAM 单元相与	1	1
54	ANL	A,#data	(A) ∧ #data→(A)	A 和立即数相与	2	1
52	ANL	direct,A	(direct) ∧ (A)→(direct)	直接地址单元 A 相与	2	1
53	ANL	direct,#data	(direct) ∧ #data→(direct)	直接地址单元和立即数相与	3	2
48~4F	ORL	A,Rn	(A) ∨ (Rn)→(A)	A 和寄存器相或	1	1
45	ORL	A,direct	(A) ∨ (direct)→(A)	A 和直接地址单元 A 相或	2	1
46,47	ORL	A,@Ri	(A) ∨ ((Ri))→(A)	A 和间址 RAM 单元相或	1	1
44	ORL	A,#data	(A) ∨ #data→(A)	A 和立即数相或	2	1
42	ORL	direct,A	(direct) ∨ (A)→(direct)	直接地址单元和 A 相或	2	1
43	ORL	direct,#data	(direct) ∨ #data→(direct)	直接地址单元和立即数相或	3	2
68~6F	XRL	A,Rn	(A) ⊕ (Rn)→(A)	A 和寄存器相异或	1	1
65	XRL	A,direct	(A) ⊕ (direct)→(A)	A 和直接地址单元相异或	2	1
66,67	XRL	A,@Ri	(A) ⊕ ((Ri))→(A)	A 和间址 RAM 单元相异或	1	1
64	XRL	A,#data	(A) ⊕ #data→(A)	A 和立即数相异或	2	1
62	XRL	direct,A	(direct) ⊕ (A)→(direct)	直接地址单元和 A 相异或	2	1
63	XRL	direct,#data	(direct) ⊕ #data→(direct)	直接地址单元和立即数相异或	3	2
E4	CLR	A	0→(A)	A 清零	1	1
F4	CPL	A	/(A)→(A)	A 求反	1	1
03	RR	A	A 循环右移一位	A 不带进位右循环	1	1
13	RRC	A	A 带进位循环右移一位	A 带进位位右循环	1	1
23	RL	A	A 循环左移一位	A 不带进位位左循环	1	1
33	RLC	A	A 带进位循环左移一位	A 带进位位左循环	1	1

六、位操作指令

十六进制代码	助记符		功能简述		字节数	机器周期数
C3	CLR	C	$0 \rightarrow (CY)$	清进位位	1	1
C2	CLR	bit	$0 \rightarrow (bit)$	清直接位地址单元	2	1
D3	SETB	C	$1 \rightarrow (CY)$	置位进位位	1	1
D2	SETB	bit	$1 \rightarrow (bit)$	置位直接位地址单元	2	1
B3	CPL	C	$/(CY) \rightarrow (CY)$	进位位求反	1	1
B2	CPL	bit	$/(bit) \rightarrow (bit)$	直接位地址单元求反	2	1
82	ANL	C,bit	$(CY) \wedge (bit) \rightarrow (CY)$	进位位和直接位地址单元相与	2	2
B0	ANL	C,/bit	$(CY) \wedge (/bit) \rightarrow (CY)$	进位位和直接地址单元反相与	2	2
72	ORL	C,bit	$(CY) \wedge (bit) \rightarrow (CY)$	进位位和直接地址单元相或	2	2
A0	ORL	C,/bit	$(CY) \vee (/bit) \rightarrow (CY)$	进位位和直接地址单元相反或	2	2
A2	MOV	C,bit	$(bit) \rightarrow (CY)$	直接地址单元向进位位传送	2	1
92	MOV	bit,C	$(CY) \rightarrow (bit)$	进位位向直接位地址单元传送	2	2
20	JB	bit,rel	若$(bit) = 1$则$(PC) + rel \rightarrow (PC)$	位地址单元为1转移	3	2
30	JNB	bit,rel	若$(bit) = 0$则$(PC) + rel \rightarrow (PC)$	位地址单元为0转移	3	2
40	JC	rel	若$(CY) = 1$,则$(PC) + rel \rightarrow (PC)$	进位标志为1转移	2	2
50	JNC	rel	若$(CY) = 0$,则$(PC) + rel \rightarrow (PC)$	进位标志为0转移	2	2
10	JBC	bit,rel	若$(bit) = 1$,则$0 \rightarrow (bit)$,$(PC) + rel \rightarrow (PC)$	寻址位为1转移并清该位	3	2

七、控制转移指令

十六进制代码	助记符		功能简述		字节数	机器周期数
①	ACALL	addrll	$(PC) + 2 \rightarrow (PC)$,$(SP) + 1 \rightarrow (SP)$,$(PC7 \sim 0) \rightarrow ((SP))$ $(SP) + 1 \rightarrow (SP)$,$(PC15 \sim 8) \rightarrow ((SP))$ $addr11 \rightarrow (PC10 \sim 0)$	绝对调用	2	2
12	LCALL	addr16	$(PC) + 3 \rightarrow (PC)$,$(SP) + 1 \rightarrow (SP)$,$(PC7 \sim 0) \rightarrow ((SP))$ $(SP) + 1 \rightarrow (SP)$,$(PC15 \sim 8) \rightarrow ((SP))$,$addr16 \rightarrow (PC)$ 长调用		3	2
22	RET		$((SP)) \rightarrow (PC15 \sim 8)$,$(SP) - 1 \rightarrow (SP)$,$((SP)) \rightarrow (PC7 \sim 0)$ $(SP) - 1 \rightarrow (SP)$ 从子程序返回		1	2
32	RETI		$((SP)) \rightarrow (PC15 \sim 8)$,$(SP) - 1 \rightarrow (SP)$,$((SP)) \rightarrow (PC7 \sim 0)$ $(SP) - 1 \rightarrow (SP)$ 中断返回		1	2
②	AJMP	addr11	$(PC) + 2 \rightarrow (PC)$,$addr11 \rightarrow (PC10 \sim 0)$ 绝对转移		2	2
02	LJMP	addr16	$addr16 \rightarrow (PC)$ 长转移		3	2
73	JMP	@A + DPTR	$(A) + (DPTR) \rightarrow (PC)$ 间接转移		1	2
80	SJMP	rel	$(PC) + rel \rightarrow (PC)$ 短转移		2	2
60	JZ	rel	若A等于0,$(PC) + rel \rightarrow (PC)$ A为零转移		2	2
70	JNZ	rel	若A不等于0,则$(PC) + rel \rightarrow (PC)$ A不为零转移		2	2
B5	CJNE	A,direct,rel	若A不等于$(direct)$,则$(PC) + rel \rightarrow (PC)$ 两数比较不相等转移 若$(A) < (direct)$,则$1 \rightarrow (CY)$,否则$0 \rightarrow (CY)$		3	2
B4	CJNE	A,#data,rel	若A不等于data,则$(PC) + rel \rightarrow (PC)$ 若$(A) < data$,则$1 \rightarrow (CY)$,否则$0 \rightarrow (CY)$		3	2
B8 ~ BF	CJNE	Rn,#data,rel	若Rn不等于data,则$(PC) + rel \rightarrow (PC)$ 若$(Rn) < data$,则$1 \rightarrow CY$,否则$0 \rightarrow (CY)$		3	2
B6 ~ B7	CJNE	@Ri,#data,rel	若(Ri)不等于data,则$(PC) + rel \rightarrow (PC)$ 若$((Ri)) < data$,则$1 \rightarrow CY$,否则$0 \rightarrow (CY)$		3	2
D8 ~ DF	DJNZ	Rn,rel	$(Rn) - 1 \rightarrow (Rn)$,若$(Rn) \neq 0$,则$(PC) + rel \rightarrow (PC)$ Rn减1不为零转移		2	2
D5	DJNZ	direct,rel	$(direct) - 1 \rightarrow (direct)$,若$(direct) \neq 0$ 直接地址单元减1不为零转移 则$(PC) + rel \rightarrow (PC)$		3	2
00	NOP		空操作		1	1

① $= a_{10} a_9 a_8 10001 \ a_7 \cdots a_0$。

② $= a_{10} a_9 a_8 00001 \ a_7 \cdots a_0$。

附录 B　ASCII 码（美国标准信息交换）表

列	位 654→↓3210	0③ 000	1③ 001	2③ 010	3 011	4 100	5 101	6 110	7③ 111
0	0000	NUL	DLE	SP	0	·	P		p
1	0001	SOH	DC1	!	1	A	Q	a	q
2	0010	STX	DC2	"	2	B	R	b	r
3	0011	ETX	DC3	#	3	C	S	c	s
4	0100	EOT	DC4	$	4	D	T	d	t
5	0101	ENQ	NAK	%	5	E	U	e	u
6	0110	ACK	SYN	&	6	F	V	f	v
7	0111	BEL	ETB	'	7	G	W	g	w
8	1000	BS	CAN	(	8	H	X	h	x
9	1001	HT	EM	)	9	I	Y	i	y
A	1010	LF	SUB	*	:	J	Z	j	z
B	1011	VT	ESC	+	;	K	[	k	{
C	1100	FF	FS	.	<	L	\	l	|
D	1101	CR	GS	–	=	M	]	m	}
E	1110	SO	RS	>	N	Ω②	n	~
F	1111	SI	US	/	?	O	—①	o	DEL

① 取决于使用这种代码的机器，它的符号可以是弯符号，向上箭头，或 "—" 标记。

② 取决于使用这种代码的机器，它的符号可以是在下面画线，向下箭头，或心形。

③ 是第 0、1、2 和 7 列特殊控制功能的解释。

附录 C　ANSI C 标准的关键字

关键字	用　途	说　明
auto	存储种类声明	用以声明局部变量，默认值
const	存储种类声明	在程序执行过程中不可修改的变量值
extern	存储种类声明	在其他程序模块中声明了的全局变量
static	存储种类声明	静态变量
register	存储种类声明	使用 CPU 内部寄存器的变量
break	程序语句	退出最内层循环体
case	程序语句	switch 语句中的选择项
else	程序语句	构成 if.. else 选择语句
for	程序语句	构成 for 循环语句
continue	程序语句	转向下一次循环

（续）

关键字	用　　途	说　　明
default	程序语句	switch 语句中的失败选择项
do	程序语句	构成 do..while 循环结构
goto	程序语句	构成 goto 转移结构
if	程序语句	构成 if..else 选择结构
switch	程序语句	构成 switch 选择结构
while	程序语句	构成 while 和 do..while 循环结构
return	程序语句	函数返回
enum	数据类型声明	枚举
int	数据类型声明	基本整型数
long	数据类型声明	长整型数
char	数据类型声明	单字节整型数或字符型数据
float	数据类型声明	单精度浮点数
short	数据类型声明	短整型数
signed	数据类型声明	有符号数据，二进制数据的最高位为符号位
double	数据类型声明	双精度浮点数
struct	数据类型声明	结构类型变量
typedef	数据类型声明	重新进行数据类型定义
union	数据类型声明	联合类型数据
unsigned	数据类型声明	无符号数据
void	数据类型声明	无类型数据
volatile	数据类型声明	声明该变量在程序执行过程中可被隐含地改变
sizeof	运算符	计算表达式或数据类型的字节数

参 考 文 献

[1] 王迎旭. 单片机原理与应用 [M]. 北京：机械工业出版社，2004.

[2] 三恒星科技. MCS-51 单片机原理与应用实例 [M]. 北京：电子工业出版社，2008.

[3] 朱大奇，邬勤文，袁芳. 单片机原理、应用与实验 [M]. 北京：科学出版社，2009.

[4] 王守中. 51 单片机开发入门与典型实例 [M]. 北京：人民邮电出版社，2007.

[5] 李云钢，邹逢兴，龙志强. 单片机原理与应用系统设计 [M]. 北京：中国水利水电出版社，2008.

[6] 张欣，孙宏昌，尹霞. 单片机原理与 C51 程序设计基础教程 [M]. 北京：清华大学出版社，2010.

[7] 万隆，巴奉丽. 单片机原理及应用技术 [M]. 北京：清华大学出版社，2010.

[8] 戴仙金. 51 单片机及其 C 语言程序开发实例 [M]. 北京：清华大学出版社，2008.

[9] 张齐，杜群贵. 单片机应用系统设计技术——基于 C 语言编程 [M]. 北京：电子工业出版社，2007.

[10] 黄仁欣. 单片机原理与应用技术 [M]. 2 版. 北京：清华大学出版社，2010.

[11] 徐爱钧，彭秀华. Keil Cx51 V7.0 单片机高级语言编程与 μVision2 应用实践 [M]. 2 版. 北京：电子工业出版社，2008.

[12] 李全利. 单片机原理及应用技术 [M]. 北京：高等教育出版社，2004.

[13] 胡汉才. 单片机原理及其接口技术 [M]. 3 版. 北京：清华大学出版社，2010 .

[14] 马忠梅，等. 单片机的 C 语言应用程序设计 [M]. 4 版. 北京：北京航空航天大学出版社，2007.

[15] 马淑华，王凤文，张美金. 单片机原理与接口技术 [M]. 2 版. 北京：北京邮电大学出版社，2007.

[16] 吴晓苏，张中明. 单片机原理与接口技术 [M]. 北京：人民邮电出版社，2009.

[17] 陈海宴. 51 单片机原理及应用——基于 Keil C 与 Proteus [M]. 北京：北京航空航天大学出版社，2010.

[18] 刘明，刘蓉，姚华雄. 嵌入式单片机技术与实践 [M]. 北京：清华大学出版社，2010.

[19] 马斌，韩忠华，王长涛，等. 单片机原理及应用——C 语言程序设计与实现 [M]. 北京：人民邮电出版社，2009.

[20] 何立民. 单片机高级教程——应用与设计 [M]. 2 版. 北京：北京航空航天大学出版社，2007.

[21] 冯文旭，朱庆豪，程丽萍，等. 单片机原理及应用 [M]. 北京：机械工业出版社，2008.

[22] 张毅刚. 单片机原理及应用 [M]. 北京：机械工业出版社，2004.

[23] 李鸿. 单片机原理及应用 [M]. 长沙：湖南大学出版社，2004.

[24] 林毓梁. 单片机原理及应用 [M]. 北京：机械工业出版社，2009.

[25] 丁元杰. 单片微机原理及应用 [M]. 北京：机械工业出版社，2005.

[26] 李叶紫，王喜斌，胡辉，等. MCS-51 单片机应用教程 [M]. 北京：清华大学出版社，2004.

[27] 张友德，赵志英，涂时亮. 单片微型机原理、应用与实验 [M]. 5 版. 上海：复旦大学出版社，2008.